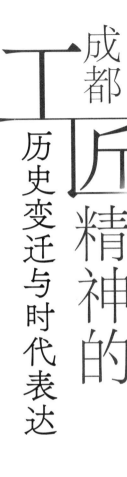

成都

工匠精神的

历史变迁与时代表达

刘勇 程瀚·著

西南财经大学出版社

中国·成都

图书在版编目(CIP)数据

成都工匠精神的历史变迁与时代表达/刘勇,程瀚著.--成都:
西南财经大学出版社,2025.5.--ISBN 978-7-5504-6663-0

Ⅰ.B822.9

中国国家版本馆 CIP 数据核字第 20251UA510 号

成都工匠精神的历史变迁与时代表达

CHENGDU GONGJIANG JINGSHEN DE LISHI BIANQIAN YU SHIDAI BIAODA

刘勇　程瀚　著

策划编辑:余尧　乔雷
责任编辑:乔雷
责任校对:余尧
封面设计:墨创文化
责任印制:朱曼丽

出版发行	西南财经大学出版社(四川省成都市光华村街 55 号)
网　　址	http://cbs.swufe.edu.cn
电子邮件	bookcj@ swufe.edu.cn
邮政编码	610074
电　　话	028-87353785
照　　排	四川胜翔数码印务设计有限公司
印　　刷	四川五洲彩印有限责任公司
成品尺寸	170 mm×240 mm
印　　张	14.75
字　　数	262 千字
版　　次	2025 年 5 月第 1 版
印　　次	2025 年 5 月第 1 次印刷
书　　号	ISBN 978-7-5504-6663-0
定　　价	78.00 元

前言

　　当今时代，工匠精神已成为推动社会进步与经济发展的关键力量。它不仅是对传统技艺的传承，更是对创新与卓越的不懈追求。本书以成都工匠精神为研究对象，深入探讨其历史变迁与时代表达，旨在为新时代的工匠精神培育提供理论支撑与实践指导。

　　成都，这座拥有悠久历史与深厚文化底蕴的城市，自古以来便是工匠精神的重要发源地。从古蜀文明的辉煌到现代制造业的崛起，成都工匠以其精湛的技艺和执着的精神，为中华文明的发展做出了不可磨灭的贡献。本书通过梳理成都古代、近现代及当代工匠精神的历史脉络，揭示其在不同历史时期所展现出的独特内涵与价值。

　　在古代，成都工匠以其卓越的技艺创造了众多令人叹为观止的杰作。从三星堆的青铜面具到都江堰的水利工程，从蜀锦的精美织造到漆器的巧夺天工，这些作品不仅展现了古代成都工匠的高超技艺，更体现了他们对工艺的极致追求和对自然的敬畏之心。成都工匠精神的传承与发展，为成都乃至整个巴蜀地区的文化繁荣奠定了坚实基础。

　　进入近现代，成都工匠精神在工业化的浪潮中不断演变与升华。新中国成立后，成都的工业建设取得了显著成就，从成渝铁路的建设到三线建设的推进，成都工匠以其勤劳与智慧，为国家的工业化做出了重要贡献。这一时期，成都工匠精神不仅体现在对传统技艺的传承上，更在于对新技术、新工艺的探索与创新。

　　在当代，成都工匠精神更是与时代发展紧密结合，展现出新的时代特征。随着成都产业的不断升级与转型，从电子信息产业到高端装备制造，从生物医药到新能源汽车，成都工匠以其精湛的技艺和创新精神，为成都的现代化建设注入了强大动力。他们在各自的领域追求卓越，不断突破技术瓶颈，为成都打造具有国际竞争力的产业集群做出了重要贡献。

本书不仅对成都工匠精神的历史进行梳理，更关注其在现代社会中的传承与培育。通过对成都工匠精神的深入研究，我们发现，要传承和弘扬这一宝贵精神财富，必须从教育、制度、文化等方面入手，构建完善的工匠精神培育体系。同时，要充分发挥政府、企业、学校和社会的协同作用，形成全社会尊重劳动、崇尚创新的良好氛围，为工匠精神的传承与发展提供广阔空间。

在研究过程中，我们采用了文献法、调查法、比较法等多种研究方法，力求全面、客观地呈现成都工匠精神的历史与现实。通过对国内外工匠精神的研究比较，我们深刻认识到，成都工匠精神具有鲜明的地域特色和时代价值，它既继承了中国传统工匠精神的精髓，又吸收了现代科技与文化的精华，形成了独特的文化内涵与精神品质。

本书的出版，旨在为成都工匠精神的研究与实践提供有价值的参考。我们希望通过本研究，能够激发更多人对工匠精神的关注与思考，推动全社会形成尊重劳动、崇尚创新的良好风尚。同时，也希望本书的研究成果能够为成都乃至全国的工匠精神培育提供有益的借鉴，为实现中华民族伟大复兴中国梦贡献一份力量。

感谢所有参与本书研究与编写的同仁们。程瀚、李杰、苏海、张德荣、张宇、王美丽等参与了资料收集、调查研究和文稿编写工作，是你们的辛勤付出与智慧结晶，让本书得以顺利出版。同时，也期待本书能够引发更多关于工匠精神的深入探讨与研究，共同推动工匠精神在新时代的传承与发展。

本书为 2023 年成都市哲学社会科学规划项目"成都工匠精神的历史变迁、时代表达与培育路径研究"（项目编号：2023AS085）的研究成果，成都市教育科学规划课题"成都工匠精神融入高职院校劳动教育课程体系研究"（项目编号：CY2024ZZ10）的研究成果，成都市工匠文化研究中心项目"新时代工匠精神融入工科高职思想政治教育实践路径研究"（项目编号：2023ZC05）的研究成果，成都市工匠文化研究中心项目"新质生产力背景下工匠精神与思政课教学融合研究"（项目编号：2024YB07）的研究成果。

2024 年 12 月

目录

第一章　绪论

第一节　研究背景与研究价值

一、研究背景

党的二十大报告深刻阐明了实体经济在国民经济体系中的战略地位，强调将发展重心聚焦于实体经济，这体现了国家对制造业发展的高度重视。从宏观经济学视角来看，制造业作为实体经济的核心组成部分，不仅是价值创造的主要载体，更是技术创新的重要平台和产业链现代化的关键支撑。在此战略背景下，成都市人民政府于2022年11月18日召开的推进制造强市建设大会具有重要的时代意义和现实意义。施小琳省长在大会上的重要讲话揭示了制造业发展与城市竞争力、经济韧性之间的内在联系。从产业经济学的角度分析，做大做优做强制造业能够优化城市产业结构，提升产业链的完整性和稳定性，进而增强区域经济的抗风险能力。纵观成都的产业发展历程，其制造业优势主要体现在以下几个维度：首先，就产业体系完整性而言，成都已经形成了多层次、多领域的产业集群，各产业门类之间的关联度和协同性较强。其次，就科技创新而言，成都拥有众多高等院校和科研院所，构建了较为完善的产学研协同创新体系，这为制造业的技术升级提供了强大的智力支持。最后，就要素禀赋而言，成都具备人才、土地、能源等综合成本优势，这些都为制造强市建设奠定了坚实基础。从产业政策的实施效果来看，成都制造业的发展战略与国家产业升级的总体部署高度契合。这种契合不仅体现在发展目标上的一致性，更体现在具体措施的系统性和协同性。通过建立健全产业支持政策体系、完善创新激励机制、优化营商环境等举措，成都正在构建具有区域特色的现代化制造业体系。综上所述，成都制造强市的战略定位既符合国家宏观政策导向，又契合城市自身发展需求。在全球产业链重构的大背景下，成都依托其独特的区位优势和产业基础，正在打造具有国际竞争力的现代制造业中心，这对推动区域经济高质量发展具有重要的战略意义。

产业工人队伍是推动实现经济高质量发展的主体和重要力量，是支撑中国制造、中国创造、制造强市的基础。在中国式现代化建设的伟大实践中，产业工人技能报国之路越走越宽广。港珠澳大桥、白鹤滩水电站、"华龙一号"核电机组等重大工程，"嫦娥"探月、"蛟龙"探海、"北斗"组网等科技奇迹，经济社会发展的各条战线，都留下了产业工人奋进的足迹和辛勤的汗水。在电机公司挑战水轮机装配世界级难题、在污水处理厂守护城市碧水安澜、在文物保护中心用神奇药水"复活"千年文物……作为高技能人才，大国工匠们在新时代的伟大实践中，干一行、爱一行、钻一行、勤学苦练、深入钻研，勇于创新、敢为人先，在平凡岗位上干出不平凡的业绩，唱响了新时代的"劳动者之歌"。习近平总书记深刻阐述了大国工匠在中华民族发展进程中的战略地位，将其比喻为民族大厦的基石与栋梁，强调必须通过扎实的职业教育体系来培养新时代工匠人才。

在新时代背景下，现代工人应当具备多维素养：既要有力量与智慧，又要掌握精湛技术，善于创新发明。我们应通过褒扬劳动模范和大国工匠的杰出贡献，倡导全社会共同弘扬劳模精神、劳动精神与工匠精神。

2016 年中央经济工作会议上，习近平总书记进一步阐明了工匠精神与实体经济发展的深层联系。他指出企业要发扬"工匠精神"，加强品牌建设，培育更多"百年老店"，增强产品竞争力。实体经济振兴是经济结构转型的必由之路，关系国民经济命脉，是贯彻新发展理念、构建新发展格局、推动高质量发展的关键力量。在迈向第二个百年奋斗目标的征程中，工匠精神与实体经济振兴形成了辩证统一关系：工匠精神是振兴实体经济的精神动力，而实体经济振兴则是弘扬工匠精神的实践载体。因此，在推动实体经济发展过程中，必须加强思想文化建设，深入理解工匠精神的本质内涵，将精益求精的匠人理念培育成为中国特色的文化软实力，为实体经济振兴提供持久的精神动力。

习近平总书记在党的十九大报告中提出，建设知识型、技能型、创新型劳动者大军，弘扬劳模精神和工匠精神，营造劳动光荣的社会风尚和精益求精的敬业风气。作为国民经济的支柱，制造业不仅体现着一个国家的工业化和现代化水平，更是衡量其综合实力的关键指标。在国家实施创新驱动发展战略的时代背景下，制造业已成为技术革新的主阵地，是保持国家竞争优势的根本所在。工匠精神作为提升制造业品质的内在动力，为增强产品竞争力提供了持久的精神支撑。要实现制造强国的发展目标，我们必须在坚持社会主义市场经济改革方向的基础上，深入传承工匠精神，培育更多优秀技术人才。

习近平总书记对 2019 年举行的第 45 届世界技能大赛上中国选手的优异表现做出重要指示时强调，要在全社会弘扬精益求精的工匠精神，激励广大青年走技能成才、技能报国之路。青年群体作为工匠精神的传承者，其对专业技能的追求将推动整个社会对工匠价值的认同。面对当前我国技术型人才的缺口，我们必须高度重视对技能人才的培养，通过实施职业技能提升计划，发展现代职业教育体系，完善技术工人职业发展机制，为社会源源不断输送优秀的技能人才，培养大国工匠。广大青年只有将个人理想与社会需求相结合，才能在实现自身价值的同时创造更大的社会价值。

2020 年举行的全国劳动模范和先进工作者表彰大会上，习近平总书记将工匠精神的内涵凝练为"执着专注、精益求精、一丝不苟、追求卓越"。这一精辟概括为新时代工匠精神建设提供了根本遵循，我们应该号召全社会共同传承和弘扬这种精神，为全面建设社会主义现代化国家、实现中华民族伟大复兴中国梦提供坚实的人才和技术支撑。

在党的二十大报告中，习近平总书记进一步强调了加快建设国家战略人才力量的重要性，将大国工匠与战略科学家、创新团队等并列，彰显了技能人才在国家发展战略中的重要地位。2023 年 10 月 23 日，习近平总书记在同中华全国总工会新一届领导班子成员集体谈话时指出，要把广大职工群众紧密团结在党的周围，为实现党的中心任务而团结奋斗。要围绕贯彻新发展理念、构建新发展格局、推动高质量发展，广泛深入开展各种形式的劳动和技能竞赛，激发广大职工的劳动热情、创造潜能，在各行各业各个领域充分发挥主力军作用。要大力弘扬劳模精神、劳动精神、工匠精神，发挥好劳模工匠示范引领作用，激励广大职工在辛勤劳动、诚实劳动、创造性劳动中成就梦想。要围绕深入实施科教兴国战略、人才强国战略、创新驱动发展战略，深化产业工人队伍建设改革，加快建设一支知识型、技能型、创新型产业工人大军，培养造就更多大国工匠和高技能人才。

2023年，习近平总书记在考察三星堆博物馆新馆时指出，文物保护修复是一项长期任务，要加大国家支持力度，加强人才队伍建设，发扬严谨细致的工匠精神，一件一件来，久久为功，做出更大成绩。文物保护修复工作的专与精特质，不仅传承了中华五千年文明的精髓，也彰显了"如切如磋，如琢如磨"的工匠精神。在新时代背景下，各行各业都需要培育"工匠型人才"，这些人才必须守"匠心"、习"匠术"、明"匠德"，以大国工匠为标杆，在追求卓越中推动中华民族伟大复兴的进程，为全面建设社会主义现代化国家贡献专业力量。

2015年成都市总工会联合成都电视台拍摄播出"成都工匠"人物系列专题片，首次提出"成都工匠"。成都市于2018年出台的《关于实施"成都工匠"培育五年计划的意见》是一项具有前瞻性和战略性的人才发展政策。这一政策立足于成都市产业转型升级的现实需求，旨在构建具有区域特色的技能人才培养体系。从政策定位来看，成都工匠的培育计划主要聚焦于五大先进制造业和五大新兴服务业这些重点发展领域。这种精准的政策导向体现了成都市在产业人才培养方面的战略眼光，既契合了城市产业发展方向，又确保了人才培养的针对性和实效性。在人才标准方面，成都工匠的界定体现了多维度的评价体系：技术维度方面，强调工艺专长和高超技能；职业素养方面，注重精益求精的态度和严谨细致的作风；工作实践方面，要求长期扎根一线；影响力方面，强调示范引领作用。这种全方位的评价标准不仅确保了工匠群体的高质量，也为其他技能人才的培养提供了明确的发展方向。从政策目标来看，《关于实施"成都工匠"培育五年计划的意见》致力于打造具有国际竞争力的人才强市。通过培育成都工匠这一区域性品牌，成都可以带动高技能人才的规模化成长，进而形成现代产业工匠人才支撑体系。这种由点及面的发展思路，既注重标杆示范效应的发挥，又关注整体人才队伍的提升。《关于实施"成都工匠"培育五年计划的意见》的创新之处在于将传统工匠精神与现代产业发展需求相结合，通过制度化、规范化的方式推动技能人才的培养，这为其他城市的人才培养工作提供了有益借鉴。"成都工匠"评选命名活动自2019年至今已连续开展五年，累计评选出3063名成都工匠。对成都城市和人才的长远发展来讲，成都工匠的评选是新时代产业工人队伍建设改革的积极实践，具有深远的意义。成都以评选成都工匠为统领，提高技能人才经济待遇和社会地位，提升高技能人才的职业荣誉感，营造人才辈出、人尽其才、才尽其用的社会氛围。在这种良好的社会氛围下，成都能够发挥高技能人才的创新引领作用，彰显产业工人在创新发展中的主力军作用，构建层次合理的高技能人才梯队。

营造社会氛围，推进工匠精神的传承和培育，必须准确阐述成都工匠的精神内涵，即何为成都工匠精神。当前此领域的实践和研究存在三个突出的问题：一是没有明确提出成都工匠精神概念；二是没有凸显成都工匠精神与一般工匠精神或者其他地方的工匠精神的区别，例如技艺精湛、精益求精，严谨细致、专业敬业等提法，没有体现成都工匠精神的成都"味道"和成都的鲜明特质；三是没有系统研究和展示成都工匠精神的历史发展、现实逻辑和未来策略。这不仅不利于进一步打造成都工匠品牌，弘扬成都工匠精神，更不利于成都工匠的培育，进而影响制造强市战略的实施。因此，必须尽快从学术上进行研究，总结提炼出具有鲜明特质的成都工匠精神，在实践中宣传弘扬传承成都工匠精神。

二、研究价值

打造制造强市的基础是新时代产业工人队伍建设，新时代产业工人队伍建设的旗帜和品牌是成都工匠，成都工匠的核心是成都工匠精神。因此，本书以"成都工匠精神的历史变迁与时代表达"为题，对促进成都经济社会发展具有如下重大意义和价值。

（1）有利于全社会大力宣传弘扬传承成都工匠精神，营造人才辈出、人尽其才、才尽其用的社会氛围。在这种良好的社会氛围下，成都更能够发挥高技能人才的创新引领作用，彰显产业工人在创新发展中的主力军作用，构建层次合理的高技能人才梯队，形成人人可为工匠、人人争当工匠、人人践行工匠精神的局面。

（2）有利于构建全社会工匠人才培育发展体系。成都工匠精神是成都工匠人才培育的指导方向和核心内容，有了这个精神内涵，成都工匠人才培育就有了方向和灵魂，以及评价标准和实施抓手。

（3）有利于把制造强市目标立起来、措施抓起来、合力汇起来，持续巩固核心竞争力，创新转型再出发，加快建设国家制造业高质量发展示范区，为建设制造强国、制造强省做出新贡献。弘扬成都工匠精神，就是要培育一支聚焦产业发展、技术创新和技能提升，在国际上具备竞争力、在区域上具备带动力的工匠人才队伍，进而激发其创新创造活力，推动现代产业体系建设，增强城市发展的竞争力，为制造强市战略的实施提供基础性保障。

（4）有利于打造成都工匠品牌，凸显成都城市特色。成都的城市发展战略体现了深刻的历史洞察和现代化视野，将公园城市示范区建设与新发展理念相结合，反映了成都在城市规划中对生态文明建设的高度重视。这种发展模式不仅追求经济效益，更注重人与自然和谐共生，体现了城市发展的整体性思维。从国际化战略定位来看，成都致力于打造中国西部具有全球影响力和美誉度的现代化国际大都市，这一目标既立足于自身区位优势，又着眼于全球发展格局。在这一进程中，文化的作用尤为关键——文化不仅是城市精神的载体，更是城市竞争力的核心要素。

文化高度决定城市高度，文化影响力决定城市影响力。"文化高度决定城市高度"这一论断揭示了文化与城市发展的内在关联。城市的文化积淀、创新活力和精神气质，直接影响着城市的发展层次和未来潜力。从历史经验来看，那些在世界舞台上具有持久影响力的城市，往往都拥有独特的文化魅力和深厚的人文底蕴。"文化影响力决定城市影响力"这一论断进一步阐明了文化在城市国际化进程中的战略地位。在全球化时代，城市间的竞争已经超越了单纯的经济维度，转向更加综合的文化软实力较量。一个城市的文化创造力、包容度和辐射力，往往决定着其在国际舞台上的话语权和影响力。精神是文化的核心和实质，成都应当并且必须构建与其城市定位相匹配、具有鲜明城市特质的精神谱系。在国内外树立成都工匠旗帜，打造成都工匠品牌，有助于将成都建设成为注重工匠人才培养、重视工匠人才发展、汇聚工匠人才创新创业的典范城市，更好地推动成都的社会经济发展。

第二节 研究内容与研究方法

一、研究对象

本书以成都古代、近现代知名工匠和新时代成都工匠及其所蕴藏和体现的工匠精神为研究对象，考察成都工匠精神的历史内涵、时代表达和培育路径。

二、核心概念界定

（一）成都工匠

2018 年成都出台的《关于实施"成都工匠"培育五年计划的意见》是一份具有重大战略意义的人才政策文件。该文件将成都工匠的培养范围精准定位于城市重点发展的五大先进制造业和五大新兴服务业，这种布局体现了人才培养与产业发展的协同性。在界定成都工匠的标准时，该政策构建了一个多维度的评价体系。从专业技术角度看，该文件要求工匠具备工艺专长和精湛技能，这反映了对专业能力的高标准要求；从职业素养角度看，该文件强调精益求精的态度和严谨专业的作风，这体现了对工匠精神本质的深刻理解。该文件还特别强调了一线实践的重要性，要求工匠长期扎根生产服务一线，这凸显了实践经验在技能提升中的关键作用。更具创新性的是，该文件将社会影响力纳入评价标准，要求工匠在本领域具有较高认可度和示范作用。这一要求不仅关注个人技能水平的提升，更注重其在行业发展中的引领作用，有助于形成良性的技能人才培养生态。这种全方位的标准设定，为建设高素质技能人才队伍指明了方向，也为推动成都产业转型升级提供了人才保障。该文件的出台，展现了成都在产业工人队伍建设方面的系统性思维，既立足当前发展需求，又着眼未来人才培养，对推动城市高质量发展具有重要意义。

本书中的成都工匠主要侧重于地域与产业。一方面，为了尊重历史并真实反映古代成都工匠及其精神的历史面貌，本书中的成都不限于当代成都市域，而是泛指以成都平原为中心的古代巴蜀行政区域，甚至扩展到文化区域，即研究对象为古代巴蜀区域的工匠。另一方面，在古代巴蜀到当代的历史发展进程中，产业不断演变，根据我国关于工匠及工匠精神的研究一般范式，本书对古代巴蜀工匠的研究也将侧重于手工业及工业领域。

（二）成都工匠精神

纵观国内学界对工匠精神的研究，尽管视角各异，表述不尽相同，但核心要素都包含了坚持不懈与追求完美。党的十八大以来，习近平总书记高度关注高素质产业工人队伍建设，强调新时代工人应当具备实力、智慧与技能，善于创新发明，用实践诠释时代主旋律。习近平总书记多次表彰劳动模范和大国工匠，倡导在全社会大力弘扬劳模精神、劳动精神和工匠精神。习近平总书记深入阐述了工匠精神的内涵：专注执着、精益求精、细致入微、追求卓越，并呼吁全社会传承发扬这一精神，为全面建设社会主义现代化国家、实现中华民族伟大复兴中国梦提供人才与技术支撑。成都出台的《关于实施"成都工匠"培育五年计划的意见》明确了工匠遴选标准：需具备专业技艺、精湛技能，工作态度严谨认真，恪尽职守，始终坚守生产服务一线，在本领域内具有示范引领作用。然而，这些遴选条件并非成都工匠精神的全部内涵。本书所探讨的成都工匠精神是指从古代巴蜀延续至当代成都的工匠与产业工人所展现的精神特质，其具体内涵与特征仍需通过深入研究才能准确把握。

三、研究思路

成都工匠精神是植根于巴蜀文明沃土、涵养于天府文化精髓、发展于改革开放大潮、绽放于新时代征程的宝贵精神财富。本书将从历史传承、现实创新和未来发展三个维度，系统性地探讨成都工匠精神的内涵演进、时代表达和培育路径。

在历史维度上，本书将以三星堆、金沙遗址等古蜀文明遗存为切入点，系统梳理从李冰主持都江堰水利工程、蜀锦织造技艺发展、近代手工业繁荣到新中国成立后成渝铁路建设、三线建设等重大工程的历史进程，深入挖掘成都历代工匠在生产实践、技艺创新中形成的独特精神品质。运用历史学、社会学、人类学等多学科理论，揭示成都工匠精神的历史渊源、文化基因和精神谱系，探究其与天府文化的内在联系，彰显其独特的地域特色与历史价值。

在现实维度上，本书聚焦成都全面建设践行新发展理念的公园城市示范区的时代要求，立足"5+5+1"现代产业体系建设，系统考察新时代成都工匠的典型事迹与创新实践。通过与国内外其他地区工匠精神的比较研究，提炼新时代成都工匠精神的核心要义，探索其与天府文化、时代精神的融通之道，明确其服务成都现代产业体系建设的实践路径，展现其推动成都高质量发展的时代价值。

在未来维度上，本书将着眼于成都建设世界文化名城和世界重要的现代制造业基地的战略定位，以职业教育改革、校企合作深化、现代学徒制推广等为重点，探索成都工匠精神的培育机制与传承路径。通过建构政府引导、学校培养、企业实践、社会参与的协同育人体系，形成具有成都特色的工匠精神培育模式，为打造具有全球竞争力的技能人才队伍提供理论指导和实践方案。

综上，本书将系统阐释成都工匠精神的历史积淀、现实创新和未来发展，揭示其传承创新的内在规律，凝练其培育发展的实践路径，为推动成都全面建设践行新发展理念的公园城市示范区提供精神滋养和实践指引。

四、研究目标

本书致力于深入挖掘成都工匠精神的深厚底蕴，凝练其时代精髓，探索其培育路径，为建设制造强市、打造人才强市提供精神支撑和实践指引。具体目标如下：

（1）系统凝练成都工匠精神的科学内涵。立足巴蜀文明发展史和天府文化精神谱系，深入考察成都历代工匠的创造实践与精神品质，揭示成都工匠精神的深层肌理与独特品格。通过多学科理论阐释，构建科学完整的成都工匠精神理论体系，彰显其历史价值与现实意义。

（2）准确把握成都工匠精神的时代表达。聚焦新发展阶段成都现代化建设的战略需求，以"5+5+1"现代产业体系为导向，深入研究新时代成都工匠的创新实践与时代风貌。通过提炼工匠精神的时代内涵，凝练富有成都特色的精神标识，展现天府文化底蕴与时代精神的融通之美，为推动成都高质量发展注入精神动力。

（3）科学构建成都工匠精神培育体系。着眼制造强市战略实施和产业工人队伍建设需要，探索政府引导、学校培养、企业实践、社会参与的协同育人机制。通过制定系统完备的培育方案，健全考核评价标准，完善激励保障机制，形成具有成都特色的工匠精神培育模式，为打造具有全球竞争力的技能人才队伍提供有力支撑。

（4）创新拓展成都工匠精神实践路径。立足成都建设世界文化名城和世界重要的现代制造业基地的战略定位，探索成都工匠精神在职业教育改革、产教融合、企业创新等领域的实践应用。通过培育新时代工匠队伍，弘扬工匠文化，营造尊重技能、崇尚创新的社会氛围，为全面建设践行新发展理念的公园城市示范区贡献工匠力量。

本书将全面展现成都工匠精神的历史底蕴与时代价值，深化对其科学内涵的理论认知，完善其培育传承的实践体系，为推动成都制造业高质量发展、建设世界重要的现代制造业基地提供坚实的精神支撑和人才保障。

五、研究范围

本书总体上从历史、现状和未来三个维度，系统性回答三个关键问题：成都工匠精神在过去是怎样的、在现阶段应具备何种特征、未来应如何发展和传承。

（1）已有研究述评。收集并整理关于工匠精神、成都工匠等相关的国内外研究成果，进行系统的文献分析，深入把握工匠精神的一般内涵、研究范式及已有的研究成果，全面了解成都工匠的实践成果。

（2）成都古代工匠精神研究。收集并整理关于工匠精神、成都工匠等相关的国内外研究成果，进行系统的文献分析，深入把握工匠精神的一般内涵、研究范式及已有的研究成果，全面了解成都工匠的实践成果。

（3）成都当代产业规划与成都工匠精神的时代耦合研究。从自发到自觉，面向成都五大先进制造业和五大新兴服务业的现实需求，考察新时代成都工匠的典型案例和优秀事迹，并与国内外其他地区的工匠精神进行比较研究，形成新时代的、具有成都特质且能够服务于"5+5+1"产业发展的成都工匠精神的核心内涵、表达方式和精神谱系。

（4）成都工匠精神传承与培育研究。通过向政府部门提交报告、参与职业院校及企业的产业工人培养等，将成都工匠精神应用于社会宣传、职业教育、企业培育等领域，对成都工匠精神的应用场景及培育路径进行实践研究。

研究重难点：①对成都古代工匠的对象范围选定、事迹成就的考察及其所蕴含并体现的工匠精神的挖掘与提炼；②对成都近现代手工业和工业发展的变迁研究，个体和群体所蕴含并体现的工匠精神的挖掘与提炼；③对具有成都特质的成都工匠精神核心内涵的界定和论证。

六、研究方法

（1）文献法。通过阅读、分析、整理工匠精神、成都工匠、成都古代、近现代和当代制造业发展变迁及著名工匠等有关文献材料，把握工匠精神的一般内涵、研究范式及其他成果，了解从古至今成都工匠实践成果。

（2）调查法。调查法作为研究成都工匠精神的重要方法，要求研究者通过科学化、系统化的资料搜集与分析过程，深入揭示这一精神内涵的本质特征和发展规律。这种方法融合了历史研究与实地观察的优势，通过多维度的数据采集手段，从不同角度解构工匠精神的构成要素。

（3）比较法。根据一定的标准，把成都工匠精神规律性的知识和国内外工匠精神放在一起进行考察，对比其内涵、特征、表达等异同，以把握成都工匠精神特有的质的规定性，并从相互联系和差异的角度观察和认识成都工匠精神，探索成都工匠精神的历史变迁、时代表达和培育路径。

第三节　相关研究述评

自 2016 年工匠精神首次被写入政府工作报告以来，这一概念在党的十九大及其后续重要会议中频繁出现，显示了国家对工匠精神的高度重视。随着社会各界对这一议题的广泛关注，工匠精神逐渐发展成为中国特色学术体系中的关键研究领域，相关研究不断深化和拓展。国内学术界对工匠精神的探讨形成了三个主要维度：第一个维度是本体论层面的探究。研究者致力于揭示工匠及工匠精神的本质特征，深入解析其内涵构成，该研究视角试图建立起工匠精神概念的理论框架，为后续研究奠定基础。第二个维度是从认识论角度展开反思。研究者着重分析当代中国社会中工匠精神缺失现象的成因。这种批判性思考有助于我们找到制约工匠精神发展的关键因素，为其振兴提供思路。第三个维度聚焦于价值论层面的审视。研究者探讨工匠精神在现代社会中的价值定位和实践意义。该研究方向不仅关注工匠精神的传统价值，更着眼于其在当代发展中的创新价值，为工匠精神的传承与发展指明方向[①]。多维度的学术研究框架，体现了学界对工匠精神的深入思考和系统性把握，为推动工匠精神的理论建设和实践创新提供了重要支撑。

一、工匠精神内涵探析

肖群忠等对中国传统工匠精神进行了精炼概括，认为其核心在于创新的"尚巧"精神、精益求精的工作态度以及"道技合一"的人生追求。相对而言，西方工匠精神则以"非利唯艺的纯粹精神""至善尽美的目标追

---

① 韩玉德，安维复. 工匠精神研究：中心议题、学术特点及启示与反思［J］. 社会科学动态，2022（9）：74-81.

求"以及"对神负责的精业作风"为特征①。李宏伟等提出,工匠精神的使命在于造物,其精神特质可归纳为"尊师重教的师道精神""一丝不苟的制造精神""求富立德的创业精神""精益求精的创造精神"以及"知行合一的实践精神"②。有学者对不同时代的工匠精神内涵进行了深入区分。张培培指出,互联网时代的工匠精神内涵特点在于"重视创造创新、凸显个体自主性和人的价值、强调现实统一"③。黄昊明等以小米、海尔等企业为典范,提出"互联网+时代"的工匠精神本质在于"求新、求变、求精、求专、求强"④。万长松等则强调新时代中国特色的工匠精神包含家国精神、科学精神、集体精神、实干精神四个维度⑤。

不同维度的工匠精神及其代表性学者如表 1-1 所示。

表 1-1 不同维度的工匠精神及其代表性学者

维度	内容	代表性学者
二维	"尚技"精神、"崇德"精神	薛栋(2016)
	爱岗敬业、精益求精	栗洪武(2017)
三维	创新精神、工作态度、人生理想	肖群忠(2015)
	敬业、专一、严谨	喻文德(2016)
	专注忠诚精神、至善至美精神、批判超越精神	肖薇薇(2016)
	精益求精、专注、创新	蔡秀玲(2016)
	创造精神、品质精神、服务精神	邵景均(2017)
	规范化、控制力、创业自我效能感	张敏(2017)
	奉献精神、工作态度、创新精神	方阳春(2018)
	爱岗敬业、精益求精、勇于创新	叶龙(2018)
	创造精神、创新精神、精益求精精神	朱永坤(2019)

---

① 肖群忠,刘永春. 工匠精神及其当代价值 [J]. 湖南社会科学,2015 (6):6-10.

② 李宏伟. 别应龙. 工匠精神的历史传承与当代培育 [J]. 自然辩证法研究,2015 (8):54-59.

③ 张培培. 互联网时代工匠精神回归的内在逻辑 [J]. 浙江社会科学,2017 (1):75-81,113,157.

④ 黄昊明,蔡国华,姬伟. 工匠精神:成就"互联网+时代"的标杆企业 [M]. 北京:北京工业大学出版社,2017:1.

⑤ 万长松,孙启鸣. 论新时代中国特色工匠精神及其哲学基础 [J]. 东北大学学报(社会科学版),2019 (5):456-461.

表1-1(续)

维度	内容	代表性学者
四维	尊师重道、爱岗敬业、精益求精、求实创新	李进(2016)
	敬业、精益、专注、创新	徐耀强(2017)
	求精、尚美、创新、卓越	陈利平(2017)
	专注、传承、创新、卓越	闫广芬(2017)
	持久专注、追求卓越、创新驱动、梦想与爱	饶卫(2017)
	组织共识、管理标准、核心能力、其他特征	郭会斌(2018)
	精益求精、敬业奉献、一丝不苟、坚持	乔娇(2018)
五维	师道精神、制造精神、创业精神、创造精神、实践精神	李宏伟(2015)
	职业价值观、职业责任感、职业道德观、职业发展观、职业创造性	施玉梅(2018)
六维	敬业、专业、耐心、专注、执着、坚持	赵晓玲(2015)
	专注、标准、精准、创新、完美、人本	李海舰(2016)

二、工匠精神的历史演变与当代特征

工匠精神植根于特定的历史时期,随着经济与社会的进步,其内涵亦持续演变。张迪先生指出,工匠精神经历了四个主要演变阶段:①萌芽阶段。当时物质生产较为落后,科技文明尚未发达,工匠精神着重简约与朴素,以及技艺的切磋与磨炼。②形成阶段。工匠们为了职业的威望与信誉,以及适应社会需求,开始重视德行与技艺的双重修养。③成熟阶段。随着封建社会的形成和经济、社会的发展,出现了多种多样的技艺传承方式,工匠精神展现出不为物质所动、不为个人情绪所左右,以及不被外界纷扰所影响的特质。④传承阶段。在现代社会,机械化生产和互联网产业日益发展,工匠精神倡导开放与包容,以及勇于创新的态度[1]。庄西真从工业发展水平的角度出发,认为在手工业时代,由于科学技术的落后,工匠追求的是精益求精和创新;工业革命时期,传统手工业面临机械化生产的冲击,工匠精神遭遇了失落;第三次工业革命期间,消费者需求日益个性化,要求从业者具备创新能力和专业素质,这与工匠精神所倡导的精雕细琢、追求卓越的价值观相契合[2]。在当代,学术界普遍认同工匠精神包

---

[1] 张迪. 中国的工匠精神及其历史演变 [J]. 思想教育研究, 2016 (10): 45-48.
[2] 庄西真. 多维视角下的工匠精神:内涵剖析与解读 [J]. 中国高教研究, 2017 (5): 92-97.

含爱岗敬业、追求卓越、持续专注等特质。此外，也有学者从不同角度对工匠精神的内涵进行了探讨。杨子舟等认为，当代工匠精神体现为富有弹性的制造智慧，个性化定制成为工艺发展的趋势，制造过程不仅是简单的重复和模仿，更是工匠的再次创造①。刘志彪等基于现代发展的需求，提出工匠精神应包含以用户为中心的理念②。随着市场需求的日益多样化，徐耀强指出，工匠精神应体现创新性特征，注重产品的更新换代③。唐国平等认为，现代工匠精神已经与企业的人力资源管理相结合，演变为企业的资本资源④。

三、中国工匠精神的现状及原因

有研究认为，中国社会在不同层面呈现出的工匠精神缺失现象，其根源在于对速度效益、规模效益的过度追逐以及对经济利益的片面追求。从历史发展脉络来看，中国长期将经济增速置于优先地位，致力于快速改变贫困面貌，这种发展导向促使经济增长模式趋向粗放化。在此背景下，人们热衷追求速成效应、名利双收，乃至幻想短期暴富，致使对产品质量这一基本要素的关注度下降，遑论对人文关怀与理想追求的重视。这种社会氛围催生了"差不多"心态的复苏，创新意识日渐淡薄，做事的内在驱动力不断减弱，追求卓越的工匠精神自然难以维系。

关于工匠精神的现代困境，学界存在不同视角的解读。有学者从劳动形态的维度进行剖析，指出传统手工艺具有综合性特征，而现代化生产则呈现出分析性特点，这种生产方式将创新与生产割裂开来，导致劳动者在流水线上丧失了创新空间。自泰勒制推行以来，现代生产体系确实在一定程度上抑制了工人的创新潜能，使其局限于单一工序，难以对产品质量形成全局性把控。王英伟、陈凡指出，新时代工匠精神的"现代转换"至少面临三重困境：与现代生产观（精雕细刻、慢工出细活与批量化生产）、技术创新观（基于经验的改良改进与现代技术协同创新）及马克思主义劳

---

① 杨子舟，杨凯. 工匠精神的当代意蕴与培育策略 [J]. 教育探索，2017 (3)：40-44.
② 刘志彪，王建国. 工业化与创新驱动：工匠精神与企业家精神的指向 [J]. 新疆师范大学学报（哲学社会科学版），2018，39 (3)：34-40，2.
③ 徐耀强. 论"工匠精神" [J]. 红旗文稿，2017 (10)：25-27.
④ 唐国平，万仁新."工匠精神"提升了企业环境绩效吗 [J]. 山西财经大学学报，2019，41 (5)：81-93.

动观（重文轻技与崇尚劳动）存在矛盾和冲突①。

然而，将工匠精神的缺失简单归因于工业化进程显然失之偏颇，这无法解释为何科技更为发达的西方国家仍能保持显著的工匠传统。对此，美国社会学家桑内特提出了独到见解。他多次强调，卓越的匠人始终是手脑并用的，他还批判了那些认为工业化劳动中的"固定程式"会使人心不在焉以及"重复做某件事的人不会动脑子"的传统观点，认为卓越匠人为了提升技能而反复从事某项工作，实际上充满趣味，而那些所谓的"固定程式"中仍然存在改动、变化甚至革新的可能性②。

此外，制度层面的缺失也是制约工匠精神发展的重要因素。研究表明，中国在工匠权益保障、知识产权保护以及社会地位维护等方面的制度建设尚不完善，与西方发达国家存在差距③。

四、工匠精神的当代价值

工匠精神，作为一种职业道德和信念追求，本质上涉及价值问题的探讨。实际上，对工匠精神当代价值的反思，也是对一些质疑的回应：难道工匠不是已经被现代技术所代表的机器淹没在历史的尘埃之中了吗？在科技如此发达的当下，为何仍需提倡工匠精神？在当代社会语境下，工匠精神的价值定位与发展必要性引发了广泛探讨。刘建军从历史延续性的视角指出："虽然手工业时代已告终结，但手工劳动在现代生产体系与日常生活中仍占据独特地位，发挥着重要的补充功能。"钱宸则通过纵向对比，在肯定中华文明史上杰出匠人追求卓越传统的同时，着重强调了当代企业界对品质与细节的执着追求，这种追求恰与"工业4.0时代"对工匠精神的呼唤形成共鸣。

近年来，以《大国工匠》《我在故宫修文物》为代表的纪录片，生动展现了当代匠人的精湛技艺。例如，导弹铸造专家毛腊生凭借其独特技艺实现了连高科技设备都难以企及的精度。这类案例有力印证了工匠精神在新时代的独特价值。这种精神不仅在弘扬劳动价值、矫正社会浮躁风气方

---

① 王英伟，陈凡. 新时代工匠精神的审视与重构 [J]. 自然辩证法研究，2019，35 (11)：52-56.

② 桑内特. 匠人 [M]. 李继宏，译. 上海：上海译文出版社，2018.

③ 韩玉德，安维复. 工匠精神研究：中心议题、学术特点及启示与反思 [J]. 社会科学动态，2022 (9)：74-81.

面具有积极作用，更是现代工业发展的核心驱动力。

肖群忠等学者深入剖析了工匠精神的内涵，认为其蕴含的严谨、专注与精益求精等特质，使之成为现代工业制造的灵魂。这种精神既有助于从业者实现自我价值，也是推动"中国制造2025"战略目标实现的关键要素。查国硕进一步拓展了工匠精神的应用范畴，认为它不应局限于传统手工业领域，而应成为所有职业从业者的共同追求，这种认知有助于消除职业歧视，促进社会公平。

从职业伦理到价值信念的多维视角审视，工匠精神在当今时代依然具有重要的传承与弘扬意义，其价值不仅体现在技术层面，更深入到社会文化层面，成为推动社会进步的重要精神力量。

五、培育当代中国工匠精神的策略

在当代中国，如何有效培育工匠精神已成为一个亟待解决的重要课题，其核心在于探索这一精神如何实现理性回归，而培育路径的构建则构成了这一议题的逻辑终点。学术界从多元视角出发，围绕教育体系、制度设计、文化氛围以及法律规范等多个维度，提出了具有建设性的社会建构方案与形塑策略。具体而言，培育工匠精神的首要任务在于实现价值观念的革新，使劳动价值回归其应有的社会地位。正如学者李宏伟所强调的，必须转变就业观念，提升工匠职业的社会声望。在人才培养方面，我们应当有针对性地借鉴国际先进经验，尤其是德国和日本在工匠文化培育和制度建设方面的成功实践。其中，德国的双元制教育模式因其在产教融合与校企合作方面的显著成效，已成为我国职业教育改革的重要参考。在技能型人才培养过程中，应当强化创新能力的培养，实现从被动接受式学习向主动探究式学习的转变。此外，工匠技艺的传承与保护需要依托现代科技手段，并构建完善的制度保障体系。只有当工匠的社会地位获得实质性提升，其经济待遇得到合理保障，工匠精神才能真正得到践行与传承。值得注意的是，我们必须警惕当前教育体系中存在的"形式主义"倾向，避免将工匠精神的培育停留在口号层面。如果缺乏实质性的保障措施，过度或不恰当的培育方式反而可能导致"伪工匠精神"的滋生。

第二章　工匠精神的历史内涵与演进

第一节　工匠与工匠精神

一、工匠的内涵

工匠，在古代被称为手艺人，意为熟练掌握一门手工技艺并以此谋生的人①。《辞海》中"工"部将工匠定义为"手艺工人"，而"匚"部则将其解释为"具有专门技术的工人"。实际上，"工""匠"以及"工匠"的含义在汉语的历史演变进程中经历了复杂的转变。古文字学家杨树达在《积微居小学述林·释工》中阐释道："工"字的象形源于曲尺，因此"工"即曲尺。《周礼·考工记》中记载："智者创造物品，巧者继承并阐述，世代相传，称之为工。"后世的注解进一步解释："世代相传"指的是父子之间代代相传的技艺；"其曰某人者"是指以所从事的事务命名官职；"其曰某氏者"则是指官职因家族世代的功绩而命名。《考工典》引用王昭禹的话说："从事事业和创造产业的行为称之为工。"随着历史的发展，"工"字的含义从"曲尺"扩展至工人和工业。工匠这一职业，在东西方文化中均有其历史渊源，其产生主要归因于社会与职业的分工。在中国古代汉语中，"工""匠"以及"工匠"这些词汇常常可以互换使用，它们均指那些掌握一定技艺的手工业劳动者。

"工"一词虽具有多重用途，但其核心意思通常指掌握工艺技术的工业从业者。这一概念与日常语境中提及的"匠"含义相同。《辞海·工部》中记载："工，即匠也。凡从事技艺并制作器物以供实用者，皆可称之为

---

① 周菲菲. 试论日本工匠精神的中国起源 [J]. 自然辩证法研究，2016 (9)：80-84.

工。"因此，工匠亦可被称为"匠"或"匠人"。

"匠"一词最初特指"木工"。《说文解字·匚部》中解释道："匠，即二和斤组成。斤，乃制作器物之工具。"清代学者段玉裁在《说文解字注·二部》中进一步阐释："匠，原指木工，后引申为各种工匠。"木工除了使用"斤"作为工具外，还使用"绳墨"作为绘图的规范。因此，《孟子·尽心上》中提道："大匠不为拙工改废绳墨。"古代匠人主要负责建造宫殿、城市等建筑，如《考工记·匠人》所述："匠人营国，方九里，旁三门，国中九经九纬，经涂九轨，左祖右社，面朝后市。"此外，先秦时期的匠人还包括从事农业水利工程建设的人员。故《考工记·匠人》又记载："为沟，广五寸，二耜为耦。"

工匠是人类社会技术传承的主体，其起源可追溯至原始社会的氏族公社时期，并且在现代机器工业时代依然扮演着重要角色。我国古代文献中记载了黄帝有熊氏开始建造宫室，并命令宁封等人制作各种器物以便利民众的使用。随着国家的建立，官方手工业体系逐渐形成，工匠因此分化为官府工匠和民间工匠两大类别。其中，民间工匠大多转变为拥有生产资料并独立进行生产经营的私营手工业者。随着工业化的开始，尤其是大规模机器生产的普及，工匠的角色进一步分化，形成了现代意义上的普通熟练工人、专业技术工人、工程师以及建筑师等职业，他们成为社会中不可或缺的普通劳动者。

进入封建社会，国家职能进一步加强和完善，工与匠开始有了独立的户籍管理制度，称为"匠籍"，从而产生了"工在籍谓之匠"的说法，工与匠自此合为一体。所谓"工在籍谓之匠"，主要强调工匠是拥有专门户籍和专业技术的职业人员。即便在有独立户籍管理的时期，也存在在匠籍中而不从事匠业，或不在匠籍中却从事匠业的情况。

传统工匠是指从事传统手工业生产的劳动者，主要指在家庭、作坊或手工工场中劳动的技术工人，因此"工匠"常与"工人"并称。《论语·卫灵公》中提道："工欲善其事，必先利其器。"《管子·问霸》中也有："处女操工事者几何人？"这两处的"工"均指工人。在古代文献中，"工人"一词十分常见。《韩非子·解老》中说："工人数变业则失其功，作者数摇徙则亡其功。"《史记·张仪苏秦列传》记载张仪游说燕昭王时提道："昔赵襄子尝以其姊为代王妻，欲并代，约与代王遇于句注之塞。乃令工人作为金斗，长其尾，令可以击人。与代王饮，阴告厨人曰：'即酒酣乐，进热啜，反斗以击之'于是酒酣乐，进热啜，厨人进斟，因反斗以击代王，杀之，王脑涂地。"

从词义演变的角度来看，"工""匠"与"工匠"在古汉语中往往可以互换使用，均指具有专门技艺的手工业劳动者。但作为研究范畴上的"工匠"，不仅包含专门的技术制作能力，还包含一定的艺术设计能力；不仅是传统工业的主要劳动力，而且还是传统工业的技术核心。因此，准确地说，工匠是指具有专业技艺特长的手工业劳动者。这一定义涵盖了传统工匠所具备的各项基本要素和特征。

在我国古代，士、农、工、商被称作四民。传统工匠，即那些从事手工技艺的从业者，不仅承担着基础的体力劳动，还拥有精湛的技艺与专业技能。他们具备设计、创新和创造的能力，是传统工业领域中不可或缺的劳动力和技术核心。《周礼·考工记》中亦有记载："天有时，地有气，材有美，工有巧，合此四者然后可以为良。"这表明古人将工匠视为具备特殊工艺技能的群体。在现代语境下，所有从事手工业的劳动者皆可被称为工匠。

工匠的历史源远流长，自原始社会分工出现以来，各类手工业便应运而生。甲骨文中提到的"司工"与"百工"，揭示了当时政府已设立专门机构及官员来管理工匠，手工业种类繁多，分工亦相当复杂。后世文献中，"百工"成为工匠职业的通称。周代手工业的门类和技术均取得显著进步，《周礼·考工记》中将社会成员划分为王公、上大夫、百工、商旅、农夫和妇功六类，其中"审曲面势，以饬五材，以辨民器，谓之百工"，意味着所有从事材料加工成器的工匠均归类于百工。《周礼·考工记》对日用器具、生产工具、建筑、纺织、交通、兵器、礼器、乐器八个方面的三十个工种的操作方法和技术规范进行了理论上的总结，根据工艺性质的不同，形成了不同的生产分工和各自的技术规范，并建立了产品检验方法和技术标准，这表明当时手工业在工艺技术上已实现规范化，并在产品检验上实现了标准化。《周礼·考工记》仅概述了官营手工业的主要方面，实际上当时的工种远不止于此。以先秦工匠生产模式为基准，先秦工匠可分为官府控制的官营手工业和自主经营的私营手工业，即"工商食官"和"工商居肆"。前者主要为贵族统治者服务，后者则主要满足民众的生产生活需求，并因生产力的提升和社会进步，展现出旺盛而持久的生命力。无论是手工业生产门类的多样性还是自由手工业者群体的规模，均反映春秋战国时期手工业作为独立生产部门的显著发展，充分证明了当时手工业已达到一个较为成熟的阶段。

在英语语境中，"工匠"这一概念主要通过"artisan"和"craftsman"两个术语来表述，且两者均承载着丰富的历史与文化内涵。"Artisan"一词源自"art"，具有悠久的历史渊源。依据《大英百科全书》的界定，"artisan"特指"技工"，与"艺术家"有所区别，专指那些从事手工艺制作的工人。该英语词汇源自晚期拉丁语"artītiānus"，原意为"受过艺术训练的人"。在历史上，"artisan"曾与"艺术家"同义，但随着时间的推移，其含义逐渐狭窄，现今则特指技艺高超的工人。"craftsman"一词则与"craft"紧密相关，主要指手工制作技艺。尽管"artisan"与"craftsman"两者均与基于技术的器物制作活动相关联，但"art"在《大英百科全书》中的含义更为广泛："这个词在其最广泛和最流行的意义上意味着我们区别于自然的一切。"在《牛津英语词典》（以下简称 OED）中，"craftsman"由"craft"和"man"组合而成，其起源与"tradesman"紧密相关，其基本含义是指运用手工技艺进行制作的工匠或技师，而其引申含义则扩展为"创造者、发明家或设计者（maker，inventor，contriver）"，在这一层面上，其等同于追求完美的艺术家（artist），尽管其指代的仍是人工制品的制作者。值得注意的是，"craftsman"一词首次出现在 1362 年的文献中，意为"所有从事手工艺制作的人"。基于工匠与手工技艺的紧密联系，在当代更广范围的视野下，可以将其内涵扩展为泛指拥有特定技能的人。这种理解在一定程度上反映了当前技术至上的观念，或是技术在时代中占据主导地位的必然解释。从这一广义理解出发，许多论述都将工匠的概念泛化，认为在当代，每个人都可以被称为"工匠"。基于这种认识，每个人都可以成为匠人，每个人都应当努力成为匠人，以推动社会的进步与发展。

二、工匠与工匠精神的关系

工匠精神，这一源远流长且持续演进的理念，深刻地承载着中华民族的智慧与创造力。在古典文献中，《周礼·考工记》曾言："智者创造物品，巧者则继承并守护之。"而《韩非子·定法》亦载："匠人，乃手巧之士。"这些论述均彰显了工匠在古代社会中的重要地位与价值。在中华文明的长河中，众多技艺超群的工匠，诸如木工鲁班、玉工陆子岗等，他们凭借卓越的技艺与不懈的努力，使其名字和作品成为世人传颂的佳话。这些工匠不仅在当时备受尊崇，更对后世产生了深远的影响。从狭义层面解读，工匠特指那些专注于某一职业并精通其基本技能的手工业劳动者。他们通过长期的实践与学习，积累了丰富的经验与技艺，成为所在领域的佼佼者。从广义层面来看，工匠已超越了手工业和制造业劳动者的范畴，广泛涵盖了在各个领域中追求技艺精湛、诚信敬业、致力于追求卓越的劳动者群体。这一理念不仅适用于传统手工业领域，更在现代社会各个行业中发挥着重要作用。

工匠精神作为一种文化形态，不仅承载了物质需求，还体现了精神追求，强调了工匠的主体地位，并彰显了工匠在其职业活动中展现的创造力和人格境界。在中国传统社会中，独特的手工技术与劳动方式孕育了工匠这一群体，他们在职业实践中逐步形成了具有特色的伦理规范和价值观念。这些伦理规范和价值观念经过社会层面的深化与提升，最终构建了所谓的工匠精神。

工匠与工匠精神之间存在着紧密且不可分割的关联。工匠是工匠精神的创造者与传承者，他们通过长期的职业实践，不断磨炼技艺，提升自我，逐渐形成了独特的伦理规范与价值观念。这些伦理规范与价值观念不仅指导工匠们的职业行为，更在潜移默化中塑造了他们的人格与品质。而工匠精神，则是工匠们职业实践的结晶与升华，体现了工匠们对精湛技艺的追求、对卓越品质的执着，以及对社会责任与道德规范的坚守。

通过对中华文明的起源进行深入探讨，我们能够发现，在长达五千年的中华文明史中，手工技艺始终扮演着重要角色。人们在满足基本生活需求的过程中创造了各式各样的手工制品，这些手工制品不仅满足了物质需求，更促生了工匠这一社会阶层。随着工匠群体的扩大和社会活动范围的拓展，逐步形成了完善的匠作制度、工匠传承方式以及工匠精神。这些制度、方式和精神不仅丰富了中华文明的底蕴，深化了中华优秀传统文化的内涵，更为人类社会的发展和进步积累了宝贵的精神财富。

工匠们通过不断地实践和创新，将工匠精神世代传承，使得这种精神在中华文明的长河中熠熠生辉。同时，工匠精神也激励着工匠们不断追求卓越，提升技艺，为人类社会的发展和进步贡献了重要力量。在当今快速发展的社会中，我们依然需要弘扬工匠精神，让这种精神成为推动社会进步的关键动力。

三、工匠精神的内涵

何为工匠精神？准确理解工匠精神的内涵，是传承与发扬工匠精神的前提与基础。工匠精神不仅指工匠们具备的精神特质，也不意味着所有工匠都必然具备这种精神，而是源自那些技艺高超、精益求精、追求卓越的工匠们所展现出的精神。工匠精神不仅存在于工匠行业，而是一种普遍且值得推崇的职业态度和价值观。对于工匠精神的定义，会因不同的视角和标准而有所区别。部分学者可能从技术层面来界定，强调工匠们技艺上的精湛与专业；另一些学者则可能从精神层面来界定，强调工匠们对工作的热爱、专注与执着。此外，工匠精神的结构或维度也存在差异，有观点认为工匠精神包括对细节的关注、对质量的追求以及对创新的渴望等多个方面。总之，工匠精神是一种综合性的精神特质，涵盖了对技艺的追求、对工作的热爱以及对卓越的不懈追求。

（一）工匠精神内涵的界定视角

对现有工匠精神研究的系统梳理发现，我国学者多从职业精神、道德伦理、组织文化或价值取向等视角来界定工匠精神的内涵。姚先国、何伟、王丽媛、张培培和李丽等从职业精神视角对工匠精神进行界定。何伟和李丽提出，工匠精神是涵盖了职业敬畏、工作执着、崇尚精品、追求极致等内容的职业精神[1]。王晓漪、梁军、王靖高和金璐，以及薛茂云等从道德伦理视角对工匠精神进行界定。其中，王晓漪提出，工匠精神包含爱岗敬业、履行职责、无私奉献、踏实工作等道德规范[2]。梁军更加强调职业伦理[3]，薛茂云特别指出了工匠精神在职业道德方面的内容[4]。从组织文化视角进行界定的代表性学者有郭会斌、张宇和郭卉等，其中，郭会斌等将工匠精神界定为以个体的能力素养等为基础和依托，历经多断面、多层面的学习程序发展出的以组织共识、管理标准、核心能力和其他特征为构

---

① 何伟，李丽. 新常态下职业教育中"工匠精神"培育研究 [J]. 职业技术教育，2017 (4)：24-29.

② 王晓漪. "工匠精神"视域下的高职院校职业素质教育 [J]. 职教论坛，2016 (32)：14-17.

③ 梁军. 工程伦理的微观向度分析：兼论"工匠精神"及其相关问题 [J]. 自然辩证法通讯，2016 (4)：9-16.

④ 薛茂云. 用"工匠精神"引领高职教师创新发展 [J]. 中国高等教育，2017 (8)：55-57

成要素的组织文化图式①，而张宇和郭卉将工匠精神纳入工匠文化体系②。从价值取向视角进行界定的代表性学者有李宏昌、理查德·桑内特及齐善鸿等。其中理查德·桑内特在《匠人》一书中提出，具有工匠精神的人为自己的工作感到骄傲，更能在工作中找到人生的归宿③。齐善鸿从工匠人格的视角出发，将工匠精神视为一种"信仰型人格"，认为工作对于具有工匠精神的人而言，已经远远超过了谋生的需求，而是人生价值的实现和追求④。

从这些研究成果来看，由于研究的视角存在差异，工匠精神的描述语言自然就有所不同。然而，这些描述究竟是工匠精神的内在含义、核心内容，还是其外在特征表现，抑或是这些方面兼而有之，似乎并不明确。这种模糊性导致了在概念上对工匠精神难以达成一致的理解和共识。

界定工匠精神，首先要研究何为精神。中国古代关于精神有如下定义：①指人的精气、元神，相对于形骸而言。如《吕氏春秋·尽数》："圣人察阴阳之宜，辨万物之利，以便生，故精神安乎形，而年寿得长焉。"汉王符《潜夫论·卜列》："夫人之所以为人者，非以此八尺之身也，乃以其有精神也。"元揭傒斯《哭王十良仲》诗："精神与时息，形质随日化。"②指人的意识。如《史记·太史公自序》："道家使人精神专一，动合无形，赡足万物。"清刘大櫆《见吾轩诗序》："文章者，古人之精神所蕴结也。"孙中山《军人精神教育》："至于精神定义若何，欲求精确之界限，固亦非易，然简括言之，第知凡非物质者，即为精神可矣。"③实质，要旨，事物的精微所在。宋王安石《读史》诗："糟粕所传非粹美，丹青难写是精神。"中国近代史资料丛刊《辛亥革命·立宪纪闻》："各部尚书，出则为各部长官，入则为参预政务大臣，与外国内阁官制，其精神固无异也。"鲁迅《三闲集·〈近代世界短篇小说集〉小引》："只顷刻间，而仍可借一斑略知全豹，以一目尽传精神。"④精力体气。《韩诗外传》卷六："劳矣箕子！尽其精神，竭其忠爱。"宋李清照《〈金石录〉后序》："（赵明诚）始负担，舍舟坐岸上，葛衣岸巾，精神如虎，目光烂烂射人，望舟

---

①　郭会斌，郑展，单秋朵，等. 工匠精神的资本化机制 [J]. 南开管理评论，2018（2）：95-106.

②　张宇，郭卉，工匠精神：应用型人才职业道德培养的价值支撑 [J]. 教育与职业，2017（19）：70-74.

③　桑内特. 匠人 [M]. 李继宏，译. 上海：上海译文出版社，2015.

④　齐善鸿. 创新时代呼唤工匠精神 [J]. 道德与文明，2016（5）：5-9.

中告别。"《红楼梦》第五十五回："王夫人便觉失了膀臂，一人能有多少精神？凡有了大事，就自己主张；将家中琐碎之事，一应都暂令李纨协理。"⑤形容人或物有生气。《红楼梦》第四十九回："十数枝红梅，如胭脂一般，映着雪色，分外显得精神，好不有趣。"老舍《骆驼祥子》第二十回："连大气也不出的夏先生也显着特别的精神。精神了两三天，夏先生又不大出气了。"⑥心神、神志，指神情意态。战国楚宋玉《神女赋》："精神恍惚，若有所喜，纷纷扰扰，未知何意。"《北齐书·废帝纪》："文宣怒，亲以马鞭撞太子三下，由是气悸语吃，精神时复昏扰。"清刘大櫆《乡饮大宾金君传》："遇事之盘错，其精神常镇定，而卒能有剖决以解其纷。"⑦风采神韵。宋周美成《烛影摇红》词："风流天付与精神，全在娇波眼。"元锺嗣成《一枝花·自序丑斋》套曲："那里取陈平般冠玉精神，何晏般风流面皮；那里取潘安般俊俏容仪。"鲁迅《汉文学史纲要》第十篇："明王世贞评《子虚》《上林》，以为材极富，辞极丽，运笔极古雅，精神极流动。"⑧精明、机警。《宋书·谢弘微传》："童幼时，精神端审，时然后言。"《续资治通鉴长编》："臣观方今之人，趋进者多，廉退者少，以善求事为精神，以能讦人为风采。"老舍《骆驼祥子》第二回："有了炮声，兵们一定得跑，那么，他自己也该精神着点了。"⑨神通。《西游记》第二回："祖师道：'你等起去'叫：'悟空，过来！我问你弄甚么精神，变甚么松树？这个工夫，可好在人前卖弄'"《西游记》第十六回："你看他弄个精神，摇身一变，变做一个蜜蜂儿。"⑩哲学名词。指人的意识、思维活动和一般的心理状态，为物质运动的最高产物。

精神指向人的主观意识状态，反映大脑所具有的高阶思维形式。精神生成于人的实践活动，体现人的总体生命状态，反映特定时代人们的生存状况和实际需要。人的精神世界是具有丰富、多样的精神形式构成的统一结构。"精神"囊括了认知、情感、意志和信仰等多重意思，呈现为真、善、美与知、情、意相互交融的统一体，并以意义追求为实质性内容。思想政治教育作用于人的精神世界，但显然不可能关照到人的精神世界的全部，它着眼于人的精神世界中的观念系统，尤其是居于核心地位的态度、价值观和信仰。"思想政治教育不是描述性的，而是价值性、规范性的，带着特有的立场和观点。它是一定的社会提供的思想政治教育方式，使社会中的个体或群体接受那些能帮助他们理解政治制度运作的信息、信念、态度、价值，并指导他们自己在这一框架内行动的方式"①。

思想政治教育学的"精神"关乎人的精神状态，更多呈现其观念性向度，关注人们基于价值认知、判断和选择而形成的体验或感受。这种精神状态更多是基于人们内化社会价值规范获得的价值体验，反映人的整体的生命状态。思想政治教育学的"精神"因其渗入了人们的价值立场，从而使得它并不囿于客观的描述意义②。

基于以上关于精神的定义，结合工匠精神的运用语境，我们可以初步确定工匠精神的界定视角为工匠自身以及其行为的价值认知、判断和选择所共同塑造的体验或感受。具体来说，工匠精神不仅仅是一种职业精神，更是一种道德伦理的体现，它涵盖了对工作的热爱、对技艺的精益求精以及对产品质量的严格要求。同时，工匠精神也体现在组织文化中，它是一种集体的价值取向，引导着整个团队或组织向着更高的目标迈进。

无论是从职业精神、道德伦理，还是从组织文化或价值取向等视角来界定工匠精神的内涵，都应该将基于特定时代或社会的价值认知、判断和选择而形成的体验或感受作为基础。这意味着，工匠精神并非一成不变，而是随着时代的发展和社会的进步而不断演变。在不同的历史时期，工匠精神会呈现出不同的特点和要求，但其核心始终是对卓越的追求和对完美的执着。

例如，在古代社会，工匠精神可能更多地体现在手工技艺的传承和创新上，工匠们通过世代相传的经验和智慧，不断改进工艺，创造出令人叹为观止的艺术品和实用工具。而在现代社会，工匠精神则更多地与科技发展和创新紧密相连，工匠们不仅要掌握精湛的技艺，还要不断学习新技术，以适应快速变化的市场需求。

工匠精神的界定视角应该是多维度的，既包括工匠个体的价值认知、判断和选择，也包括社会和时代的背景。只有这样，我们才能全面而深刻地理解工匠精神的真正内涵，并在实践中不断传承和发扬这种宝贵的精神财富。

（二）工匠精神内涵的结构维度

1. 结构维度

（1）三维度。

胡冰和李小鲁提出，工匠精神具有专业性、职业性以及人文性三个特

---

① 马克思，恩格斯. 马克思恩格斯文集：第一卷 ［M］北京：人民出版社，2009：533.
② 叶方兴. 思想政治教育学的"精神"概念 ［J］. 教学与研究，2024（8）：82-91.

征，其内涵包括专业精神、职业态度和人文素养三个层次①。张敏和张一
力采用单案例研究方法，基于企业家的创业学习行为提出，转型背景下工
匠精神的时代内涵包括规范化、控制力与创业自我效能感三个维度②。祁
占勇和任雪园通过对《大国工匠》的视频资料进行分析，提炼出工匠核心
素养的三大维度，即匠技、匠心、匠魂③。李淑玲针对杰出技工的质性研
究结果表示，工匠精神包括匠心、匠艺、匠品三个维度④。方阳春和陈超
颖通过深度访谈与开放式问卷调查，将工匠精神划分为爱岗敬业的奉献精
神、精益求精的职业态度以及攻坚克难的创新精神三个维度⑤。贺正楚和
彭花以新生代技术工人为研究对象，提出工匠精神的核心是对工作的专
注、对技术的钻研、对产品的执着⑥。曾颢等在关于德胜洋楼公司的案例
研究中，提出组织层面的工匠精神包括非营利性的职业动机，爱岗敬业、
高度负责的职业态度，以及精益求精的创新能力等三个范畴⑦。叶龙等在
文献梳理的基础上，提出技能人才工匠精神包括爱岗敬业、精益求精和勇
于创新三个维度⑧。曾亚纯在职业院校毕业生工匠精神行为表现的影响因
素研究中，将工匠精神行为表现分为自我形象、专业能力、行为品质三个
维度⑨。

（2）四维度。

李宏伟和别应龙提出，"造物"是工匠精神的伟大使命，其内涵应涵

① 胡冰，李小鲁. 论高职院校思想政治教育的新使命：对理性缺失下培育"工匠精神"的
反思 [J]. 职教论坛，2016（22）：85-89.

② 张敏，张一力. 从创业学习者到网络主宰者：基于工匠精神的探索式研究 [J]. 中国科技
论坛，2017（10）：153-159.

③ 祁占勇，任雪园. 扎根理论视域下工匠核心素养的理论模型与实践逻辑 [J]. 教育研究，
2018（3）：70-76.

④ 李淑玲. 智能化背景下工匠精神的新结构体系构建：基于杰出技工的质性研究 [J]. 中国
人力资源开发，2019（8）：114-127.

⑤ 方阳春，陈超颖. 包容型人才开发模式对员工工匠精神的影响 [J]. 科研管理，2018
（3）：154-160.

⑥ 贺正楚，彭花. 新生代技术工人工匠精神现状及影响因素 [J]. 湖南社会科学，2018
（2）：85-92.

⑦ 曾颢，赵宜萱，赵曙明. 构建工匠精神对话过程体系模型：基于德胜洋楼公司的案例研究
[J]. 中国人力资源开发，2018（10）：124-135.

⑧ 叶龙，刘园园，郭名. 包容型领导对技能人才工匠精神的影响 [J]. 技术经济，2018
（10）：36-44.

⑨ 曾亚纯. 职业院校毕业生工匠精神行为表现的影响因素分析 [J]. 中国职业技术教育，
2017（20）：10-16.

盖尊师重道、精益制造、创新创业、勇于实践 4 个方面的内容①。乔娇和高超通过开放式问卷调查，提炼出工匠精神的 4 个核心维度，即精益求精、敬业奉献、一丝不苟和坚持②。洪子又和朱伟明借助模糊评价法将工匠精神划分为人员、服务、产品和设施 4 个维度③。

（3）五维度及多维度。

刘军和周华珍在探究技能人才工匠特征时，借助扎根理论将工匠精神划分为敬业精神、传承精神、分享精神、创新精神和精益求精 5 个维度④。曹明福等提出，工匠精神包括精神、道德、价值、技术、行为、制度和社会 7 个维度方面的内容⑤。此外，在一些工匠精神的著作中，著者将工匠精神划分成更多的维度。例如，崔学良和何仁平将热爱、专注、精心、追求极致、慎独、坚守、勤劳等内容都囊括在工匠精神的框架之下⑥。

2. 整合性观点和框架构建

随着工匠精神研究的不断深入，学界对其结构维度的认识逐步走向多元化和系统化。李朋波等学者的研究表明，现有研究主要从职业精神、道德伦理、组织文化和价值取向等维度来界定工匠精神⑦。但这种分散化的研究视角难以全面把握工匠精神的丰富内涵，也无法准确反映其内在的层次性和关联性。为了构建更加科学完整的工匠精神理论体系，需要运用系统思维，从更加整合的视角来理解和界定工匠精神的结构维度。这种整合性的理论框架应当包含以下六个相互关联、层层递进的核心维度：第一是品质追求维度，这是工匠精神最为本质的内核，体现为对卓越品质的不懈

---

① 李宏伟，别应龙. 工匠精神的历史传承与当代培育 [J]. 自然辩证法研究，2015 (8)：54-59.

② 乔娇，高超. 大学生志愿精神、创业精神、工匠精神与感知创业行为控制的关系研究 [J]. 教育理论与实践，2018 (30)：20-22.

③ 洪子又，朱伟明. 服装定制工匠精神价值的评价指标体系构建 [J]. 浙江理工大学学报（社会科学版），2019 (4)：344-351.

④ 刘军，周华珍. 基于扎根理论的技能人才工匠特征构念开发研究 [J]. 中国人力资源开发，2018 (11)：105-112

⑤ 曹明福，许征宇，沈浩鹏. 工匠精神的内涵解析及其启示 [J]. 中国经贸导刊（中），2019 (2)：112-114.

⑥ 崔学良，何仁平. 工匠精神：员工核心价值的锻造与升华 [M]. 北京：中华工商联合出版社，2016.

⑦ 李朋波. "工匠精神"究竟是什么：一个整合性框架 [J]. 吉首大学学报（社会科学版），2020，41 (4)：107-115.

追求和对完美境界的持续探索。工匠们对每一个细节的精益求精，对每一道工序的严谨把控，都是这种品质追求的生动写照。第二是履职信念维度，这是工匠精神的思想基础，表现为对职业的深刻认知和坚定信念。它不仅包括对工作的热爱与尊重，更涵盖了对职业价值的深刻理解和坚守。第三是职业承诺维度，这是工匠精神的情感纽带，体现为对职业的忠诚度和责任感。工匠们常年如一日地专注投入、始终如一的职业操守，都是这种承诺精神的集中体现。第四是能力素养维度，这是工匠精神的技术支撑，涉及专业知识、操作技能、实践经验等多个方面。持续提升的专业能力和不断积累的实践智慧，构成了工匠精神的坚实基础。第五是持续创新维度，这是工匠精神的动力源泉，表现为对新知识、新技术、新方法的不断探索和创造。创新不仅体现在技术突破上，更体现为工作方法和思维方式的与时俱进。第六是传承关怀维度，这是工匠精神的社会责任，体现为对技艺传承、文化传播和人才培养的责任担当。工匠们通过"传帮带"等方式，确保精湛技艺和崇高精神代代相传。这六个维度不是简单并列的关系，而是形成了一个有机的整体：以品质追求为核心，以履职信念为引领，以职业承诺为保障，以能力素养为基础，以持续创新为动力，以传承关怀为延展。多元因素相互支撑、相互促进，共同构成了工匠精神的完整图景。

（1）品质追求。2016年度的政府工作报告明确表示要"培育精益求精的工匠精神"，精益求精自此成为工匠精神的代名词。在实践和现象层面，2018年"大国工匠年度人物"给出了更为具体的示范。例如，乔素凯在26年的工作生涯中保持核燃料操作"零失误"，从事新型数控加工的陈行行将产品合格率从50%提升到100%，他们通过对品质的极致追求挑战技艺极限。在此背景下，学者们也相继提出"精益求精""追求完美""品质优化"等工匠精神内容，例如，刘志彪提出，工匠精神体现为生产过程中的精益求精、追求完美和细节，对消费者品质需求的满足，以及对产品品质的不断优化和性能的不断改进①；刘军和周华珍将"精益求精"列为技能人才工匠的特征之一②；曾亚纯将行为品质定义为工匠精神的行

① 刘志彪. 工匠精神、工匠制度和工匠文化 [J]. 青年记者，2016（16）：9-10.
② 刘军，周华珍. 基于扎根理论的技能人才工匠特征构念开发研究 [J]. 中国人力资源开发，2018（11）：105-112.

为表现之一①；李宏伟和别应龙提出了"精益制造"的观点②。这些观点强调的皆是品质追求方面的内容。因此，品质追求可以更好地涵盖学者们提及的精益求精、追求完美等方面的内容，成为个体对所在行业及工作领域内产品和服务质量的极致追求。

（2）履职信念。业精于勤是工匠精神的基本写照，尽职尽责是每一位工匠对自我最基本的要求。关于工匠精神的研究大多提到专注本职、尽职尽责和爱岗敬业等方面的内容。比如，乔娇和高超曾将一丝不苟等纳入工匠精神的核心维度③；贺正楚和彭花以新生代技术工人为研究对象，强调了工匠精神的核心是对工作的专注④；曾颢等在关于德胜洋楼公司的案例研究中，提出组织层面的工匠精神还包括高度负责的职业态度⑤。此外，还有学者补充了履行职责、无私奉献、踏实工作等方面的内容。履职一词常见于公职和高管方面的研究，表示主动勤勉地履行岗位职责，强调要"有所为"；信念具有个性化的特征和强烈的主观情感，可以视为规范的内化和行为的动力。因此，履职信念可以涵盖尽职尽责和敬业等方面的内容，能够更好地诠释工匠精神在工作态度上的要求，而且这种基于主观情感的信念更为持久和稳定。因此，本书将履职信念定义为个体对待工作的态度以及愿意为之付出努力的意愿。

（3）职业承诺。具有工匠精神的人对所从事职业充满热爱，数十年如一日地扎根该领域，并在自己的职业生涯中追求和实现人生的价值。在现有研究文献中，学者朱尽晖提出，对自我身份的认可是工匠精神的首要条件，要对自身从事的行业充满热爱和敬畏⑥；种青也表示，工匠精神的本质是现代企业人的信仰及对信仰的坚守，是把平凡的事情都做到最好的信

① 曾亚纯. 职业院校毕业生工匠精神行为表现的影响因素分析 [J]. 中国职业技术教育，2017（20）：10-16.

② 李宏伟，别应龙. 工匠精神的历史传承与当代培育 [J]. 自然辩证法研究，2015（8）：54-59.

③ 乔娇，高超. 大学生志愿精神、创业精神、工匠精神与感知创业行为控制的关系研究 [J]. 教育理论与实践，2018（30）：20-22.

④ 贺正楚，彭花. 新生代技术工人工匠精神现状及影响因素 [J]. 湖南社会科学，2018（2）：85-92.

⑤ 曾颢，赵宜萱，赵曙明. 构建工匠精神对话过程体系模型：基于德胜洋楼公司的案例研究 [J]. 中国人力资源开发，2018（10）：124-135.

⑥ 朱尽晖. 一带一路：中国工匠精神的筑梦空间 [J]. 装饰，2017（1）：74-75.

念①。因此，职业承诺可以更好地诠释和概括职业热爱、职业坚守以及干一行爱一行等方面的内容。本书将职业承诺定义为个体对职业身份高度认同、对职业充满热爱，长期坚守在职业领域，并在职业领域内追求职业成功并以此实现人生价值等。

（4）能力素养。胡冰和李小鲁提出，专业性是工匠精神的特征之一，其内涵需要囊括专业精神方面的内容②；曾亚纯将专业能力视为工匠精神行为表现的维度之一③。个体的能力素养是工匠精神形成和发展的基础，可以很好地诠释工匠精神在工作能力方面的内涵。能力素养是工匠精神所应包含的重要内容之一，可以理解为个体完成工作需要具备的能力和素养，其强调"知"与"行"的统一。

（5）持续创新。"创新"已经成为21世纪企业和个人的必备素质，也成为工匠精神的核心内容之一。孟源北和陈小娟提出，创新是工匠精神在行为层面的表现④；张培培提出，工匠精神的时代内涵需要更重视创造创新⑤；刘军和周华珍将创新精神归为技能人才工匠的特征之一⑥。持续创新可以更好地解释当代工匠精神在更高层次的能力要求，即个体通过学习、省察、创新等活动培养创新意识、提高创新能力的动态自我提升过程，强调学习、省察、创新的意识和能力。

（6）传承关怀。技艺传承作为工匠精神的核心要素，在众多百年老店中得到了充分体现，其中以东来顺、同仁堂等知名企业最具代表性。以东来顺涮羊肉技艺的第四代传人陈立新为例，这位技艺精湛的切肉大师不仅是企业传统技艺的守护者，更是文化传承的践行者。他深谙技艺传承的重要意义，自觉肩负起培养后继人才的重任，通过举办庄重的"授刀收徒"仪式，确保传统技艺得以延续。这一现象在纪录片《匠之心》中得到了生动展现，该片生动记录了非遗传承人对传统工艺的执着坚守与文化担当。

---

① 种青. 工匠精神是怎样炼成的 [M]. 北京：人民邮电出版社，2016.

② 胡冰，李小鲁. 论高职院校思想政治教育的新使命：对理性缺失下培育"工匠精神"的反思 [J]. 职教论坛，2016（22）：85-89.

③ 曾亚纯. 职业院校毕业生工匠精神行为表现的影响因素分析 [J]. 中国职业技术教育，2017（20）：10-16.

④ 孟源北，陈小娟. 工匠精神的内涵与协同培育机制构建 [J]. 职教论坛，2016（27）：16-20.

⑤ 张培培. 互联网时代工匠精神回归的内在逻辑 [J]. 浙江社会科学，2017（1）：75-81.

⑥ 刘军，周华珍. 基于扎根理论的技能人才工匠特征构念开发研究 [J]. 中国人力资源开发，2018（11）：105-112.

从本质上看，这种传承行为体现了工匠精神承载者对技艺、文化及职业理念延续的深切关注，以及主动承担代际传承责任的行为自觉。从更深层次而言，这种传承关怀折射出工匠对其所属行业、职业及组织未来发展的战略思考与积极投入，展现了他们对事业传承的远见卓识与责任担当。

品质追求作为工匠精神的核心价值取向，既是其五个基本维度的逻辑起点，也是最终归宿。从系统论视角来看，能力素养、持续创新、履职信念、职业承诺和传承关怀等维度，均以提升特定行业及专业领域的品质为指向，涵盖了技术能力、职业操守和社会担当等多重要素，最终统一于对卓越品质的不懈追求。这种品质导向不仅为其他维度提供了价值基础，同时也激励工匠在各个维度上持续精进，实现自我超越。

在工匠精神的结构体系中，能力素养与持续创新构成了显性的技术维度，展现了工匠在专业技能层面的精湛造诣；履职信念和职业承诺构成了隐性的态度维度，体现了工匠对职业价值的坚守与认同。这四个核心维度相互支撑、有机统一，共同诠释了工匠"精一"的专业特质。其中，技术维度彰显了工匠的外在能力，而态度维度则反映了其内在的职业精神与价值追求。

传承关怀作为工匠精神的社会维度，体现了工匠对文化传承的历史担当。这种责任意识具有双重向度：在历时性层面，表现为对技艺传承的代际责任；在共时性层面，则体现为对组织发展、行业进步的职业关怀。这种多维度的责任担当，确保了工匠精神在时空维度上的持续影响与广泛传播。

工匠精神作为一种延续千年的文化传统，其内涵既包含了对技艺的执着追求，也体现了对职业的深厚情感和对创新的不懈探索。在历史长河的积淀中，工匠精神逐渐发展成为一个多维度、多层次的复合型精神体系。

第一，工匠精神体现为技术至上与精益求精的追求。这种追求不是简单的技能熟练，而是对专业领域的深度钻研和持续探索。工匠们通过长期实践和不断学习，将技艺提升到极致境界。在古代蜀地，青铜器工匠们通过精湛的冶炼技术和独特的纹饰设计，展现了这种追求完美的工匠精神。这种精神不仅仅是为了技能本身，更是为了突破工艺极限，实现卓越品质。

第二，工匠精神蕴含着深厚的职业情怀和责任担当。工匠将其职业视为终身事业和神圣使命，而非单纯的谋生手段。这种情怀体现在对工作的无限热爱和对质量的极致追求上。例如，宋代著名的景德镇瓷器工匠，常年潜心钻研釉料配方和烧制工艺，只为制作出完美的瓷器，这种执着精神正是工匠精神的生动写照。

第三，专注力和耐心是工匠精神的重要特质。在这个追求效率的时代，工匠精神提醒我们慢工出细活的真谛。工匠们能够保持高度专注，投入大量时间打磨细节，追求完美。这种专注不仅体现在具体操作上，更体现在对整个工艺流程的把控和质量标准的严格执行上。

第四，创新精神是工匠精神在现代社会的重要延伸。传统工艺的继承者们并非简单地重复前人的技艺，而是在传统基础上不断创新。他们积极拥抱新技术、新材料和新工艺，推动技术进步和产业升级。正如现代制造业中的精密加工工匠，在传统技艺基础上融入数字技术，实现了技艺的现代转化。

第五，传承弘扬是工匠精神的重要维度。工匠精神承载着历代工匠的智慧结晶和文化积淀。工匠们通过"师带徒"的方式，不仅传授技艺，更传递着职业操守和价值理念。文化基因的传承，确保了工匠精神在代际更迭中的延续与发展。

在当今时代，工匠精神的内涵正在经历深刻的转型与拓展。随着科技革命和产业变革的深入，工匠精神需要与时俱进，在保持传统精髓的同时，积极融入现代元素。例如，智能制造时代的工匠们不仅要精通传统技艺，还需掌握数字技术，形成传统与现代的完美融合。工匠精神的演进是一个动态过程，它随着社会发展不断丰富其时代内涵。在全球化背景下，工匠精神需要具备国际视野，既要传承民族特色，又要对接国际标准。这种演进使工匠精神在推动经济高质量发展中发挥着越来越重要的作用。

综上，工匠精神既是一种职业精神，也是一种文化传承，更是一种发展理念，既包含了对卓越的不懈追求，也体现出对职业的深沉热爱，更重要的是，工匠精神已经成为推动产业升级和社会进步的重要精神动力。

第二节　中国传统工匠精神的演进

在工匠精神的研究领域，关于中西工匠精神的比较分析，存在若干典型观点。一种观点认为，中国自古以来即为手工艺大国，古代中国的工匠技艺与工匠精神在很长一段历史时期内与世界其他地区相比毫不逊色，甚至在某些方面具有显著的领先优势，以至于目前一部分学者一味推崇古代工匠在器物设计制造技艺中表现出的工匠精神，呼吁当代应回归传统工匠精神。相反，也有学者对中华传统工匠精神持否定态度，以任大刚为代表的学者甚至认为中国古代并没有工匠精神。事实上，在浩瀚且历史久远的工匠文化世界中，我国工匠精神的流变具有系统性与复杂性，绝不能一概而论。另一种观点则认为，与德国、日本等国家相比，中国在工匠精神方面存在差距，尤其是在近现代。例如，人们普遍信任德国产品、日本产品的"高品质"，导致了对日本马桶盖等的抢购现象，从而认为德国人、日本人的"工匠精神"优于中国人。然而，这些观点是否成立，尚需基于严谨研究进行验证。因此，对中国古代工匠精神的历史演进进行深入考察，并与国外工匠精神进行系统比较研究，对于明确这一问题具有重要意义，有助于我们得出更为清晰、准确和科学的结论。

一、中国古代工匠精神的总体认识

中国自古以来便是一个手工艺强国。在历史的长河中，尽管古代中国高度重视农业发展，但与此同时，也从未忽视对工业和商业的扶持与重视。传统工匠们以匠心独运的精神，精心雕琢出一件件精美绝伦的手工艺品，这些作品不仅体现了工匠们的智慧与才华，更广泛渗透于人们日常生活的方方面面，从家居装饰到服饰配饰，无一不彰显着手工艺的独特魅力。

就中华文明及其文化史来看，"工匠精神"源远流长，最早可追溯到新石器早期①。人文始祖伏羲氏创制了八卦，对万物的实情进行了分类考察。《易经》记载："斫木为耜，揉木为耒，耒耨之利，以教天下，盖取诸《益》。"② 说明那时已有人开始手工制作活动，最早的匠人也随之出现。殷商时代，中国制造业达到了一个繁荣的阶段，那时的青铜器不仅种类繁多，而且工艺精细、形态优雅、风格鲜明，引领了我国古代工匠文化的第一个高峰。在随后的几千年历史长河中，工匠这一词汇与人们的日常生活紧密相连，工匠职业代代相传，手工作坊中的工匠们以其高超的技艺，为中国的传统生活注入了神奇的色彩，同时也使得中华优秀传统文化的底蕴更加深厚。从战国时期庄子的"技进乎道"，到唐代卖油翁的"吾亦无他，

---

① 冯天瑜. 中华文化史 [M]. 上海：上海人民出版社，2002.
② 易国杰，姜宝琦. 古代汉语：下册 [M]. 北京：高等教育出版社，2009.

唯手熟尔"，再到清代魏源的"技可进乎道，艺可通乎神"①，还有石匠、雕刻匠、铁匠、丝绸艺人、陶瓷大师等。这一切都说明，在古代匠人们身上，闪烁着"至善、诚敬、创新"的智慧光芒，孕育发展了中华手工艺文化及匠人文化。

从考古发掘的古代人工制品，到历经风雨仍屹立不倒的古建筑，可以清晰地看到传统工匠们留下的无数杰作。这些作品不仅体现了工匠们的精湛技艺，更成为中华文明悠久历史的重要见证。例如，工具和器械的精妙锻造、矿产品的精细加工、家具的匠心制作、织染绣和编织扎花技艺的巧夺天工、雕刻与雕塑的栩栩如生、造纸与印刷术的源远流长、陶瓷与笔墨砚的精美绝伦等，都充分展示了中华工匠精神自古以来的辉煌成就。

中国古典工匠精神是中国古代工匠们卓越品质的集中体现。因为不同时期经济发展的不同状况，所以工匠面临的制度、地位以及生活条件也呈现出显著的多样性。此外，深受传统道德文化的影响，我国古典工匠精神具有突出的时代性和文化特色。

作为传统工匠精神的忠实实践者，古代工匠的从业历程是一段从"无自由之身"到"受雇具有价值"的漫长演变。在道德意识的引领下，他们日复一日地投身于生产劳动，以精湛的技艺和严谨的态度，将工匠精神融入每一件作品之中。工匠精神通过器物、建筑、纺织品、工艺等物态文化得以体现，工匠群体在遵循伦理和生存压力的双重作用下，实现了这一精神的传承，在中华文明及其文化的演进过程中，发挥了举足轻重的作用。他们不仅为后世留下了宝贵的文化遗产，更为中华文明的传承与发展注入了源源不断的活力。

在那个时代，工匠们不仅仅是技艺的传承者，更是文化的守护者。他们的作品，无论是精美的瓷器、宏伟的建筑，还是细腻的刺绣、巧妙的机械装置，都承载着深厚的文化内涵和时代精神。工匠们在制作作品过程中，不仅追求技艺的完美，更注重作品的实用性和美观性，力求在满足人们生活需求的同时，也能够提升人们的精神享受。

然而，随着生产力的不断发展，社会关系和社会结构也在悄然发生变化。新的生产方式和经济模式的出现，使得传统工匠精神面临着前所未有的挑战。为了适应时代的发展，传统工匠精神的内涵必须进行现代转化，

---

① 朱东润. 中国历代文学作品选［M］. 上海：上海古籍出版社，1979.

以适应新的社会环境和市场需求。这种转化不仅仅是对技艺的革新，更是对工匠精神的传承和发展，以使其在现代社会中焕发出新的活力和光彩。同时，在这一过程中，我们还要注重将传承工匠精神的目标落实在完善人的生存方式、人生观、职业理念基础上①。

二、中国古代工匠精神的变迁

马克思在《政治经济学批判》序言中阐述了一个重要的唯物史观理论：经济基础与上层建筑的关系问题。这一理论揭示了社会结构的内在运行机制，对理解社会发展规律具有重要意义。在社会生产活动中，人们形成的生产关系是客观的，它取决于物质生产力的发展水平，而不以人的主观意愿为转移。这些相互关联的生产关系构成了社会的经济基础，是整个社会结构的根基。在此基础之上，社会发展出相应的法律制度、政治体系等上层建筑要素，并衍生出与之相适应的意识形态。从本质关系来看，经济基础具有先在性和决定性，它是上层建筑产生和存在的物质前提；上层建筑则是经济基础在政治和观念层面的投射，具有从属性和派生性特征。然而，这种关系并非单向决定，而是体现为辩证统一：经济基础决定上层建筑的性质和发展方向，上层建筑则通过其特有的方式反过来影响经济基础的运行和变革。考察中国古代工匠精神的发展变迁，必须运用马克思主义观点，从考察中国古代经济基础与上层建筑的关系中，研究中国古代工匠在整个生产关系中的地位及变化，才能更好地研究中国古代工匠精神的发展变化。

从现有研究来看，比较有代表性的观点认为中国古代工匠精神历经了两个主要的变化阶段。一是秦汉以前，古代工匠社会地位的优越性与工匠精神的溯源；二是秦汉至明清，古代工匠社会地位的跌落与工匠精神流变。在先秦时期，工匠享有较高的人身自由度和社会地位，这一点在《周礼·考工记》中得到体现，其记载："百工之事，皆圣人之作也"。然而，自秦汉至明清，工匠长期处于社会的边缘地位。造成此现象的主要原因：一方面，在以农业经济为主导的阶级社会中，统治阶层为了巩固其统治地位，实施了"重农抑末"的经济政策，导致手工业长期受到压制。另一方面，社会地位的差异使得贵族、知识分子等"士"阶层与工匠之间存在隔

---

① 胡祎赟，槐艳鑫. 中国传统工匠精神的内涵及现代转化 [J]. 渤海大学学报（哲学社会科学版），2020，42（5）：151-155.

阁，同时科举考试中对诗文、辞赋等"学"的重视与工匠的技术、技巧等"术"的分离，导致工匠被排除在政治和知识权力的圈子之外。从秦汉到明清，古代工匠精神的形成受到两条路径的共同影响：一条是由官府、行会、作坊等社会结构和传承方式所塑造的"外化"路径；另一条则是工匠群体对上古"圣人创物"理念的内省和反思所形成的"内化"路径。在阶级社会的政治、经济、人身等外部压力与工匠自我反思心理的相互作用下，传统工匠在不断重复的实践中形成了稳定的工作态度和价值观。这种态度和价值观就是传统工匠精神。工匠精神既有为满足王公贵族需求所表现出的对造物精益求精、巧夺天工的工匠精神，也有为完成政府赋税、徭役所秉持的恪尽职守、吃苦耐劳的工匠精神，还有为维持生计、养家糊口，表现出的追求实用、求真务实的工匠精神①。

从这个意义上说，中国古代工匠精神是一直存在的，只是在不同的历史时期有不同的表现。但是如果一直都存在，那么当前大力弘扬工匠精神的背景又如何理解呢？朱春燕等认为，由精益求精出发的中华工匠精神是从古代工匠的职业传统与行业规范中脱胎而来，但这一职业文化是古代工匠在深受封建制度压迫和不公的社会观念基础上被动创造的②。伴随着封建制度的衰落，中华工匠精神自近代以来渐渐退场，原因主要包括生产方式的冲击和阶级力量的变化。在追求效率的机器大生产所代表的新式工业以及严峻的战时经济环境的双重作用下，以手工艺制造为文化表达形式的中华工匠精神走向式微，这背后有着深层次的内在逻辑。臧志军指出，传统手工艺产品通常直接面向人们的生活需求，因此，手工艺制造者能够直接与服务对象产生互动，产品质量在这一过程中充当了生产者与消费者之间建立信任关系的关键媒介与联系纽带。在这种模式下，生产者同时肩负着质量管理者的角色，需要对产品质量承担直接责任。然而，进入工业化时代后，生产模式发生了显著转变。以手机 CMOS 传感器的制造为例，工人仅仅专注于传感器的生产环节，对于其最终将被应用于哪个品牌的手机，以及手机的终端使用者会如何运用其进行拍摄等后续情况全然不知。在这样的背景下，制造者与产品的最终服务对象之间不再有直接的质量要求关联，质量问题随之浮现，进而催生了现代化工厂中质量检验员这一岗位。由此可见，在现代化生产模式中，相较于生产者个人道德水准的高

① 石琳. 中华工匠精神的渊源与流变 [J]. 文化遗产, 2019 (2)：17-24.
② 朱春艳，赖诗奇. 工匠精神的历史流变与当代价值 [J]. 长白学刊, 2020 (3)：143-148.

低，有效的质量管理体系的建立与完善对于保证生产过程的顺利进行以及产品质量的稳定可靠，显得更为关键和重要。

三、中国古代文化中的代表性工匠精神

（一）班墨文化与工匠精神

班墨文化集中展现了自古以来中国工匠们科学技术与价值观念的精华。作为工匠界巨擘的鲁班，象征着"技术与艺术"的完美结合，体现了工匠们追求卓越、不断创新的实践精神；而哲学家墨子，则将工匠技艺提升至"哲学"的高度，展示了以哲学为指导、以技术为实践的科学人文精神。班墨文化作为中华文明的重要组成部分，在传统文化传承与发展过程中发挥着无可替代的作用。这一文化体系深深植根于民族历史长河，为中华民族伟大复兴提供了丰富的思想资源和精神动力，其价值内涵呈现出多维度的特征：在教育领域，它塑造了独特的教化体系；在经济层面，影响着生产方式与交易规范；在科技发展中，推动了创新思维的形成；在人文建设上，构建了深厚的文化底蕴。这些方面的影响不是孤立存在的，而是相互交融、共同作用的。班墨文化的特殊之处还在于它通过发明创造和神话传说等多样化的形式得以传承。这些载体不仅记录了先民的智慧，更承载着丰富的精神内涵。这种文化积淀既体现了历史的深度，又展现出现实的价值意义，为当代社会发展提供了重要的思想启示。

1. 鲁班

鲁班，姬姓，公输氏，名般，亦称公输子、公输盘、班输、鲁般，春秋时期鲁国人。其名"般"与"班"音同，古时二者通用，所以称之为鲁班。据推算，鲁班生于周敬王十三年（公元前 507 年），卒于周贞王二十五年（公元前 444 年），活动于春秋末期至战国初期。其家族世代为工匠，自幼便参与土木建筑工程，逐渐习得生产技能，并积累了丰富的实践经验。

约公元前 450 年，鲁班自鲁国迁至楚国，为楚国制造兵器。他创制了云梯，计划用于攻宋。墨子闻讯，不辞辛劳，跋涉十日十夜至楚国都城郢，与鲁班及楚王展开辩论，最终说服楚王放弃攻宋。

根据《事物绀珠》《物原》《古史考》等古籍记载，鲁班发明了很多木工工具，例如曲尺（也叫矩或鲁班尺）、墨斗、刨子、钻子、锯子等。这些木工工具的发明极大地提升了当时工匠们的劳动效率，推动了土木工艺的革新。这些工具不仅体现了鲁班的卓越技艺，也反映了其对工匠精神

的深刻理解和实践。后来，人们为了纪念这位名师巨匠，将其尊为中国土木工匠的始祖，进一步巩固了鲁班在中国工匠文化中的核心地位。

据史料记载，许多工具的创制源自鲁班在生产实践中的灵感闪现，并通过持续的探索与实验得以实现。以鲁班发明锯子的传说为例：相传在一次深入山林砍伐树木的过程中，鲁班不慎滑倒，手部被一种具有锯齿状边缘的野草叶片割伤，导致血液渗出。他仔细观察了这种野草，注意到其边缘布满了细小的锯齿。鲁班随后摘取了这种草叶，并在手背上轻轻划过，结果划出了一道清晰的伤口。这一现象启发他思考，若制作出类似齿状的工具，是否能够更高效地切割木材。经过反复试验，鲁班最终成功发明了锋利的锯子，显著提升了工作效率。此外，常言道"无规矩不成方圆"，其中的"矩"即曲尺，亦为鲁班所创。曲尺由尺柄和尺翼组成，二者垂直形成直角。尺柄较短，通常为一尺，主要用于测量；尺翼长度不一，最长可达尺柄的两倍，主要用于测量直角和平衡线。木工利用曲尺进行直角、平面、长度以及平衡线的测量工作。即便在科技高度发达的当代，曲尺依然是人们日常生活中不可或缺的工具，这充分证明了鲁班的发明对后世产生了深远的影响。

鲁班的创新成果不仅局限于日常生活中使用的工具，在古代军事领域，其研制的云梯和钩强在攻城略地的战争中发挥了重要作用。《墨子·鲁问》记载了鲁班对钩的改进，将其转化为适用于舟战的钩强，楚国军队利用此器械与越国军队进行水战，成功地在越船后退时钩住，而在越船进攻时推拒。《墨子·公输》则记载了鲁班对梯的改进，他创制了能够凌空而立的云梯，用于攻城。古代中国农业的发达，与先进农机具的发明和应用密不可分。《世本》记载鲁班制作了石磨，《物原·器原》则记载他制作了砻、磨、碾子等粮食加工机械，这些在当时均属于高科技产品。此外，《古史考》记载鲁班还制作了铲。据传说，鲁班利用两块坚硬的圆石，各自凿刻密布的浅槽，将它们合在一起，并通过人力或畜力驱动旋转，从而将米面磨成粉。在石磨发明之前，人们加工粮食主要依赖于将谷物置于石臼中，使用杵进行舂捣，这一方法不仅耗费大量人力和时间，而且效率低下。磨的发明将杵臼的垂直运动转变为旋转运动，实现了从断续作业到连续作业的转变，极大减轻了劳动强度且提高了生产效率，这标志着古代粮食加工工具的一次重大技术革新。

鲁班，作为土木建筑领域的鼻祖，其发明创造得到了后世的极高赞誉。在当代中国建筑业，"鲁班奖"作为至高无上的荣誉奖项，代表了行业内的最高成就。该奖项全称"建筑工程鲁班奖"，自1987年起由中国建筑业联合会设立，旨在表彰在建筑工程领域做出杰出贡献的个人或团队。作为行业内的荣誉性奖项，建筑工程鲁班奖具有较高的官方权威性，其设立之初每年仅授予20个名额，并伴随着严格的评选流程、申报程序以及评审纪律。评审工作由一个由21位专家组成的评审委员会负责，这些专家必须具备高级技术职称，对工程专业技术有深入了解，并且曾担任过相关专业技术职务。

1996年7月，建设部决定合并1981年设立的国家优质工程奖和建筑工程鲁班奖，变成"中国建筑工程鲁班奖（国家优质工程）"。此奖是我国建筑行业工程质量最高荣誉，由原建设部与建筑行业协会共同颁发，每年评选一次，最初奖励名额为45个。2000年5月15日，中国建筑业协会发布新评选办法，将鲁班奖年度名额增至80个。从文化与精神层面剖析，鲁班奖的创立是鲁班文化价值理念与精神力量的具象化体现。它深度挖掘并弘扬了鲁班精神中对工艺极致追求的核心内涵，从行业行动角度，有力地表明了建筑业将工程质量置于核心地位，视质量为行业生存与发展根本的坚定立场。

在长达2400余年的历史长河中，古代劳动人民的集体智慧与创新成果被普遍归功于鲁班这一人物。据传鲁班之妻等家族成员亦被赋予了发明家的身份。伞的发明源于鲁班之妻，她为了给外出劳作的丈夫提供遮蔽风雨的工具而发明了伞。另有传说指出，在鲁班进行木工刨削作业时，其妻常协助固定木料，这一行为影响了她的织布工作。基于此，她提出了在刨床一端安装固定装置以替代人工扶持木料的建议，该装置后被称为"班妻"。此外，"班母"一词亦源于鲁班的另一项发明。在鲁班进行墨线作业时，其母常需协助牵拉线的另一端，这一过程耗时且影响效率。鲁班之母因此提出在墨线末端系上挂钩的创意，从而避免了人工牵线的需要，这一挂钩随后被木工界尊称为"班母"。因此，关于鲁班的诸多发明与创新故事，实际上反映了中国古代劳动人民的智慧与创新精神。

2. 墨子

墨子，名翟，生活于春秋末期至战国初期的历史转型阶段。经学界考证，其出身于宋国贵族目夷一脉，且曾在宋国担任大夫之职。在学术与思想领域，墨子以其多元且卓越的成就，成为中国古代思想史上兼具思想家、教育家、科学家与军事家多重身份的杰出人物，更是墨家学派当之无愧的开创者与核心代表。

墨子的思想体系内涵丰富且极具开创性。在社会伦理与政治主张层面，他提出"兼爱"，倡导无差别的爱与平等；主张"非攻"，坚决反对不义战争，力求维护和平；强调"尚贤"，重视人才选拔；提倡"尚同"，追求社会秩序的统一。在哲学与信仰方面，"天志""明鬼"体现其对超自然力量和鬼神信仰的思考，"非命"则表达了其对命运的抗争精神。同时，"非乐""节葬""节用"等观点反映了他对社会资源合理利用和生活方式的独特见解。在科学领域，墨子构建了一套涵盖几何学、物理学、光学等多学科的理论体系，如在光学方面对小孔成像原理的阐述，展现出其在自然科学探索上的卓越智慧。

在先秦学术格局中，墨家学说凭借其独特的思想魅力与实践主张，与儒家学说并驾齐驱，共称"显学"。战国时期百家争鸣，墨儒两家在思想交锋与传播中占据重要地位，"非儒即墨"之说正是当时学术盛况的生动写照。墨子逝世后，墨家学派因内部思想发展和传承差异，分化为相里氏之墨、相夫氏之墨、邓陵氏之墨三大主要流派，各流派在继承墨子思想的基础上，又有各自的发展与创新。

后世墨子的弟子及再传弟子将其生平事迹、言行语录整理编纂成《墨子》一书。这部著作不仅是研究墨子个人思想的关键文献，更是深入探究墨家学派发展脉络、学术传承以及先秦时期思想文化多元格局的重要史料来源，在中国古代思想史的研究方面具有无可替代的价值。

在科学教育领域，墨子开创性地建立了系统的理论体系，集中体现在《墨经》这部重要著作中。这一理论体系涵盖了几何学、力学和光学等诸多领域，展现了墨家学派对自然科学的深入探索。墨子及其弟子通过实践与理论相结合的方式，不仅推动了古代科技水平的提升，更为后世科学研究奠定了重要基础。

从人文价值的角度来看，班墨文化最显著的特征在于其深厚的大众性。这种文化与普通劳动者的生产生活紧密相连，反映了劳动人民的智慧和创造力。正是这种根植于民间的特质，使班墨文化能够广泛传播并产生持久影响。这一特点与工匠精神有着内在的联系——都强调实践性、创造性和普适性。在当代语境下，班墨文化对工匠精神的传承和发展具有重要启示。首先，它强调理论与实践的统一，这与工匠精神追求的技艺精进不谋而合。其次，它重视知识的实用性和普及性，这对于现代技术传承和创新都有重要借鉴意义。最后，其注重劳动价值的思想，为当代工匠精神的培育提供了文化滋养。赵柏林通过研究班墨文化中有关工匠的创造发明、科学技术、民间故事、理论书籍等方面，将班墨文化中工匠精神界定为尊师重道的师道精神、求真务实的严谨精神、精益求精的创新精神、吃苦勤奋的节俭精神、知行合一的实践精神①。这些精神构成了班墨文化中的工匠精神，不仅肯定了中华历史传承发展至今的工匠与劳动者，更延深了工匠精神的育人功能，这些精神都凝聚了中华优秀传统文化中的优秀品质和道德精神。

（1）精益求精。

在先秦诸子的思想体系中，墨家思想以其独特的价值取向和实践精神独树一帜，其中"精益求精"的思想贯穿墨家的理论与实践，具有深刻的内涵与广泛的影响。这一思想不仅在古代发挥了重要作用，在现代社会同样意义非凡。

墨家的"精益求精"思想，本质上是对事物极致状态的不懈追求。它不仅仅是对技艺和产品质量的严苛要求，更是一种全方位的价值理念。从道德层面看，墨子强调个人品德修养要不断精进，做到"兼爱""非攻""尚贤"等，要求人们在践行这些理念时，不满足于表面的理解和初步的实践，而是深入探究其精髓，不断完善自身行为。在学术和技艺领域，墨家鼓励对知识的深度挖掘和对技术的持续改进，追求在每一个环节都做到尽善尽美。

墨家"精益求精"思想的形成，有着深厚的理论基础。其功利主义的价值观是重要支撑，墨子认为，一切行为和创造都应追求最大的社会功利，即"兴天下之利，除天下之害"。在这种价值观指引下，只有做到精益求精，才能确保所生产的产品、提供的服务以及传播的思想能够真正满足社会的需求，发挥最大的功效。例如在军事防御器械的制造上，墨家弟子们精心设计、反复改进，力求每一件器械都能在实际防御中发挥最佳作用，有效抵御外敌入侵，这正是基于对"利天下"目标的追求。

同时，墨家对"天志"的尊崇也为"精益求精"提供了精神动力。他们认为，天是有意志的，人们的行为应当符合天的意志，而追求卓越、做

① 赵柏林. 班墨文化中工匠精神融入高校思政教育的研究 [D]. 沈阳：沈阳建筑大学，2019.

到极致便是对天志的顺应。这种宗教式的信仰，促使墨家在各个领域都以高标准来要求自己，不敢有丝毫懈怠。

在古代手工业生产中，墨家的"精益求精"思想有着鲜明体现。以造车为例，据《墨子·鲁问》记载，"公输子削竹木以为鹊，成而飞之，三日不下，公输子自以为至巧。子墨子谓公输子曰：'子之为鹊也，不如匠之为车辖，须臾刘三寸之木，而任五十石之重。故所为功，利于人谓之巧，不利于人谓之拙'。"墨家注重产品的实用性和耐用性，在制造过程中，对每一个部件的尺寸、材质、工艺都进行严格把控。他们从原材料的筛选开始，就力求选用最优质的材料，在加工环节，不断改进工艺，追求部件之间的完美契合，以确保整车的质量和性能。这种对细节和整体质量的极致追求，使得墨家制造的车辆在当时具有极高的可靠性和实用性，能够满足人们在运输等方面的实际需求。

在学术研究领域，墨家同样秉持"精益求精"的态度。他们对几何学、物理学、光学等自然科学知识进行深入探索。例如在光学方面，墨家通过大量的实验和观察，对小孔成像原理进行了详细的记载和分析。《墨子·经下》中提道："景到，在午有端，与景长。说在端。"以及《墨子·经说下》中的进一步解释："景。光之人，煦若射，下者之人也高；高者之人也下。足蔽下光，故成景于上；首蔽上光，故成景于下。在远近有端，与于光，故景库内也。"从这些记载可以看出，墨家对光学现象的研究并非浅尝辄止，而是深入到光线传播的原理、成像的机制等核心问题，通过严谨的观察、实验和逻辑推理，不断完善对光学知识的认知，体现了在学术研究上追求极致的精神。

在现代制造业中，墨家"精益求精"思想同样具有不可忽视的价值。如今，全球制造业竞争激烈，产品同质化现象严重。企业若想脱颖而出，必须重视产品质量。像德国的汽车制造企业，在生产过程中对每一个零部件的精度、每一道工序的流程都严格把控，奔驰、宝马等品牌凭借其精湛的工艺和卓越的品质，在全球市场上占据重要地位。日本的电子产品制造业同样如此，索尼、松下等企业在技术研发和产品制造上不断追求完美，注重细节处理，使得产品性能稳定、质量可靠。这种对品质的执着追求，与墨家"精益求精"思想一脉相承。企业只有摒弃短期利益至上的观念，专注于产品品质的提升，才能在市场中赢得消费者的信任和口碑，实现可持续发展。

对于个人职业发展而言，墨家"精益求精"思想是取得成功的关键因素之一。在任何职业领域，无论是医生、教师、工程师还是艺术家，只有对自己的工作充满热爱和敬畏，不断提升专业技能，追求卓越，才能在职业生涯中实现自我价值。例如，一位优秀的厨师，不仅要掌握烹饪的基本技巧，还要对食材的选择、调料的搭配、火候的控制等方面进行深入研究，不断尝试新的菜品和烹饪方法，以满足食客日益挑剔的味蕾。同样，一名教师要不断提升教学水平，精心设计教学内容，关注每一位学生的成长和需求，才能成为学生心目中的好老师。在个人成长过程中，树立"精益求精"的目标，能够帮助我们克服浮躁情绪，保持积极进取的心态，不断超越自我，实现职业理想。

（2）德艺兼修。

墨家所倡导的德艺兼修，是道德修养与技艺能力的双重提升与融合。在道德层面，墨家以"兼爱""非攻""尚贤""尚同""节用""节葬"等理念为核心价值观。"兼爱"要求人们摒弃自私自利，无差别地关爱他人，打破亲疏贵贱的界限，构建一个充满博爱的社会环境；"非攻"则是对和平的强烈诉求，反对一切非正义的战争，体现了墨家对生命的尊重和对人类命运的关怀；"尚贤"强调选拔人才应唯才是举，不论出身，这蕴含着公平公正的道德准则；"尚同"追求社会秩序的统一，以共同的道德和行为准则来规范人们的言行；"节用""节葬"倡导节俭的生活方式，反对奢靡浪费，体现了对社会资源合理利用的道德考量。

在技艺方面，墨家注重实用技能的培养和提升。墨家成员多来自社会底层，他们在生产生活实践中积累了丰富的技艺知识，涵盖了手工业制造、军事防御技术、科学研究等多个领域。例如，在手工业制造上，墨家掌握了精湛的木工、车工、陶工等技艺；在军事防御方面，墨家研发出一系列先进的防御器械和战术；在科学研究领域，墨家对几何学、物理学、光学等自然科学有着深入的探索和研究，取得了诸多开创性的成果。

墨家德艺兼修思想的形成有其深厚的理论依据和逻辑根源。从哲学基础来看，墨家的功利主义价值观是其重要支撑。墨子认为，一切行为和创造都应追求"兴天下之利，除天下之害"，而德艺兼修正是实现这一目标的有效途径。良好的道德修养能够引导人们的行为符合社会公共利益，避免因个人私欲而损害他人和社会的利益；精湛的技艺则能为社会创造更多的物质财富和精神财富，满足人们的实际需求。

同时，墨家对"天志"的信仰也为德艺兼修提供了精神动力。他们认为天是有意志的，人们的行为应当顺应天志，而追求道德的完善和技艺的精湛是对天志的尊崇。这种宗教式的信仰强化了墨家成员内心的自律和使命感，促使他们在德艺两个方面不断进取。

在手工业制造实践中，墨家将道德理念融入技艺操作。以造车为例，墨家在制造车辆时，不仅追求车辆的实用性和耐用性，注重对每一个部件的尺寸、材质、工艺的精准把控，从原材料的筛选到部件的加工、组装，都力求做到尽善尽美。同时，他们秉持"兼爱"的道德理念，考虑到车辆使用者的实际需求和利益，确保制造出的车辆能够为人们的生产生活提供便利，而非仅仅追求技术的炫耀。这种对技艺的精益求精和对道德的坚守，使得墨家制造的产品在当时具有极高的声誉，也体现了德艺兼修在实践中的完美结合。

在军事防御领域，墨家同样践行着德艺兼修的思想。墨家擅长军事防御技术，他们研发了各种先进的防御器械，如连弩车、转射机、藉车等，这些器械在防御作战中发挥了重要作用。然而，墨家参与军事防御并非为了侵略扩张，而是基于"非攻"的道德准则，旨在帮助弱小国家抵御强国的侵略，保护人民的生命和财产安全。例如，墨子曾亲自前往楚国，凭借自己的智慧和精湛的防御技术，成功劝阻楚国攻打宋国。在这一过程中，墨子不仅展示了高超的军事技艺，更践行了"非攻"的道德理念，体现了德艺兼修在军事实践中的重要意义。

在当代教育中，墨家德艺兼修思想具有重要的启示意义。它提醒教育者要注重学生的全面发展，不仅要传授知识和技能，更要培养学生的道德品质和社会责任感。在职业教育中，应引导学生树立正确的职业道德观，将工匠精神与道德修养相结合，培养出既具备精湛专业技能又有高尚道德情操的高素质人才。在普通教育中，要注重德育与智育的融合，通过课程设置、实践活动等多种方式，培养学生的社会关爱意识、团队合作精神和创新能力，使学生成为德才兼备的社会栋梁。

对于企业发展而言，墨家德艺兼修思想也具有借鉴价值。企业在追求经济效益的同时，应注重社会责任的履行，秉持诚信、公正、环保等道德理念。在产品研发和生产过程中，企业要以消费者的需求和利益为出发点，不断提升产品质量和技术水平，做到精益求精。同时，企业要注重员工的培养，不仅要提高员工的专业技能，还要加强员工的职业道德教育，营造积极向上的企业文化，使企业在市场竞争中赢得良好的声誉和可持续发展的动力。

在个人成长方面，墨家德艺兼修思想为我们提供了明确的指引。在现代社会，人们面临着各种机遇和挑战，要想取得成功，实现个人价值，就要不断提升自己的道德修养和专业技能。我们应树立正确的价值观，培养自己的社会责任感和奉献精神，同时要勤奋学习，努力掌握专业知识和技能，不断追求卓越。无论是从事何种职业，都要将道德与技艺相结合，做到德艺双馨，为社会的发展贡献自己的力量。

（3）道技合一。

中国古代工匠精神诠释中有"技、艺、道"三个层次，"技"是指拥有的最基本的能力，"艺"是指在技的基础上的创造，蕴含了方法和智慧的凝聚，"道"是对前两者的深刻顿悟，是对天地万事万物的理解①。墨家的"道技合一"思想独树一帜，其将道德理念与实用技艺紧密融合，不仅在当时的社会生活中发挥了重要作用，也为后世留下了宝贵的思想财富。这一思想反映了墨家对世界本质的独特理解以及对人类实践活动的深刻认知。

"道"在墨家思想体系中，代表着以"兼爱""非攻""尚贤""尚同""节用""节葬"等为核心的道德准则和价值观念。这些理念是墨家对社会秩序、人际关系以及人类发展方向的深度思考，旨在构建一个充满爱与和平、公平与正义的理想社会。"技"则涵盖了墨家成员在生产、军事、科学研究等实践活动中所掌握的各种实用技能，如手工业制造技艺、军事防御技术以及对自然科学知识的探索成果。

墨家的道技合一，强调"道"对"技"的引领和规范作用，同时"技"又是"道"的具体实践载体。技艺的发展不能脱离道德的约束，否则将沦为破坏社会、危害他人的工具；而道德理念也需要通过具体的技艺实践来得以彰显和实现。例如，墨家在军事防御技术上的钻研，并非为了侵略扩张，而是基于"非攻"的道德准则，以保护弱小国家和人民的安全为目的。在手工业制造中，秉持"兼爱"理念，制造出满足大众需求、利于社会的产品。

墨家秉持功利主义价值观，以"兴天下之利，除天下之害"作为行为

① 王文涛. 刍议"工匠精神"培育与高职教育改革［J］. 高等工程教育研究，2017（1）：189.

的根本出发点。在他们看来，"道"是对"天下之利"的价值判断标准，而"技"则是实现这一目标的手段，只有将道德理念融入技艺实践，才能确保技艺的运用真正造福社会。例如在水利工程技术的运用上，墨家遵循"节用"的道德原则，合理规划资源，避免浪费，同时以"兼爱"为导向，使水利设施能够惠及广大民众，促进农业生产，保障民生。

墨家认为"天"具有意志，是宇宙万物的主宰和道德的最高裁决者。人们的行为，包括技艺的运用，都应顺应"天志"，追求道德的完善和技艺的精湛，是对"天志"的尊崇。这种信仰赋予了墨家道技合一思想以神圣的使命感，促使墨家成员在道德修养和技艺提升上不断努力，力求在每一项实践活动中都践行道德准则，展现出高超的技艺水平。

在手工业制造方面，墨家的道技合一思想体现得淋漓尽致。以制陶工艺为例，墨家工匠在制作陶器时，不仅注重工艺技巧，追求陶器的实用性、美观性和耐用性，如对陶土的选择、烧制温度的控制、造型的设计等方面都精益求精。同时，他们还将"节用"的道德理念贯穿其中，避免过度装饰和材料浪费。在产品设计上，墨家充分考虑使用者的实际需求，以"兼爱"之心，使陶器能够满足不同阶层民众的生活需要，无论是储存粮食、烹饪食物还是日常生活用品，都体现出墨家对大众生活的关怀。

在当代科技飞速发展的背景下，墨家道技合一思想对于科技伦理的构建具有重要意义。随着人工智能、基因编辑等新兴技术的不断涌现，技术的发展需要正确的道德引导。墨家强调道德对技术的规范作用，提醒我们在追求技术进步的同时，要充分考虑技术应用的社会影响，确保技术服务于人类的福祉，避免技术滥用带来的危害。例如在人工智能开发中，我们应遵循公平、公正、无害的道德原则，防止算法偏见和技术失控。

（二）庄子与工匠精神

庄子作为道家思想的代表人物，其哲学体系蕴含着对技艺、人生与自然关系的深刻洞察。虽然工匠精神这一概念在现代才被广泛提及，但庄子的诸多论述与事例，早已体现出工匠精神的核心要义，为后世理解和践行工匠精神提供了丰富的思想源泉。

1. 追求技艺的极致境界

庄子在《养生主》中记载了庖丁解牛的故事。庖丁为文惠君解牛，动作行云流水，"手之所触，肩之所倚，足之所履，膝之所踦，砉然向然，奏刀騞然，莫不中音。合于《桑林》之舞，乃中《经首》之会"。文惠君惊叹于他的技艺，庖丁则解释道："臣之所好者，道也，进乎技矣。"他经过多年的实践，对牛的身体结构了如指掌，解牛时已不再依赖视觉，而是"以神遇而不以目视，官知止而神欲行"。这体现出工匠精神中对技艺的极致追求，不满足于表面的操作熟练，而是深入探究事物的内在规律，将技艺提升到一种与自然和谐共鸣的境界。庖丁通过长期的专注与坚持，不断磨砺技艺，达到一种得心应手、游刃有余的状态，这正是工匠精神的重要体现。在《庄子》中，匠人的形象展现了随着技艺精进而达到精神境界巅峰的历程，彰显了其独特的个性与主体性。他们成为自己精神世界的主宰。以庖丁为文惠君解牛为例，这一日常行为在庖丁的演绎下，转化为充满音乐与舞蹈艺术之美的过程，充分体现了庖丁的精神风貌。庖丁在解剖过程中，其手法、肩部的倚靠、脚步的移动、膝盖的支撑，无不和谐地发出声响，刀法的挥动更是与音乐节奏相得益彰，完美契合《桑林》之舞与《经首》之节奏。解牛完毕后，庖丁持刀而立，环顾四周，踌躇满志，流露出一种心灵的畅快与精神上的满足感。

2. 心无旁骛的专注精神

在《达生》篇中，庄子讲述了佝偻者承蜩的故事。一个驼背老人，用竹竿粘蝉就像在地上拾取东西一样容易。孔子问他有什么诀窍，老人回答说，他首先会练习在竿头累叠丸子，当能累叠五个丸子而不掉落时，粘蝉就很少会失手。而且在粘蝉时，他"虽天地之大，万物之多，而唯蜩翼之知"。他排除一切外界干扰，将全部注意力都集中在蝉翼之上。这种心无旁骛的专注精神，是工匠精神的关键要素。在现代社会，工匠们在面对复杂的工艺和漫长的制作过程时，同样需要这种专注精神，不被外界的喧嚣和诱惑所干扰，全身心地投入到技艺的雕琢之中，才能创造出卓越的作品。

3. 顺应自然的技艺哲学

庄子主张顺应自然，反对过度人为。在《天道》篇中，轮扁斫轮的故事生动地体现了这一思想。轮扁认为斫轮时"不徐不疾，得之于手而应于心，口不能言，有数存于其间"，这种技艺的精妙之处无法用言语传授，只能通过长期的实践和对自然规律的体悟来掌握。他批评齐桓公所读的圣贤之书为"古人之糟粕"，因为真正的技艺和智慧是在顺应自然的实践中产生的。这与工匠精神中尊重材料特性、遵循工艺规律的理念相契合。工匠在制作过程中，要充分了解材料的质地、纹理等自然属性，顺势而为，才能发挥材料的最大价值，创造出优质的作品。例如，木雕工匠在选材时，会根据木材的天然形状和纹理构思造型，使作品浑然天成，体现出顺应自然的技艺哲学。

4. 超越功利的精神追求

庄子一生淡泊名利，追求精神的自由。他拒绝出仕，宁愿"曳尾于涂中"。这种超越功利的态度在工匠精神中也至关重要。真正的工匠往往不为金钱和名利所驱使，他们对技艺的热爱源于内心的纯粹追求。他们享受制作过程中的每一个细节，追求作品的完美，将技艺视为一种表达自我、实现人生价值的方式。例如，一些传统手工艺人，如陶瓷工匠、刺绣艺人等，他们坚守传统技艺，即使面临经济上的困难，也不放弃对技艺的传承和创新，只为了将这份技艺的魅力展现给世人，传承给后代，这种精神正是庄子超越功利思想在工匠精神中的体现。

庄子的思想从多个角度诠释了工匠精神的内涵。他通过生动的故事和深刻的论述，为我们揭示了追求技艺极致、保持专注、顺应自然以及超越功利等工匠精神的核心要素。在现代社会，重温庄子的这些思想，对于传承和弘扬工匠精神，推动各行业的高质量发展具有重要的启示意义。

（三）景德镇陶瓷制作与工匠精神

景德镇的陶瓷工匠们，千百年来在制瓷的各个环节中，始终展现出令人钦佩的工匠精神。这种精神是他们在长期生产实践中不断积累和传承的宝贵财富。正如一首诗所描绘的那样：

艰苦奋斗图生产，

分工合作是良方。

实践创新求进步，

攻坚克难制美瓷。

该诗生动地概括了陶瓷工匠们的精神内涵。他们不畏艰难，勤勉工作，致力于生产高质量的瓷器。分工合作的生产模式显著提高了工作效率，使每一位工匠在其专业领域内发挥最大的作用。同时，实践创新成为他们不断克服生产中各种困难、追求技术进步的动力源泉。面对生产中的挑战，工匠们以攻坚克难的态度，投入不懈的努力，力求打造出完美无瑕的瓷器产品。

从开采原料时的吃苦耐劳，到瓷器制作过程中的精细分工与合作；从不断摸索和创新制瓷工艺，到在瓷器生产过程中克服重重困难，每一个环节都充分体现了陶瓷工匠们精益求精、追求完美的精神。这种精神不仅仅是对产品质量的严格要求，更是对工作的敬业态度和对传统工艺的尊重与传承。正是这种工匠精神，使得景德镇的陶瓷工艺得以世代相传，历久弥新，成为世界陶瓷艺术的瑰宝。

陶工工匠精神的内涵极其丰富，从陶工生产制瓷和陶工生活品质两个维度分析，主要包括吃苦耐劳的奋斗精神，精细分工的专业精神，团结协作的合作精神，不断探索的创新精神，坚持不懈的攻坚精神，精益求精的完美精神，废寝忘食的敬业精神，海纳百川的包容精神，鞠躬尽瘁的忠诚精神，不畏强权的斗争精神，舍己为人的奉献精神，谢神酬愿的感恩精神，见贤思齐的学习精神①。

陶瓷制作技艺不能没有工匠精神，工匠精神与技艺并存，才是名副其实的"真匠人"。景德镇陶瓷工匠精神凝结并升华于陶瓷工匠的日常生产与生活中，有其丰富的内涵②。

1. 吃苦耐劳

景德镇之所以能够历经千年仍然保持窑火不熄、陶瓷文化绵延不绝，这一切都离不开一代又一代陶瓷工匠的艰苦奋斗和接续奋进。正如督陶官唐英在《陶人心语》中所言："陶为劳力之事，陶人劳力之人，其事其人概可想见。"手工制瓷的工序繁多，多达七十二道，每一道工序都需要工匠们付出极大的努力和心血。工匠们往往只专注于其中的一道或多道工序，而整个制作过程的艰辛程度可想而知。

然而，尽管工作条件艰苦，工匠们大多对陶瓷怀有深厚的情感，他们不仅将陶瓷视为一种谋生手段，更将其视为一种艺术和文化传承。工匠们非常重视师徒技艺的传承与学习，他们将技艺代代相传，确保了陶瓷制作技艺的延续和发展。在他们看来，制瓷不仅仅是为了生计，更是一种对美的追求和对传统的尊重。他们以苦为乐，敬业奉献，将自己的一生献给了陶瓷事业，彰显了"陶瓷工匠精神"的光辉。正是这种精神，使得景德镇的陶瓷文化得以传承千年，成为世界陶瓷艺术的瑰宝。

2. 创新创造

陶瓷制作不仅仅是一种传统的造物实践，更是一种蕴含着创新与创造精神的内在品质。在历史的长河中，景德镇的陶瓷产品孕育了无数的精品

①　盛开勇. 古代景德镇陶工"工匠精神"研究［D］. 景德镇：景德镇陶瓷大学，2018.
②　周爱平. 景德镇陶瓷工匠精神研究［J］. 陶瓷学报，2022，43（1）：153-157.

佳作和珍贵的民族瑰宝。过去的陶瓷工匠们在长期的积累和实践中，不断提高了陶瓷工艺的精湛程度，展现了他们卓越的工艺制作水平。他们通过一代又一代的传承与创新，使得陶瓷艺术得以不断发展和升华。

现今，尽管陶瓷制作过程中越来越多地借助机械的力量，但那些具有独特匠心的陶瓷工作者们仍然在不断磨炼每一道工艺。他们在制作过程中，将"匠心"与"艺术"完美地融合在一起，通过无数次的反复实验和探索，不断提升技艺，创新求变。他们不仅仅满足于传统的工艺，而是不断地在传统与现代之间寻找新的结合点，创造出既有传统韵味又符合现代审美的陶瓷作品。

这些陶瓷工作者们深知，每一件陶瓷作品都是他们心血的结晶，是他们对陶瓷艺术的热爱和执着追求的体现。他们在制作过程中，注重每一个细节，力求在每一个环节都做到尽善尽美。正是这种精益求精的态度，使得他们的作品不仅在国内外市场上备受赞誉，更在陶瓷艺术史上留下了浓墨重彩的一笔。

陶瓷制作作为一种传统的造物实践，不仅承载着丰富的历史文化内涵，更是创新与创造精神的体现。无论是过去的陶瓷工匠，还是现今的陶瓷工作者，他们都以自己的方式诠释着陶瓷艺术的无穷魅力，为人类文明的进步做出了不可磨灭的贡献。

3. 开放包容

自古以来，景德镇的陶瓷工匠们始终展现出一种包容与开放的精神。正如沈怀清在《窑民行》中所描述的那样："工匠八方来，器成天下走。"这句诗生动地描绘了来自四面八方的工匠们齐聚一堂，共同创造出精美陶瓷的情景。而《景德镇陶录》中也有类似的记载："业制陶器，利济天下，行于九域，施及外洋。"这句话进一步强调了景德镇陶瓷不仅在国内广为流传，更是远销海外，影响了世界各地。书中还提道："四方远近事陶之人，挟其技能以食力者，莫不趋之如鹜。"这说明了各地工匠携带着各自不同的风土人情与文化信仰，纷纷来到景德镇，希望在这里找到施展才华的舞台。若非包容与开放，景德镇何以能在制瓷业中留下辉煌的篇章。

如今，景德镇的这种开放包容的工匠精神依然在传承。据最新统计，景德镇拥有"景漂"三万人，其中外籍"景漂"多达五千人。这些来自世界各地的艺术家和工匠们，被景德镇独特的陶瓷文化和开放的氛围所吸引，纷纷来到这里学习、交流和创作。他们带来了新的创意和技术，与本地工匠共同推动了景德镇陶瓷艺术的发展。这种多元文化的交融，不仅丰富了景德镇的陶瓷艺术，也使得这座城市在世界陶瓷领域继续保持着其独特的地位和影响力。

（四）纸艺文化与工匠精神

纸艺文化，这一独特的艺术形式，是古代劳动人民在长期的手工艺生产实践中逐渐孕育和发展起来的文化成果。它不仅展现了中华民族非凡的创造力和卓越的工艺实力，还深深蕴含着几千年来中华手工艺者们所秉承的工匠精神。从广义的角度来看，纸艺涵盖了所有与纸张相关的工艺，包括但不限于造纸艺术。而从狭义的角度来看，纸艺特指那些以纸张为材料，通过剪、刻、压、挤、折等多种工艺手法，制作而成的平面或立体的纸艺作品，例如我们熟悉的折纸、纸质雕花、纸质包装等。

在历史的长河中，纸艺文化逐渐融入了百姓的民俗生活，成为民间文化的重要组成部分。无数民间纸艺匠人在这个过程中诞生，他们用自己的双手和智慧，将纸艺文化传承并发扬光大。直至今日，我国的纸艺文化不仅在艺术审美上取得了创造性成就，更积淀了丰富的精神内涵和深厚的文化底蕴。这些成就和积淀为工匠精神的延续和发展提供了有力的支持，使得纸艺文化在现代社会依然焕发出勃勃生机。

1. 精益求精的劳动态度

纸艺制作是一种古老而充满创意的艺术活动，它不仅要求制作者们全身心地投入其中，还需要他们不断地对每一个细节进行精心打磨和优化。纸艺作品的各个部分都需要经过细致的处理，以赋予纸张美妙精细的形象特征，呈现细致入微的纹理变化。以剪纸为例，这是一种古老而富有魅力的艺术形式，它以剪刀或刻刀为工具，在纸张上剪刻出精巧的花纹，使其呈现出鲜明的镂空感，形成独特的形状结构，从而起到装饰生活的作用。在制作剪纸的过程中，手工艺人往往需要全神贯注地剪刻纸张的细节部分，每一个线条、每一个图案都需要精确无误，从而创作出生动优美的剪纸作品。这充分体现出手工艺人精益求精的职业品质，其对待每一件纸艺作品都保持着高度认真负责的态度，力求在每一个细节上都达到完美，以确保最终的作品能够展现出最佳的效果。纸艺制作不仅仅是一种简单的手工活动，更是一个艺术创作的过程，需要制作者们具备丰富的想象力和创造力，同时也需要他们具备耐心和细心，才能在纸张上创造出令人惊叹的艺术作品。

工匠精神不仅体现在蔡伦对造纸工艺的改进上，更体现在他对纸张质量和用途的深入研究中。蔡伦始终保持着一种潜心钻研、不懈探索的研究态度，正是这种态度使他得以造出举世闻名的"蔡侯纸"。他的造纸工艺不仅提高了纸张的质量，还扩展了纸张的用途，使得纸张成为书写和印刷的重要材料，极大地推动了文化和知识的传播。

而在北宋时期，毕昇也同样因其高度的专注力与细心品质，才能够探索到活字印刷术的奥秘。毕昇的活字印刷术不仅提高了印刷的效率，还使得书籍的制作成本大大降低，使得知识和文化得以更广泛地传播。毕昇的发明不仅改变了书籍的制作方式，还为我国纸艺文化的发展做出了巨大的贡献。他的活字印刷术使得书籍的生产变得更加高效和经济，从而使得更多的人能够接触到知识和文化，推动了整个社会的文化进步。

纸艺制作不仅仅是一种技艺的传承，更是一种文化的传递。它通过制作者的双手，将对美的追求和对生活的热爱融入每一张纸，使得纸艺作品成为连接过去与未来，连接传统与现代的桥梁。无论是剪纸、折纸还是纸雕，每一种纸艺形式都蕴含着深厚的文化底蕴和独特的艺术魅力，它们不仅装点了我们的生活，也丰富了我们的精神世界。

纸艺制作的过程本身就是一种艺术创作，它需要制作者具备耐心、细心和创造力。每一张纸在制作者的手中经过剪切、折叠、雕刻等工序，最终变成一件件精美的艺术品。这些艺术品不仅展示了制作者的技艺水平，更传递了他们对生活的热爱和对美的追求。纸艺作品以其独特的形式和丰富的内涵，成为连接过去与未来，连接传统与现代的桥梁。

剪纸艺术以其精细的线条和丰富的图案，展现了中华民族的传统美学；折纸则以其简洁的几何形态和多变的造型，体现了东方文化的智慧和巧思；纸雕则以其立体感和层次感，展示了现代艺术的创新和探索。每一种纸艺形式都不仅仅是技艺的展示，更是文化的传递和情感的表达。

纸艺作品不仅装点了我们的生活，使我们的居住环境更加美丽，也丰富了我们的精神世界，提升了我们的审美情趣。它们在我们的日常生活中无处不在，从节日的装饰到日常的礼品，从艺术展览到教育课堂，纸艺作品以其独特的魅力，影响着我们的生活，激发着我们的创造力和想象力。纸艺制作不仅仅是一种技艺的传承，更是一种文化的传递，它让我们在欣赏美的同时，也感受到了文化的深度和历史的厚重。

2. 道技合一的职业精神

道技合一，这一理念深刻地揭示了道德思想与精湛技艺的完美结合。在中国古代，手工艺人不仅在纸张创作中展现了他们高超的技艺，而且还将对生活的美好愿景和对自然的敬畏之情融入作品，使得纸艺作品不仅仅是技术的展现，更是情感与文化的传递。这些作品以其独特的艺术设计和深厚的人文价值，为人们提供了丰富的审美体验。例如，通过使用纸张这一简单的材料，匠人们能够巧妙地制作出栩栩如生的大树、土地、岩石等形象，这些形象不仅展现了对大自然的敬畏，也表达了对大地母亲的深深感恩之情。正是这种对人文情怀的持续关注，以及道德与工艺技术的相互融合，使得传统纸艺作品得以成为经典，推动了纸艺文化的持续发展。

在这一过程中，手工艺人们不仅仅是在制作一件件精美的艺术品，更是在传承一种文化精神。他们通过手中的纸张，将自己对生活的理解、对自然的感悟以及对社会的责任感融入每一个细节。这种融合不仅仅体现在作品的外在形式上，更体现在作品所蕴含的深层意义中。纸艺作品因此成为一种独特的文化载体，传递着丰富的历史信息和人文情感。

同时，道技合一的理念也强调了技艺传承的重要性。手工艺人们在创作过程中，不仅仅是个人技艺的展示，更是对传统技艺的传承与发扬。他们通过言传身教的方式，将自己的技艺和对道德的理解传授给下一代，确保了这些珍贵的文化遗产能够得以延续。这种代代相传的技艺，不仅使得纸艺作品在形式上不断创新，更在内涵上不断丰富，使得纸艺文化得以在历史的长河中熠熠生辉。

因此，道技合一不仅是一种创作理念，更是一种文化传承的方式。它使得纸艺作品不仅仅是冰冷的技术产物，而是充满了温度和情感的艺术品。这些作品以其独特的魅力，不仅在国内受到人们的喜爱，也在国际上赢得了广泛的赞誉，成为中国文化的重要代表之一。通过这些作品，世界得以一窥中国古代手工艺人的智慧和情感，感受中华文化的博大精深。

然而，进入21世纪，信息技术飞速发展的时代背景下，人们对于匠人精神的关注似乎正在逐渐减弱。尽管技术的进步为我们的生活带来了极大的便利，但同时也可能导致人们对于传统工艺的忽视，以及对于人文价值的淡漠。在这种背景下，我们更应该积极地弘扬纸艺文化中的道技合一精神，引导人们坚守和传承这一宝贵的文化遗产。通过教育和文化推广，我们可以鼓励新一代的工艺人和爱好者学习和继承传统技艺，同时将现代设计理念融入其中，使纸艺文化在新时代焕发出新的活力。这样，我们不仅能够保护和传承人类文明的宝贵成果，还能促进思想文化的繁荣发展，让纸艺成为连接过去与未来的桥梁，让道技合一的理念继续在现代社会中发光发热。

首先，教育系统应该加强对传统工艺的重视，将纸艺等传统技艺纳入课程，让学生从小接触并了解这些文化瑰宝。其次，政府和社会组织可以举办各种纸艺展览和比赛，激发公众对纸艺的兴趣和热情。再次，媒体和网络平台也应该加大对纸艺文化的宣传力度，让更多人了解其独特的魅力和价值。最后，工艺人和设计师可以合作，将传统纸艺与现代设计相结合，创造出既有传统韵味又符合现代审美的作品，从而吸引更多年轻人的关注和喜爱。

3. 强力而行的奉献精神

在人生的征途中，强力而行意味着树立起一种坚定而刻苦的奋斗精神。这种精神不仅能够培养出卓越的意志品质，还能通过不懈的努力取得显著的人生成就。在我国悠久的历史长河中，传统工匠们始终保持着这种卓越的奉献精神。他们对待自己的职业和作品认真负责，不仅注重对细节和局部的精雕细琢，还会在创作中倾注个人的情感与热情。他们用心制作手工艺品，充分展现出强力而行这一卓越的精神品质。

在纸艺制作这一独特的艺术领域，纸艺匠人需要独立完成作品的设计与制作全过程。这不仅考验着他们的技艺，更是对他们意志力和创造力的挑战。在克服制作过程中的问题和困难时，他们对手工艺品的细节与质量负责，专注地投身于纸艺事业，从而创作出精美的艺术作品。纸艺工艺是一门将雕刻技术与绘画方法巧妙地应用于纸张上的艺术，它使得纸张呈现出丰富的层次变化和图案造型，构建起生动的艺术形象，产生强烈的视觉冲击。

无论是搭建特定的艺术场景，还是刻画光影效果，这些都需要创作者用心对待，以高度负责的态度优化各个细节，赋予纸张材料以生命活力。纸艺匠人们在创作过程中，不仅要展现出对材料的深刻理解和精湛的技艺，还要通过作品传达出对生活的热爱和对美的追求。这种对职业与传统工艺的坚守，彰显了他们高度的使命感、责任心以及艺术情怀，是值得我们学习和弘扬的宝贵精神财富。

通过他们的努力，纸艺不仅成为一种艺术表达的方式，更成为连接过去与未来，传承文化与技艺的桥梁。纸艺匠人们在创作中不断探索和创新，将传统技艺与现代审美相结合，使纸艺作品在保留传统韵味的同时，也展现出时代的特色。他们的作品不仅在国内受到赞誉，也在国际舞台上赢得了广泛的认可和尊重。纸艺匠人们用他们的双手和智慧，将一张张普通的纸张转化为具有艺术价值和文化内涵的独特作品，为世界文化的多样性做出了贡献。通过他们的努力，纸艺不仅成为一种艺术表达的方式，更成为连接过去与未来，传承文化与技艺的桥梁。

第三节 中外工匠精神的比较研究

中外工匠精神的比较研究主要是深入探讨不同文化背景下工匠精神内涵、表现形式及其发展现状。通过对中外工匠精神的系统比较，能够更全面地理解各自的优势与不足，从而为培育、传承和弘扬我国工匠精神提供积极的启示。

工匠精神在不同国家和地区具有悠久的历史和深厚的文化底蕴。例如，在中国，工匠精神可以追溯到古代的"匠人精神"，其核心在于精益求精和追求卓越的品质。古代的鲁班、墨子等工匠大师，其作品和思想至今仍被广泛传颂，彰显了中华工匠精神的持久影响力。相比之下，西方国家如德国，其工匠精神同样强调精湛技艺和严谨态度。德国制造业和手工艺在全球范围内享有盛誉，体现了西方工匠精神在技术和质量上的卓越追求。

中外工匠精神在具体表现形式上存在显著差异。中国的工匠精神往往与儒家文化中的"修身、齐家、治国、平天下"理念相结合，强调技艺与道德修养的统一。这种融合不仅关注技艺的精湛，更注重工匠的道德操守和社会责任感。相对而言，西方工匠精神更多地体现在对科学方法和创新精神的追求上。例如，意大利的"意大利制造"品牌不仅代表高质量的产品，还蕴含着对设计和美学的独特追求，彰显了西方工匠在创意与实用性结合方面的优势。

随着全球化进程的加快，中外工匠精神也在不断交融和影响。许多国际品牌和企业开始重视传统技艺与现代科技的结合，推动工匠精神在全球范围内的传播和发展。例如，日本的"匠人精神"在汽车制造、电子产业等领域得到突出体现，其精细的工艺和对完美的追求受到全球消费者的认可。

一、德国、日本、美国、意大利和瑞士五国工匠精神概述

不同国家的工匠精神展现出独特的文化特征和价值取向。学术研究表明，各国工匠精神的核心理念各有侧重：德国以精益求精为要义，日本突出执着品质，美国强调进取精神，意大利注重人文关怀，瑞士则以实践操作见长。多元化的工匠文化体系揭示了一个重要现象：工匠精神的形成和传承是一个系统工程，需要社会各界的通力协作。政府通过政策引导和制度保障，企业依托管理创新，教育机构凭借人才培养，共同构建起完整的工匠文化生态。在这个体系中，价值理念的培育、管理体制的完善和教育体系的构建形成了三位一体的保障机制。这种多层次的支持体系使工匠精神得以代代相传，并在不同的社会文化背景下焕发出独特魅力。这种跨越时空的文化传承，正是工匠精神历久弥新的关键所在。

德国的工匠精神是其制造业崛起的秘诀，这种精神深植于德国人的哲学思维方式、文化基因、宗教伦理以及美学理论的发展过程中。德国工匠精神以标准主义、专注主义和实用主义为核心，突出表现为"专注、精致、谨慎"三大特质。随着时间的推移，德国工匠精神逐渐演变为一种综合性的文化现象，涵盖了制度、经济、社会和教育等多个方面。

第一，文化要素在德国工匠精神的形成中起到了至关重要的作用。这些要素包括民族性格、企业文化以及工程师文化等，共同塑造了德国工匠精神的独特内涵。第二，德国政府在引导和规范制造业方面发挥了关键作用。为了确保制造质量，德国政府制定了严格而完善的行业标准，数量多达三万多项，覆盖社会生活的各个领域。这些标准不仅规范了生产流程，还提升了产品的整体质量和国际竞争力。第三，经济要素方面，德国独特的社会市场经济模式为工匠精神的发扬提供了良好的经济环境。这种经济模式强调市场的自由与政府的适度干预，促进了制造业的稳步发展。第四，社会要素体现为工匠在德国社会中享有较高的地位和收入，以及社会对工匠精神的广泛认可和良好氛围。这种社会认同感不仅激励现有工匠发扬专业精神，也吸引了更多年轻人投身制造业。第五，工匠精神的培育与教育密切相关。德国对高技能人才的培养主要依赖"学徒制"，这是德国工匠精神传承的基本模式。此外，"双元制"职业教育体系通过将理论学

习与实际操作相结合，为工匠精神的守正创新提供了广阔的发展空间。双元制教育确保了工匠技能的高水平和持续改进，进一步巩固了德国制造业在全球市场中的竞争优势。

日本的工匠精神，也被广泛称为"匠人精神"，这一概念最早由日本学者秋山利辉在其著作中提出。秋山利辉认为，匠人精神的核心在于"执着"，即对所从事事业的持续不断的追求和努力，永不放弃。这种精神在日本社会中受到高度重视，并在日本的高级工匠身上得到了充分体现。这些工匠的技艺和精神不仅源于日本独特的匠人研究制度，还吸收了日本特有的"家文化""终身雇佣制"和"有序竞争"等元素，为匠人精神的培养提供了丰富的"养分"。

匠人精神的形成与发展不仅仅是一个简单的现象，其背后还有深厚的文化传统、经济社会制度、企业制度和教育制度等的支撑。

首先，日本社会中存在着一种传统的技艺传承方式，即"子承父业"，这种方式确保了技艺的代代相传，使得工匠精神得以延续。

其次，日本政府在市场经济体制中扮演着重要角色，通过政策引导和支持，影响企业的决策，从而为匠人精神的培养提供了良好的外部环境。

再次，日本的企业制度具有鲜明的特色，以大企业为中心，强调"终身雇佣制""年功序列制"和"企业内工会制"。这些制度不仅为员工提供了稳定的工作环境，还鼓励员工长期致力于自己的工作，从而培养出对工作的执着和专注。此外，日本企业之间存在着紧密的系列化关系，这种关系促进了企业间的合作与交流，有助于技艺的传承和创新。在经济方面，日本主要依赖间接融资，这种方式有助于企业获得稳定的资金支持，为长期的技术研发和人才培养提供了保障。同时，日本的行业标准和管理规定非常严格，这不仅保证了产品的质量，也促使企业和工匠不断提升自己的技术水平和工艺水平。

最后，日本的职业教育制度也是市场导向型的，这种制度注重与市场需求的紧密结合，为学生提供实用的技能和知识，使他们能够更好地适应社会和企业的需求。通过这种教育制度，工匠精神得以在年轻一代中传承和发展。尤其是"学徒制"的实施，使得学生在实际操作中积累经验，培养出高度专业化的技艺和坚韧不拔的工作态度。

日本的匠人精神是多层面、多因素共同作用而产生的，它不仅仅体现在工匠个人的执着和专注上，更是社会文化、经济制度、企业管理和教育制度共同塑造的产物。

美国的工匠精神植根于其独特的创新传统和价值理念，以创新性、实用主义和标准化为核心要素。这种精神特质深受美国多元移民文化和自由主义价值观的影响。在这样的社会氛围中，人们喜欢探索创造梦想，形成了勇于创新、注重实效的工作态度。这种追求真实、精准和效率的职业精神，逐渐融入美国人的日常工作和生活中。美国工匠精神的制度基础是其独特的职业教育体系。以综合中学为代表的单轨制教育模式，实现了升学与就业功能的有机统一。这种教育体系通过理论学习与企业实践的结合，有效提升了学生的综合能力。校企合作作为工匠精神的重要培育途径，使学生能够在掌握理论知识的同时获得实践经验，从而培养出既懂理论又懂实践的专业人才。这种教育模式的创新性在于打破了传统职业教育与普通教育的界限，为工匠精神的传承提供了系统化的培养机制。通过理论与实践的深度融合，学生不仅掌握了专业技能，更重要的是形成了追求卓越的职业态度，这正是美国工匠精神的核心所在。因此，综合中学的建立，不仅为美国工匠精神的培育提供了坚实的基础，也为美国的经济发展和社会进步做出了重要贡献。

意大利的工匠精神在制衣、制鞋、设计、手工艺等多个行业中得到了集中体现。这种精神的精髓在于，在现代工业化生产的过程中，意大利人摒弃了工业化的简单复制模式，转而尊崇个体的审美情趣。通过工匠们的手与心，意大利展现了对人和物的高度尊重。这种工匠精神深深植根于意大利的文化之中，深受文艺复兴的影响，并在政府的政策中得到了延续和放大。在第一次工业革命期间，意大利的发展相对滞后，为了促进工艺性手工业的发展，意大利政府出台了一系列政策，规定凡属资本和劳动所得以及独立劳动所得均给予减税或免税。这些政策极大地促进了工艺性手工业的发展，使得小规模的手工作坊得以保留下来。这种政策的实施，不仅保护了传统手工艺，还在传统手工艺与现代时装之间形成了连续性，使得意大利的工匠精神得以传承和发展。

瑞士工匠精神的核心特质表现为四个维度：对实践操作的高度重视、坚定不移的执着态度、追求完美的精益精神，以及持续创新的进取意识。这种独特的工匠精神得以形成和发展，主要源于瑞士完善的学徒制职业教育体系。在这一体系中，大量初中毕业生选择进入职业技术学校深造，这种现象反映了瑞士社会对职业教育的高度认可。职业学校不仅注重专业技能的传授，更强调人文素养的培育，通过系统化的教育实现对学徒内在品质的塑造。新教伦理观为瑞士工匠精神提供了深厚的思想基础，这种伦理观念强调勤勉、自律和诚信等价值取向，与工匠精神的核心理念高度契合。文化传统与现代职业教育的有机结合，形成了瑞士独特的工匠文化生态。

在制度层面，瑞士建立了一套完善的三方协作机制。联邦政府、州政府和行业组织共同组建管理委员会，与职业学校及其他教育机构形成紧密联系。这种多方协同的管理体制为工匠精神的培育提供了有力的制度保障，有效推动了高素质技能人才的培养。这种体制创新确保了学徒制的持续优化，使瑞士能够培养出大批具有严谨作风和卓越技能的工匠人才。

学徒制不仅仅关注技能的传授，更注重学徒的全面发展。学徒们在实践中学习，通过不断实践和反思，逐渐提升自己的专业技能和人文素养。同时，学徒们在职业学校中接受系统的教育，学习理论知识，培养批判性思维和解决问题的能力。这种教育模式使得学徒们不仅掌握了专业技能，还具备了独立思考和创新的能力。

瑞士的工匠精神不仅仅体现在手工艺领域，还广泛渗透到各行各业。无论是制造业、金融业还是服务业，瑞士人都以其严谨的态度和卓越的品质赢得了全球的认可。这种工匠精神已经成为瑞士文化的一部分，成为瑞士国家竞争力的重要来源。正是这种精神，使得瑞士能够在激烈的国际竞争中保持领先地位，成为全球高质量产品的代名词。

二、德国工匠精神的历史形成与传承

德国工匠精神是德国制造业的灵魂，是推动德国经济发展的秘密武器。从历史文化角度来看，哲学思维启蒙、新教伦理熏陶、地理环境为德国工匠精神的形成奠定了基础；从形成机制来看，欧洲中世纪的行会发展及技艺传承、质量文化意识的提高、良好社会经济环境的营造是德国工匠精神形成的内外部因素。德国政府十分重视对德国工匠精神的传承，并在政策、制度、教育等维度予以保障①。

（一）德国工匠精神的表现

德语"工匠精神"对应的是"手工业者精神"，也有学者认为现代

---

① 潘建红，杨利利.德国工匠精神的历史形成与传承［J］.自然辩证法通讯，2018，40（12）：101-107.

"工匠精神"是一种"工程师精神"①。其具体表现在认真踏实、质量至上、精益求精、独具匠心等几个方面。

1. 认真踏实

认真踏实的态度，意味着耐心和专注，这正是德国工匠精神的核心所在。这种精神不仅体现在对产品质量的极致追求上，更是贯穿技术创新的每一个环节。与自由市场经济中普遍存在的以利润最大化为导向的商业模式不同，德国的工匠们更加注重产品的内在价值和长远效益。他们深信，只有真正关注产品的每一个细节，才能赢得市场的认可和尊重。

德国工匠们对待工作的严谨态度和精益求精的精神，使得他们在每一个生产环节中都力求完美。无论是设计、制造还是检验，每一个步骤都要经过严格的把控和反复的测试。这种对细节的关注不仅仅是为了满足客户的需求，更是为了确保产品的可靠性和耐用性。德国工匠们相信，只有不断追求卓越，才能在激烈的市场竞争中脱颖而出。

德国工匠精神是一种对工作的极度热爱和对品质的不懈追求。这种精神不仅体现在产品的质量上，更体现在对每一个细节的关注和对创新的不断探索上。正是这种精神，使得德国产品在国际市场上始终保持着卓越的品质和竞争力。

德国工匠们通过细致入微的打磨和脚踏实地的实践，不仅锻炼出了卓越的技术技能，还逐渐孕育出了一种独特的文化传承。他们深刻地认识到，要想生产出高质量的产品，必须对工艺过程保持一种近乎痴迷的追求，并且对产品的品质进行严格的把控。因此，德国的制造业一直以来都坚持"术业有专攻"的理念，致力于不断提升产品的技术含量，推动生产过程的个性化和高品质工业品的发展。这种精益求精的态度和对工艺的尊重，使得德国制造的产品在全球市场上享有极高的声誉。

在德国的产业发展历程中，高端制造业扮演着至关重要的角色。这一现象的形成不仅是因为德国工匠们对技术的不懈追求和持续创新，还得益于中小企业这一坚实的中流砥柱的有力支持。这些被称为 Mittelstand 的中小企业，尽管在规模上可能不及大型企业，但它们在德国经济体系中发挥着不可或缺的作用。这些企业不仅为德国制造业贡献了大量重要的市场份

① 张宇，邓宏宝. 德国工匠精神的发端、意蕴及其培育研究［J］. 成人教育，2022，42（6）：88-93.

额，还凭借其独特的经营模式和文化理念，为德国经济的持续发展注入了新的活力和动力。

德国的中小企业以其精湛的工艺、高质量的产品和卓越的创新能力闻名于世。它们在细分市场中精耕细作，专注于特定领域，形成了强大的竞争优势。这些企业通常由家族经营，注重长期发展而非短期利益，因此能够在市场中保持稳定和可持续的增长。德国中小企业的成功不仅体现在其在全球市场上的竞争力，还体现在其对德国就业市场的巨大贡献。它们提供了大量的工作岗位，为德国社会的稳定和繁荣做出了重要贡献。

此外，德国政府对中小企业的支持也是其成功的重要因素之一。政府通过提供税收优惠、研发资助和培训支持等措施，帮助中小企业应对发展中的各种挑战。这种政府与企业之间的良性互动，进一步巩固了中小企业在德国经济中的核心地位。

特别值得一提的是，德国的工匠们在传承技艺的过程中，同样非常重视职业道德品质的培养和教育。在手工业时期，工匠师傅们不仅将技艺传授给学徒，更是通过言传身教的方式，将认真、严谨、细致、耐心和勤奋等品质以及敬业、诚信务实等职业道德，一点一滴地灌输给下一代。这种精神特质不仅塑造了德国工匠的独特形象，也为德国制造业的持续发展奠定了坚实的基础，使其在全球范围内享有盛誉。德国工匠们深知，只有将技艺和道德品质完美结合，才能创造出真正高质量的产品，才能在激烈的市场竞争中立于不败之地。因此，他们在日常工作中，始终保持着对工作的高度责任感和对品质的严格要求，这种精神代代相传，成为德国制造业的宝贵财富。

此外，德国哥廷根大学经济与社会学院院长贝格霍夫还进一步指出，德国的中小企业之所以能够在全球市场中保持强大的竞争力，不仅是因为它们专注于特定领域、传承家族企业精神、拥有情感纽带以及实行学徒制等显著特点，还因为这些企业能够灵活应对市场变化，不断进行创新和升级产品。正是这种灵活性和创新性，使得德国的中小企业在逐渐发展壮大成为大企业之后，仍然能够保持其独特的竞争优势和精神特质。这些企业不仅在技术上不断进步，而且在管理、市场营销和客户服务等方面也持续创新，从而在激烈的全球市场竞争中立于不败之地。

2. 质量至上

质量意识是指个人或团队对产品质量或工作质量的高度重视和追求，

包括对质量的认知、态度、标准以及对质量的持续改进等方面。这种意识不仅是对产品或工作的表面要求，而是深入到每一个细节和环节，确保最终成果达到最高的质量标准。

德国工匠精神的形成是一个漫长而复杂的历史过程，它随着产业的不断升级和制造业的持续发展而逐渐演化为技术工人的品质特征。这种精神不仅体现在技术层面，更体现在对工作的敬业精神和对细节的极致追求上。在当今社会，工匠精神得到了进一步的发展，并已成为德国各行业文化的核心要素，是从业者必须遵循的价值准则。

德国制造象征着全球先进的技术和卓越的品质标准。诸如宝马、奔驰、保时捷等品牌，都在各自领域占据领先地位，在不同行业历史中占据着举足轻重的地位。这些品牌之所以能够取得成功，很大程度上归功于他们对质量的高度重视和追求。

德国企业的质量管理体现了一种全流程的系统思维。质量意识不是简单局限于产品检验和售后服务这些末端环节，而是融入产品开发和生产的每一个阶段。这种理念反映了德国工业文化中根深蒂固的精益求精传统。从产品开发初期开始，质量标准就被纳入设计方案的考量范畴。工程师们在设计阶段就充分考虑产品的可靠性、耐久性和维护性，将质量要求转化为具体的技术参数和工艺规范。这种前瞻性的质量管理确保了产品在概念阶段就具备了高质量的基因。在生产过程中，质量意识体现为严格的工艺管控和标准执行，每个生产环节都有明确的质量检测点，工人们需要严格遵循标准化的操作流程，这不仅体现在最终产品的检验上，更重要的是体现在每个零部件的制造和装配过程中。德国企业特别强调生产过程的可追溯性，通过完整的质量记录体系，确保每个环节都能够得到有效监控。从原材料的选择、生产过程的控制，到最终产品的检验和交付，每一个环节都必须严格遵守质量标准，确保每一个细节都达到最高水平。

正是这种对质量的极致追求，使得德国制造在全球范围内享有盛誉。德国企业通过不断技术创新和工艺改进，持续提升产品质量，从而在激烈的国际竞争中脱颖而出。这种质量意识不仅为德国企业带来了巨大的商业成功，更为全球消费者提供了高品质的产品和服务。

根据最新的研究资料和数据，保时捷公司依然坚持采用手工作坊式的生产模式，这一模式在当今高度自动化的工业生产中显得尤为独特。具体来说，这种生产模式主要体现在两个方面：首先是对生产品质的严格要求。保时捷公司认为，手工组装能够更好地保证产品的质量，因此除了玻璃和发动机部件外，其他所有部件均采用手工组装。这种生产模式已经持续了多年，保时捷公司坚信优秀的工匠比机器更为可靠。其次，保时捷公司的生产过程非常细致和严谨。保时捷博物馆中展示的数据表明，组装一辆新车仅需 9 小时，而检测和调试过程则需耗时 5 天，最终出厂则需数月之久。尽管保时捷工厂拥有约 7 500 名组装工人，但同时拥有约 6 500 名研发和服务人员，这一比例看似异常，但保时捷公司追求的是产品质量上的严谨，而非产量上的扩张。

作为全球知名品牌，保时捷的产值相对较低。在其他车企动辄千亿美元产值的背景下，保时捷的年产值尚不足 300 亿美元。换言之，若以一般车企的规模和产能为标准，保时捷似乎并不符合世界级企业的标准。然而，正是这样的保时捷能够稳固其地位，成为高品质的象征。保时捷工厂中那些数十年如一日坚守岗位的工匠们，也赢得了社会的尊重和优厚的薪酬待遇，其收入甚至远超一般白领阶层。

保时捷代表了德国式家族企业的发展模式，不追求盲目扩张，注重质量意识，强调技术工人的作用，并传承了以老带新的工匠精神。这种精神在保时捷公司中得到了充分的体现，师傅们将自己的经验和技能传授给年轻一代，使得保时捷能够持续生产出高品质的汽车。这种对质量的执着追求和对工匠精神的传承，使得保时捷在全球汽车市场中独树一帜，成为高品质汽车的代名词。

3. 精益求精

追求卓越意味着在已经实现的高品质标准之上，不断地进行改进和提升。德国的企业，特别是那些以家族式经营为主的中小型制造企业，长期以来一直专注于特定产品的精细制作、完善、更新和创新。这种专注的精神使他们能够在特定的细分市场中占据一席之地，并在开拓新的发展路径的同时，成就了德国制造的"终极一公里"，使得竞争对手难以望其项背。德国是全球最注重市场细分的国家之一。即使是一些看似微不足道的产品，如刀具，在德国也能发展成为一门庞大的产业。正是由于市场的细分，使得市场上的刀具种类繁多，品质追求精益求精，从而确保了德国制造在全球范围内的卓越声誉。

德国企业在制造刀具的过程中，通常会经过超过四十道精细的工序，这些工序的目的是确保刀刃能够保持长久的锋利度，并且与人体工程学的原理完美地结合在一起。以著名的双立人品牌为例，这个企业一直在不断地研究和探索钢材料加工的最佳方法，它开发出了一种革命性的烧结金属合成工艺，这种工艺能够将三种具有不同功能的钢材料完美地融合在一起，形成一把单一的刀具。这种技术显著地提升了刀具的整体质量，使其在性能上有了质的飞跃。

双立人还进一步开发了独特的涂层技术，这项技术开创了切削技术的新纪元。双立人采用了一种在 2 000 ℃ 的高温下进行的超音速喷涂工艺，将硬金属颗粒以极高的速度喷涂在刀刃上。这种技术使得刀刃变得锋利无比，而且在使用过程中几乎不需要进行磨刃处理，大大提高了刀具的使用寿命和工作效率。

在科技迅猛发展的时代背景下，像双立人这样的刀具行业巨头已经将许多制造步骤交由机器人进行精准和智能的控制。这些机器人能够以极高的精度和一致性完成复杂的制造任务，确保每一把刀具的质量都达到最高标准。然而，尽管科技已经如此先进，至关重要的开刃工序仍然需要由经验丰富的工匠手工完成。这些工匠凭借他们多年积累的丰富经验和精湛技艺，能够将刀刃打磨到极致的锋利。

此外，工匠们还承担着质量检验的重要职责。质检员们对刀具的每一个细节都了如指掌，他们的质检过程就像是一门艺术。质检员通过触摸刀柄、刀背及刀刃，即使在闭上眼睛的情况下，也能够察觉到极其微小的瑕疵。他们对刀具的每一个部分都进行细致入微的检查，确保每一把刀具在出厂前都达到最高的质量标准。

除了强调产品的品质与实用性外，德国刀具制造商也十分注重极致工艺所带来的美学价值。他们认为，一把好的刀具不仅仅是一件实用的工具，更是一件能够展现精湛工艺和美学设计的艺术品。因此，在设计和制造过程中，他们会考虑到刀具的外观设计、手感以及与使用者之间的互动，力求在每一个细节上都体现出德国工艺的严谨和美学追求。

4. 独具匠心

独具匠心体现了一种独特的创造性思维方式，它通过精巧的构思和独特的手法，将工艺创新提升到艺术的境界。这种创新精神在现代企业实践中主要通过产品创新和服务创新两个维度来展现。在产品创新领域，技术专家们运用精湛的工艺技术，着力于三个关键方面的突破：加快生产速度、优化产品质量、提高工艺复杂度。他们不仅要掌握传统工艺，更要具备处理新材料和功能接口的能力。这种创新不是简单的技术叠加，而是对工艺技术的深度理解和创造性运用。服务创新则体现了独具匠心的另一个重要维度，它超越了有形产品的范畴，延伸到客户服务、管理模式和用户体验等领域。企业通过深入理解客户需求，不断优化服务流程，提升产品功能，从而创造更大的客户价值。这种服务创新不仅关注技术层面，更注重用户体验的提升。值得注意的是，企业创新不仅依赖技术研发，还包括非技术领域的创新模式，这涉及服务优化、市场营销创新和组织管理革新等多个方面。特别是来自实践的经验积累和知识创新，往往能为企业带来独特的竞争优势。这种多维度的创新思维，正是独具匠心在现代企业中的具体体现。这种创新理念突破了传统工艺的局限，将精益求精的工匠精神与现代企业创新需求有机结合，形成了推动企业持续发展的核心动力。独具匠心不仅是一种传统美德，更是企业实现可持续发展的重要战略。

根据德国联邦经济技术部发布的最新报告，中小企业在德国经济中扮演着至关重要的角色。这些企业不仅为德国经济贡献了大约60%的就业机会，还提供了55%的经济附加值。具体到2016年的数据，我们可以看到，在德国制造业领域，有高达60%的中小企业参与了产品创新和工艺创新这两种混合创新活动。更令人瞩目的是，这种创新活动仍在持续增长中。

尽管产品创新和工艺创新在企业的发展过程中具有举足轻重的地位，但仅仅依赖单一方向的创新并不总是能够直接转化为企业的经济收益。中低技术企业的创新过程展现出独特的特点，其核心在于信息获取和知识转化能力的培养。这些企业虽然可能缺乏高端技术研发实力，但通过建立有效的信息处理机制，同样能够实现创新突破。这种创新能力主要体现在三个关键环节：发现有价值的信息、整合现有知识储备、实现创新转化。

供应链合作是中低技术企业创新的重要途径。通过与供应商建立深度合作关系，企业能够获取关键的技术信息和市场动态。这种互动不仅限于简单的商业往来，更涉及技术交流、经验分享和共同创新。正是通过这种积极的交流互动，传统产品得以不断更新和优化，生产效率得以持续提升。这种互动不仅有助于产品的改进，还能够为企业带来新的合作机会和市场拓展的可能性。

（二）德国工匠精神的培育

德国工匠精神的发展历程非常曲折。历史上，德国制造一度被视为廉价与劣质的代名词，然而，随着质量竞争成为核心目标，并致力于全面提升产品竞争力，德国西门子、宝马等品牌的产品已在全球范围内赢得了声誉。这一转变的实现，与德国对工匠精神的培养密不可分①。

1. 双元制职业教育体系

德国双元制职业教育是培养工匠精神的重要途径，构成了德国职业教育体系的核心支柱。这一独特的教育模式通过实训企业和职业学校两大平台的有机结合，形成了完整的人才培养体系。在具体实施过程中，技能型人才将三分之二的时间投入企业实训，通过实践操作积累工作经验；另外三分之一的时间则在职业学校系统学习理论知识，构建专业知识体系。

这种双轨并行的教育模式实现了理论与实践的深度融合。学校教育与企业培训相辅相成，不仅使学生在实际工作中获得丰富经验，更能在课堂上系统掌握专业理论，从而实现知识的深度理解与灵活运用。对于培育具有工匠精神的技能型人才而言，双元制职业教育成效显著。通过这一模式，学生不仅掌握了精湛技艺，更培养出对工作的专注、执着与精益求精的态度，这些正是工匠精神的核心要义。因此，双元制职业教育模式在全球范围内获得了广泛认可。

2. 完备法律体系的有力保障

德国自1969年8月14日实施联邦职业教育法以来，持续完善职业教育领域的法律法规体系。其后陆续颁布的企业法（1972年1月）、青年劳动保护法（1976年4月）、职业教育促进法（1981年）以及新版联邦职业教育法（2005年4月）等重要法律，为工匠精神的培养奠定了坚实的法律基础。这种以法律制度为保障、以双元制职业教育为核心的人才培养机制，形成了德国特色的工匠精神培育体系，不仅培养了大量高素质技术人才，更使德国赢得了工匠之国的美誉。

三、日本工匠精神的历史形成与传承

（一）日本工匠精神的表现

在日本，工匠们普遍具有一些显著的共同特点，他们持续地专注于某一项特定的技艺或工作，将毕生的精力投入其中，不断地精益求精。这些工匠们并不追求生产数量的多少，而是将追求卓越的质量作为自己的首要目标。他们对待工作的态度极其认真，每一个细节都力求完美，力求在自

---

① 陈春敏.“工匠精神”的当代价值及其培育路径研究［D］.武汉：华中师范大学，2018.

己的领域达到最高的标准。他们相信，只有通过不断的努力和钻研，才能真正掌握一门技艺的精髓。因此，他们常常花费数年甚至数十年的时间，专注于某一项技艺的修炼和提升。这种对完美的追求和对细节的关注，使得他们的作品不仅具有极高的实用价值，还具有独特的艺术魅力。在日本，这种工匠精神被广泛尊重和推崇，被视为一种宝贵的文化遗产。

这种对工作的热爱和执着，正是日本工匠精神的核心所在。日本工匠们不仅仅是为了生计而工作，更是因为他们内心深处对所从事职业的热爱和尊重。他们对自己的职业有着强烈的认同感，认为自己不仅仅是在完成一项任务，更是在传承一种文化和技艺。这种认同感和热爱，使得他们在工作中充满了激情和动力，不断地追求更高的成就。他们不满足于现状，而是始终保持着对完美的追求，力求在每一个细节上都做到尽善尽美。这种精益求精的态度，正是日本工匠精神的精髓所在。他们相信，只有通过不懈的努力和持续的改进，才能创造出真正有价值和有意义的作品。因此，他们在工作中投入了大量的时间和精力，不断地磨炼自己的技艺，提升自己的专业水平。正是这种对工作的热爱和执着，使得日本的工匠们能够在各自的领域达到卓越的境界，为世界贡献了许多令人赞叹的杰作。

此外，日本的工匠们还具有一种被称为"匠心"的独特精神，这种精神体现在他们对工艺和品质的极致追求上。他们不满足于现有的技术水平，而是不断地探索和创新，力求在每一个细节上都能达到最佳状态。这种匠心精神，使得日本的产品在国际上享有极高的声誉，成为高质量和精美的代名词。

在日本，工匠们常常将这种匠心精神视为一种传承和责任。他们认为，每一件产品都是他们技艺和心血的结晶，因此必须在每一个环节都做到尽善尽美。无论是传统的手工艺品，还是现代的工业产品，日本工匠们都会投入大量的时间和精力，确保每一个细节都无可挑剔。这种对细节的极致追求，使得日本产品在国际市场上备受赞誉。

正是因为这种匠心精神，日本的产品不仅在技术上达到了高标准，还在设计和美学上独树一帜。日本工匠们不仅追求功能性和实用性，更注重产品的美观和艺术价值。他们相信，只有将技术和美学完美结合，才能创造出真正有价值的产品。因此，日本的产品不仅在功能上满足用户的需求，还在视觉和感官上给用户带来愉悦的体验。

这种匠心精神的传承和发展，使得日本的产品在国际市场上具有极高的竞争力。无论是汽车、电子产品，还是家具、日用品，日本产品都以其卓越的品质和精美的设计赢得了全球消费者的喜爱。日本工匠们的匠心精神，不仅为他们赢得了荣誉，也为整个国家的制造业树立了标杆。

日本的工匠们追求极致的质量和精湛的工艺，饱含匠心精神，对他们的职业充满了热爱和认同。正是这种对工作的执着和热爱，共同铸就了日本工匠精神的独特魅力。这种精神不仅在日本国内得到了广泛的推崇和尊重，而且在全球范围内也产生了深远的影响，成为日本文化的一个重要标志。

（二）日本工匠精神的培育

在日本，职业教育方面的法律法规建设相对完善，这为日本培养技术技能型人才提供了坚实的法律基础。例如，1951 年颁布的产业教育振兴法和 2001 年修订的职业能力开发促进法等重要法律文件，为日本职业教育的发展提供了明确的指导和规范。通过审视日本工匠精神的培育模式，我们可以总结出其独特之处。

首先，企业内部职业教育是培养工匠精神的核心途径。根据培训对象和内容的不同，日本企业内部职业教育可以细分为针对技术人员、管理人员、新员工以及领导层的教育。这种教育模式的显著特征在于其全员参与和全程覆盖的培训机制。在职培训、自我启发式培训以及离岗培训共同构成了企业内部职业教育的实施方式。这种模式以其连续性、专业性和针对性，对日本技术技能型人才工匠精神的塑造起到了至关重要的作用。

其次，对职人文化的重视程度也是日本工匠精神培育模式的一大特色。日本的工匠传统可追溯至明治维新时期，此后日本逐步形成了独具特色的职人文化。这种文化以忠诚和执着为核心理念，深深植根于日本社会的价值体系中。工匠精神的培育体现了政府和企业的双重努力。在政府层面，通过政策引导和社会氛围营造，有效提升了技能人才的社会地位，激发了他们的职业自豪感。企业则致力于将企业精神融入人才培养过程，在开展技能培训的同时，注重传递企业发展历程、创业精神和经营理念，从而加深员工对企业的理解和认同。这种培养模式形成了显性与隐性相结合的教育体系。显性教育主要通过企业内部的职业培训来实现，而隐性教育则依托职人文化的熏陶和引导。这种全方位的培养机制使日本的技术人才在专业技能和文化素养两个维度都达到了较高水平。这种独特的人才培养模式不仅传承了传统工匠精神，更适应了现代企业发展需求，为日本制造业的持续发展提供了坚实的人才基础。这种将技术传承与文化传承相结合的方式，展现了日本工匠精神的深刻内涵。

综合性的培育模式不仅注重技术技能的传授，还强调文化素质的培养，使得日本的技术技能型人才在专业技能和职业精神方面都达到了较高的水平。这种模式的成功，为其他国家在培育工匠精神方面提供了有益的借鉴。

四、中外"工匠精神"的比较

（一）中外工匠精神的核心内涵比较

工匠精神作为人类物质文明的精神投射，在东西方文明体系中呈现出迥异的哲学底色与伦理形态。中国工匠传统深植于天人合一的哲学母体。《周礼·考工记》中"百工之事，皆圣人之作"的论断，将工艺创造提升到参赞化育的哲学高度。明代宋应星《天工开物》记载的连机碓设计，其水轮传动装置暗合阴阳相生之道，工匠在造物过程中追求"以技入道"的境界超越。这种"道器合一"的思维模式，在庄子庖丁解牛的寓言中得到完美诠释——工匠技艺成为体悟天道的媒介。西方工匠精神则肇始于古希腊的"模仿说"与中世纪的经院哲学。佛罗伦萨圣母百花大教堂穹顶的双壳结构设计不仅体现几何学造诣，更暗含对上帝创世秩序的模仿。

中国工匠伦理遵循修身—齐家—治国的儒家进阶路径。景德镇御窑厂在明代创烧的"甜白釉"，其配方改良历经三十余代匠人薪火相传，这种代际传承超越个体生命，指向"为往圣继绝学"的文化使命。清代"样式雷"家族七代主持皇家建筑营造，其传世图档中的营造法式与伦理规范浑然一体，彰显"技以载道"的价值追求。西方工匠伦理则建立在行会制度与个人主义双重传统之上。巴黎制帽匠行会1268年制定的《工匠宪章》，首次将"质量印记"制度法定化，这种集体契约精神培育出法国高级定制的行业准则。而意大利小提琴制作大师斯特拉迪瓦里穷尽一生追求完美音色，其传世名琴"弥赛亚"体现的个体超越精神，恰如马克斯·韦伯所言"职业即天职"的理念。

在工业4.0时代，东西方工匠精神呈现融合创新态势。日本新干线转向架的羽毛焊接法，将传统金银细工技艺与现代力学原理结合，每个焊点误差不超过0.1毫米，这好比传统榫卯与现代混凝土的对话。德国工业设计师迪特·拉姆斯提出的"少却更好"理念，与老子"大巧若拙"的造物哲学形成跨时空共鸣。数字技术催生的新型工匠精神正在突破文明边界。

中国大疆创新工程师将古法失蜡铸造技艺转化为 3D 打印算法，瑞士制表师用纳米雕刻技术再现巴洛克纹样，这种"数字人文主义"的工艺革命，预示工匠精神正在演化为连接传统智慧与未来科技的文化界面。

文明差异并非价值优劣的依据，而是人类应对物质世界的不同智慧方案。在技术异化愈演愈烈的当代社会，工匠精神的重构不应拘泥于传统范式，而需在文明对话中培育兼具技术创新与人文关怀的新型伦理。这种跨文明整合或许能为破解现代性困境提供精神资源，使工匠传统在数字时代焕发新的生机。

（二）中外工匠精神的培育比较

1. 顶层制度在工匠精神培育中的差异

要培养工匠精神，必须依赖一个健全的制度体系作为支撑。通过深入研究中国、德国、日本在这一领域的培育现状，我们可以发现，发达国家在法律体系和相关制度方面相对较为完善。一个完整且严格的制度体系是德国工匠精神培养的坚强后盾。德国政府颁布了一系列法律，包括企业法、青年保护法和职业教育促进法等，这些法律为德国工匠精神的培养提供了坚实的法律基础。在德国工匠精神的培养过程中，严格的行业标准和管理规范发挥了关键作用。德国目前拥有超过三万项国家标准以及无数公司标准，这些标准构成了德国工匠精神培养的重要基础。此外，特有的企业制度，即领导体制与雇员共同决策制度，增强了监督力度，确保了产品品质，显著促进了工匠精神的培养。

日本在工匠精神培养方面亦拥有较为完善的法律法规，例如 1951 年颁布的产业教育振兴法和 2001 年修订的职业能力开发促进法。与德国、日本等发达国家相比，我国在工匠精神培养的顶层制度设计与实施方面尚显不足。

首先，我国相关法律制度的制定起步较晚。发达国家的相关法律制度自工业革命后逐步建立并不断完善，至今已形成较为完善的法律体系与制度保障。我国在工匠精神培养方面的相关法律，如《中华人民共和国公司法》《中华人民共和国职业教育法》，是在改革开放后才逐步制定与完善的。特别是近年来，随着国家对工匠精神回归的重视，相关制度与政策才逐渐推出。

其次，相关法律与制度的执行力度不足。长期以来，我国追求经济增长速度，忽视了经济增长质量，导致市场经济准入制度门槛较低，技术创新制度保护不足。法律与制度的不完善也限制了我国工匠精神的培养。通过比较不同国家工匠精神培养的实践，我们可以得出一个明确的结论：法律制度的完善为工匠精神的培养提供了法律保障，确保了培养过程的法治化与规范化。

2. 文化环境在工匠精神培育中的差异

由于各个国家的历史文化背景各不相同，这些独特的文化环境对各国工匠精神的形成和发展产生了深远的影响。以德国为例，其工匠精神的形成得益于多种文化因素的综合作用。德国拥有深厚的宗教伦理文化，这种文化强调勤奋、诚实和责任感，为工匠精神的发展提供了坚实的基础。同时，德国人严谨的民族性格也对工匠精神的塑造起到了重要作用。他们注重细节、追求完美，这种性格特点在工匠的技艺中得到了充分体现。此外，德国企业普遍注重品质，追求卓越的企业文化，这也为工匠精神的发展提供了良好的土壤。德国的工程师文化更是精益求精，追求技术的极致，这也进一步推动了工匠精神的发展。总体来说，德国工匠精神的形成是多种文化要素协同作用的结果。

在德国社会中，工匠享有与其他职业同等的声誉和尊重。这种尊重和重视营造了有利于工匠精神发展的社会文化环境。工匠们自身也拥有强烈的自豪感和荣誉感，这使得他们更加专注于自己的技艺，追求更高的成就。在日本，职业文化同样对工匠精神的培育起到了关键作用。自明治维新以来，日本形成了尊重技术的职人文化。这种文化强调工匠的技艺和专业精神，使得工匠在日本社会中享有崇高的地位。日本政府也非常重视技术技能型人才的社会地位，通过多种途径加强对技术技能型人才的培养和宣传，从而赋予他们强烈的职业自豪感。

在中国传统社会结构中，工匠群体虽然作为士、农、工、商中的重要组成部分，但其社会地位长期处于较低层次。这种状况导致社会对技术劳动的认可度不高，缺乏尊重技艺和崇尚技能的文化氛围，从而影响了工匠精神的形成和传承。然而，随着新时代的到来，中国的发展迫切需要技术技能型人才的支撑，工匠的社会地位得到了提升，一度被忽视的工匠精神重新受到关注，其培育在全社会引起了广泛关注和热烈讨论。人们开始意识到工匠技艺的重要性，工匠的地位逐渐提升，社会对他们的尊重和重视也在不断增加。

在中国、德国、日本培育工匠精神的过程中，社会文化氛围构成了工匠精神培育的外部条件。不同的文化背景和价值观对工匠的地位和技艺的发展产生了不同的影响。然而，无论在哪个国家，尊重和重视工匠技艺的社会文化环境都是工匠精神得以传承和发展的重要保障。

3. 实践培训在工匠精神培育中的差异

工匠精神不仅是一种理念，它在工匠们日常的生活与生产实践中得到具体体现。这种精神的培育离不开实践培训，这是其关键途径。通过深入分析中国、德国、日本的工匠精神培育过程及现状，我们可以发现各国在实践培训方面既有共性也有其独特性。

在中国，传统的职业教育形式包括官方的艺徒教育和非官方的家传世学、私人授徒等，其实践方式主要以"师傅带徒弟"的模式为主，师傅向徒弟传授技艺及处世哲学。当前，中国在培育工匠精神的实践方式上亦趋向多元化，不仅重视学校职业教育，还致力于构建校企合作平台，将理论学习与实践相结合，使学生能够在实际工作中更好地应用所学知识。

以德国和日本为代表的国家，在实践培训方面已经建立起较为完备的条件。德国实行的双元制职业教育体系，强调校企合作的实践培养模式，尤其注重企业实践在工匠精神培育中的重要作用。通过实际操作，学习者不仅能够掌握特定的职业技能，而且能够深刻体验到企业对质量、细节和技术追求的氛围。此外，德国的学徒制自13世纪建立以来已相当成熟，学徒必须通过学徒训练来获得相应的职业资格，在此过程中培养出严谨、一丝不苟、吃苦耐劳的职业精神。

日本的企业职业教育形式多样，包括在职培训、自我启发式培训和离岗培训，其连续性、专业性和针对性的职业教育模式为技术技能型人才的培育提供了坚实的实践基础。日本企业非常注重员工的终身学习，通过各种培训方式不断提升员工的专业技能和综合素质，从而确保工匠精神的传承和发展。

尽管如此，与一些国家相比，中国在理论培训、实践竞赛以及企业专业实践等方面仍存在一定差距，亟须持续地发展与完善。中国需要进一步加强校企合作，提高实践培训的质量和效果，同时还需要在全社会范围内营造尊重工匠精神的良好氛围，以促进工匠精神的传承和发展。通过不断的努力，中国有望在培育工匠精神方面取得更大的进步，为国家的经济发展和社会进步做出更大的贡献。

五、国外工匠精神培育的启示

（一）营造良好的社会文化环境

通过深入考察德国和日本培养工匠精神的成功经验，可以发现两国都成功构建了积极的社会文化环境，具体体现为对职人文化和企业文化的高度重视，以及对个体职业认同感的有效提升。社会认同是培育工匠精神的根基，这种认同不仅体现在认知层面，更深入到认可层面，是认知与认可相互融合、共同进化的产物。社会对工匠精神的普遍认同反映了深层次的文化认知，为其培育创造了良好的土壤。

德国企业文化建设的一大特色是将竞争意识和质量意识有机融入技术技能型人才的培养过程。德国人坚信，唯有通过不懈地竞争和追求卓越，才能培育真正的工匠精神。日本同样高度重视职人文化的传承与发展。例如，富士电视台精心打造的蓝领技术对抗节目《矛盾》，不仅为技术工人提供了展示精湛技艺的舞台，更让全社会深入了解并尊重职人文化。

对于中国而言，培育工匠精神需要着力营造崇尚劳动、尊重劳动者的社会文化氛围。崇尚劳动是推动社会进步的核心动力，只有深植尊重劳动、尊重人才、追求卓越的理念，才能真正培育出工匠精神。我们应当破除社会浮躁之风，培育积极向上的社会风气，在全社会形成尊重技术、崇尚工匠的良好氛围，为工匠精神的培育奠定坚实的社会基础。

（二）建立健全政策制度体系

德日两国在培育工匠精神过程中，都建立了完善的政策制度支撑体系。德国通过系统的制度建设为工匠精神的培育提供了制度保障。通过规则制度的引导，工匠的职业习惯得以形成并升华为崇高的工匠精神，这被视为重塑工匠精神的必由之路。具体而言，德国通过企业基本法和联邦职业教育法等法律法规，规范企业质量标准，强化职业教育力度。同时，德国实施双元制和学徒制等职业教育模式，借助完善的制度体系推进工匠精神培育。日本则通过1951年的产业教育振兴法和2001年修订的职业能力开发促进法等法律，为技术技能型人才的培养提供制度保障。借鉴德日经验，中国在培育工匠精神时应当构建完善的政策制度体系。首先，要制定提升劳动者社会地位的相关政策，如对技术技能大师提供资金补助，将技术技能型人才纳入人才计划，提高其待遇和地位。其次，要完善并严格执行产品质量相关法律法规，确保产品质量受到法律保护与监督。

（三）优化职业教育体系

职业教育在培育工匠精神过程中发挥着关键作用。对技术技能型人才而言，培育工匠精神需要一个完善而系统的职业教育体系，通过促进专业理论知识与实践技能的深度融合，实现理论与实践的有机统一。在此过程中，技术技能型人才需要通过系统的职业教育强化专业理论学习，并通过大量实践将理论转化为操作技能，不断提升职业技能水平。职业教育体系的优化涉及课程设置、教学方法、实训设施等多个方面，需要持续创新以适应社会需求。

德国的职业教育体系以其全面性和系统性著称，为培养具备工匠精神的人才提供持续动力。双元制职业教育与学徒制的结合，为技术技能型人才培养开辟了有效途径。日本则着重发展企业内部职业教育，通过在职培训、自我启发式培训、离岗培训等多样化方式，实现企业内教育的广泛覆盖与持续发展。

对于职业教育体系的完善，中国应当借鉴国际经验并结合本土实际，通过整合教育系统各个环节，更新理念、创新方法、整合资源，实现职业教育体系的优化升级。具体措施包括：加强职业教育与产业需求的对接、深化校企合作、推进课程改革等，以提升教育的针对性和实效性。同时，中国要注重培养学生的创新思维和实践能力，以适应未来社会对技术技能型人才的新要求。

通过持续优化职业教育体系、借鉴国际先进经验、深化校企合作等举措，我们能够推动职业教育事业的蓬勃发展，为培养更多具有工匠精神的技术技能型人才提供有力支撑。

第四节　工匠精神的当代价值

在创新成为发展核心驱动力的时代浪潮中，工匠精神这一传统理念被社会公众重新审视。人们深入反思其内涵，并大力倡导它在现代社会中重焕生机。学术界也对工匠精神给予了高度关注，围绕它在当代社会的多维度价值展开了广泛而深入的讨论。这种价值集中体现在它能够有力推动经济发展、有效促进文化传承，以及对个人成长产生积极的促进作用。

一、工匠精神的经济价值

李进指出，工匠精神是制造业的灵魂，是高品质生活的保障[①]。刘建军认为，工匠精神有助于我国制造业的转型升级，有利于我国企业"增品种、提品质、创品牌"[②]。朱凤荣认为，工匠精神是推动中国制造业转型升级的重要动力，是增强制造业企业竞争力的重要因素，引领着制造业从业者职业发展的方向[③]。王国领等则认为，工匠精神事关当代全球发展竞争格局，有利于供给侧结构性改革的推进[④]。

在探索工匠精神的经济价值时，学者们重点关注其在当前制造业转型升级中所扮演的关键角色。马永伟依据工匠精神与制造业高质量发展的内在理论关联，构建了工匠精神指数测度指标体系以及制造业高质量发展指标体系，并借助 Panel-Tobit 面板模型，针对工匠精神在我国制造业迈向高质量发展进程中的实际影响，开展了深入的实证分析。研究成果表明，工匠精神对我国制造业实现高质量发展具备显著的正向驱动效能。其中，专注坚守与传承创新的工匠精神，在制造业高质量发展中发挥着极为突出的内在作用；而精益求精的工匠精神，其产生的影响程度则相对偏低。为有力推动制造业实现高质量发展，迫切需要全方位倡导和弘扬工匠精神，全力培育高素质的工匠型人才，不断提升技术创新能力，持续加大品牌创建力度，切实提高制造业产品的质量与附加值，进而深度夯实我国制造业高质量发展的内在潜能根基[⑤]。

中国制造业曾经因其繁荣发展而被誉为世界工厂，在全球范围内占据着重要的地位。然而，随着经济全球化的不断深入，制造业的竞争变得越来越激烈，各国都在寻求转型升级以应对这一挑战。长期以来，中国制造业在产业更新换代方面存在一定程度的忽视现象，导致其在某些领域落后于其他国家。目前，中国制造业正面临着一系列挑战，无论是在外贸还是内需方面，其总体竞争力都显得有些不足。在这样的背景下，重新倡导工

① 李进. 工匠精神的当代价值及其培育路径研究 [J]. 中国职业技术教育，2016（27）：29.

② 刘建军. 工匠精神及其当代价值 [J]. 思想教育研究，2016（10）：36-40，85.

③ 朱凤荣. 社会主义核心价值观视域下制造业工匠精神培育的思考 [J]. 毛泽东思想研究，2017（1）：97.

④ 王国领，吴戈. 试论"工匠精神"在当代中国的构建 [J]. 中州学刊，2016（10）：87.

⑤ 马永伟. 工匠精神促进制造业高质量发展的实证研究：基于中国省域制造业工匠精神指数测度的数据检验 [J]. 河南师范大学学报（哲学社会科学版），2022，49（4）：75-82.

匠精神对于推动中国制造业的转型升级具有极其重要的意义。

《中国制造 2025》明确指出："我国经济发展已经进入新常态，制造业发展面临着新挑战。""形成经济增长新动力，塑造国际竞争新优势，重点在制造业、难点在制造业、出路也在制造业。"在这样的时代背景下，工匠精神对于制造业的转型升级具有不可忽视的价值。工匠精神强调精益求精、追求卓越，这正是制造业转型升级所需要的。通过倡导工匠精神，可以激发制造业从业者的创新意识和责任感，推动企业提高产品质量和技术水平，从而提升整个行业的竞争力。

首先，工匠精神这一理念在推动制造业从传统的"制造"模式向更为智能化、创新化的"智造"模式转变过程中，起到了至关重要的作用。自主创新能力是推动经济可持续发展的核心动力。当前，中国经济正处于一个关键的转型期，正从依赖效率驱动的发展模式逐步转向以创新驱动为主导的发展模式。在这个重要的历史节点上，工匠精神发挥着不可替代的推动力量。一方面，大力弘扬工匠精神不仅有助于生产出更高品质的产品，而且能够有效塑造品牌形象，提升自主创新能力。通过培育和践行工匠精神，我们能够为创新驱动发展注入新的活力，从而推动我国从一个制造大国逐步转变为一个制造强国。另一方面，实现产业升级同样离不开从业者职业精神和能力的全面提升。工匠精神所倡导的精益求精、追求卓越的态度，激励着从业者不断改进设备、优化原料选择和工艺流程，从而显著提升产品的整体品质。这种从注重数量到注重质量的转变，使得产品能够实现从"量"的积累到"质"的飞跃，进而提升整个产业的核心竞争力。

其次，工匠精神在促进制造业产业结构的升级方面发挥了重要作用。这一过程不仅是推动制造业快速发展的重要途径，而且对于提升整个产业的竞争力和可持续发展能力具有深远影响。工匠精神有助于激发劳动者的敬业精神和创造力，使他们在工作中追求卓越，注重细节，从而增强企业的内在活力和市场竞争力。通过提高全要素生产率，企业能够更高效地利用资源，提升生产效率，进而推动市场功能的充分发挥。

工匠精神符合我国供给侧结构性改革的需求，有助于解决产能过剩问题。通过注重产品质量和技术创新，企业能够更好地满足市场需求，减少无效和过剩的产能，实现资源的优化配置。同时，工匠精神是我国产业结构转型的关键突破口，为制造业产业结构升级提供了重要的"软件"支持。它不仅仅是一种精神层面的追求，更是一种实际操作中的具体实践，能够引导企业在生产过程中注重细节，追求卓越，从而提升产品的附加值和竞争力。

同时，工匠精神推动了自主创新和技术进步，提高了劳动效率，促进了产业结构的优化升级。在这一过程中，企业不断探索和研发新技术、新工艺，推动了技术的革新和产品的升级换代。通过自主创新，企业能够掌握核心竞争力，减少对外部技术的依赖，从而在激烈的市场竞争中占据有利地位。此外，注重工匠精神的企业往往更加注重员工的培训和发展，通过提升员工的专业技能和综合素质，进一步提高了劳动效率，为产业结构的优化升级提供了坚实的基础。

工匠精神成为推动工业 4.0 时代到来的重要力量。随着工业技术和信息技术的持续发展和进步，利用物联网技术实现个性化定制的制造业逐渐成为现实。这种工匠精神不仅是一种精益求精的态度，更是一种追求卓越、不断创新的精神。它鼓励制造业不断追求更高的产品质量和更精细的工艺水平，以适应未来个性化定制的需求。通过工匠精神的推动，制造业得以全面升级，实现从大规模生产向个性化、定制化生产的转变。这不仅提高了生产效率，还满足了消费者对个性化产品的需求，推动了整个制造业的创新发展。

二、工匠精神的文化价值

齐善鸿认为，工匠精神是中华民族的精神传统，传承工匠精神是增强民族自信、推动国家发展的关键要素之一[1]。黄君录认为，工匠精神是精神财产，为人类社会所共有，并指出现代工匠精神正成为人类的"集体知识"[2]。刘建军认为，工匠精神是一种新的思想政治教育任务，与弘扬社会主义核心价值观相契合，具有重要的精神价值[3]。张苗苗认为，工匠精神是实现民族复兴的必然选择，并进一步指出，工匠精神是我国重要的文化资源，是提升文化软实力的要求[4]。在对工匠精神文化价值的探讨上，学者们从精神层面出发，认为工匠精神是中华优秀传统文化、民族文化，并

---

[1]　齐善鸿. 创新时代呼唤工匠精神 [J]. 道德与文明, 2016 (5)：5-9.
[2]　黄君录. "工匠精神"的现代性转换 [J]. 中国职业技术教育, 2016 (28)：94.
[3]　刘建军. "工匠精神"及其当代价值 [J]. 思想教育研究, 2016 (10)：85.
[4]　张苗苗. 思想政治教育视野下"工匠精神"的培育与弘扬 [J]. 思想教育研究, 2016 (10)：49-50.

与当今倡导的社会主义核心价值观联系起来，强调了工匠精神对坚定民族文化自信的重要价值。

（一）工匠精神在推动企业文化建设方面发挥着至关重要的作用

在市场经济体系中，企业作为核心主体，其发展与建设对于现代市场经济的构建至关重要。随着工业革命的推进，企业得以成长并壮大，其生产发展与特定历史文化的背景紧密相连，文化因素在其中发挥着不可或缺的作用。在市场经济的发展历程中，工匠精神在促进企业生产、提升企业管理水平以及加强企业建设等方面发挥着至关重要的作用。在企业生产层面，工匠精神有助于企业应对市场竞争，推动产品持续完善和品质提升。在企业经营和管理层面，工匠精神能够激发从业者的专业热情，并促进良好企业文化的构建。工匠精神不仅是一种价值规范，也是一种职业价值观。倘若企业只看重产量，把产品质量抛诸脑后，那么生产者就会陷入机械般的重复劳作之中。这种情况下，对产品质量的把控标准会不断降低，久而久之，生产者内心也会滋生出倦怠情绪。与之相反，工匠精神将产品质量视为重中之重，要求生产者秉持精益求精的工作态度，宛如为生产者注入了一股强大的精神力量，让他们在工作中始终保持专注与热情。同时，工匠精神还为企业生产者照亮了职业发展的道路，激发他们以更加饱满的热情和积极性，投身到企业的建设与发展当中，为企业的进步贡献更多的力量。工匠精神在现代企业管理中发挥着独特的战略作用，特别体现在企业文化建设和管理效能提升两个层面。作为企业的无形资产，企业文化反映了组织的独特个性和价值理念，而工匠精神恰恰为企业文化注入了以人为本、追求卓越的核心内涵。从内部管理角度看，工匠精神通过强调个人价值和专业追求，培养了员工对企业的认同感和忠诚度。它不仅提升了团队凝聚力，更营造了精益求精的工作氛围。在外部形象塑造方面，工匠精神对产品品质的执着追求和对诚信的坚守，有效提升了企业的市场信誉，强化了合同精神的落实。工匠精神对企业综合竞争力的提升具有深远影响，它既是企业硬实力的基石，确保产品和服务质量；又是软实力的核心，促进各项管理要素的协同运作。在当前竞争激烈的市场环境中，工匠精神的培育显得尤为重要。企业通过弘扬工匠精神，能够更好地适应市场变化，提高产品竞争力。从更深层次来看，对工匠精神的培养有助于提升员工的职业素养和工作满意度，增强组织的向心力。这种文化积淀为企业的持续发展奠定了坚实基础，使企业在激烈的市场竞争中保持独特优势。

通过将工匠精神融入企业发展战略，组织能够在保持传统优势的同时，不断开拓创新，实现可持续发展。

（二）工匠精神在传承民族文化方面发挥着至关重要的作用

文化自信是一个民族立足世界的精神支柱，它不仅体现为对本民族文化价值的深刻认知与积极肯定，更是对文化生命力和创造力的坚定信念，以及对传统文化优秀遗产的传承与守护。2016年7月1日，在庆祝中国共产党成立95周年大会上，习近平总书记提出"四个自信"的重要论述，将文化自信与道路自信、理论自信、制度自信并列，凸显了文化建设在民族复兴进程中的战略地位。

工匠精神作为中华优秀传统文化的重要组成部分，承载着几千年来中国人追求卓越、精益求精的文化基因。它不仅彰显了中华民族在工艺创造方面的非凡智慧，更蕴含着中华民族对完美的不懈追求和对职业的执着坚守。在当代语境下，工匠精神的传承与弘扬具有多重价值意蕴：首先，它是中华优秀传统文化在现代社会的重要延续，体现了文化的历史连续性；其次，它与爱岗敬业、精益求精等社会主义核心价值观高度契合，为社会主义核心价值观的培育与实践提供了具象载体；最后，工匠精神还在国际文化交流中发挥着独特的桥梁作用。

在推进文化传承与发展的进程中，工匠精神的弘扬为我们提供了一个理想的范本：它立足于中华文明的深厚土壤，既不忘传统文化的根本，又善于吸收世界各国优秀文明成果，并在与时俱进中不断焕发新的生机与活力，这种开放包容又不失本真的发展路径，正是文化自信的生动体现。通过传承和弘扬工匠精神，我们得以在全球化浪潮中坚守文化本色，在吸纳人类文明优秀成果中实现创新发展，进而在面向未来的文化建设中贡献中国智慧、提供中国方案。

工匠精神是一种精益求精、追求卓越的态度，它体现了对传统技艺的尊重和对产品质量的执着追求。这种精神在中国古代工匠的精湛技艺中得到了充分体现，无论是精美的青铜器、细腻的瓷器，还是宏伟的建筑，都凝聚了工匠们的心血和智慧。工匠精神不仅仅是一种技艺的传承，更是一种文化的传承，它承载着民族的历史记忆和文化基因。

工匠精神深深植根于中华民族的精神传统之中，它不仅仅是一种技艺的传承，更是一种文化与精神的体现。在古代，庄子所讲述的"庖丁解牛"的故事，生动地描绘了工匠们在技艺上达到"心—神—身"协调一致的高深境界。这种境界不仅仅是对技艺的精进，更是对内心修养与精神追求的极致体现。而秦代李冰父子主持修建的都江堰水利工程，历经千年依然屹立不倒，这不仅是对工匠精神的一种生动诠释，更是对中华民族智慧与坚韧不拔精神的一种证明。鲁班在古典家具制作中所展现的工匠精神，至今仍被人们传颂，成为后人学习的典范。

在中国近代史上，面对国家的重重困难，许多具有工匠精神的个体挺身而出，为中华民族赢得了尊严与荣耀。工匠精神不仅是中华民族持续发展、传承文化的精神支柱，更是为当前改革开放和社会主义现代化建设提供了强大的动力支持。它继承了中华优秀传统文化的精髓，具体表现在对国家兴衰负有责任的担当意识。

工匠们对自身所打造的产品怀抱着高度负责的态度，始终执着地追求卓越品质，从这一精神内核中，我们能清晰地看到工匠精神所蕴含的沉甸甸的社会责任。2016 年，中央电视台播出的纪录片《我在故宫修文物》，为我们生动地展现了工匠们如何践行工匠精神的社会责任担当。在故宫这个文化瑰宝的殿堂里，工匠们全身心投入到青铜器、宫廷钟表、陶瓷、木器、漆器、百宝镶嵌、织绣等各类文物的修复工作中，同时也精心进行书画的修复、临摹与摹印。他们日复一日、年复一年地坚守在自己的岗位上，凭借着精湛的技艺与不懈的努力，让那些历经岁月沧桑的国宝文物重新焕发光彩，完整地呈现出国宝文物最原始的风貌以及极具收藏价值的状态。这些工匠们的工作，绝非简单的技艺操作，而是充分体现了传统中国"士农工商"四大阶层中"工"的坚定信仰，以及技术的传承与创新。他们以实际行动诠释着工匠精神的社会责任，成为文化传承与发展的重要力量。

此外，工匠精神与中国传统哲学思想有着深刻的内在联系，特别体现在天人合一的理念中。宋代哲学家张载提出的"民胞物与"思想，阐明了人与自然和谐共生的根本原则。这种哲学思想在古代工匠的实践中得到了具体体现。他们在创造过程中始终遵循自然规律，选材用料讲究与自然相融，工艺技法追求顺应天道，形成了独特的生态智慧。

工匠精神延续至今，其深层价值已经超越了单纯的技艺层面。现代工匠在传承这一精神时，不仅继承了精湛的技艺，更承担了传播中华文化、坚定文化自信的重要使命。他们对天人合一理念的实践和发展，体现了中华民族对自然的敬畏和对和谐发展的追求。

（三）"工匠精神"在践行社会主义核心价值观方面发挥着至关重要的作用

社会主义核心价值观是当代中国精神的集中体现，凝结着全体人民共同的价值追求，其内容为"富强、民主、文明、和谐，自由、平等、公正、法治，爱国、敬业、诚信、友善"。

从国家层面来看，"富强、民主、文明、和谐"是我国在经济、政治、文化、社会等方面的建设目标。富强意味着国家经济繁荣、综合国力强大，是实现民族复兴的物质基础。民主就是坚持人民当家作主，保障人民参与国家事务管理，保障人民的基本权利。文明体现着国家的文化软实力和社会的文明程度，涵盖了道德风尚、文化传承等多方面。和谐则致力于构建人与人、人与自然、人与社会和谐共生的良好局面。

从社会层面来看，"自由、平等、公正、法治"是对美好社会秩序的向往。自由并非无拘无束，而是在法律和道德框架内的自由发展，让每个人都能充分发挥自身潜力。平等强调不论出身、财富、地位，人人在法律面前、在社会资源分配等方面都享有平等的权利。公正要求在社会的各个领域，如司法、教育、就业等，都能做到公平正义，不偏袒、不歧视。法治是通过健全的法律体系来规范社会行为、维护社会秩序，保障社会公平正义得以实现。

从个人层面来看，"爱国、敬业、诚信、友善"是每个公民都应具备的基本道德准则。爱国是对自己国家的深厚情感和忠诚，是中华民族的传统美德，激励着人们为国家的繁荣富强而奋斗。敬业就是对工作认真负责、兢兢业业，干一行爱一行，在各自岗位上发光发热。诚信是为人处世的基本准则，它关乎个人的信誉和社会的信任体系，无论是商业活动还是人际交往，诚信都是基石。友善倡导人与人之间相互关爱、互帮互助，营造温暖和谐的人际关系。

社会主义核心价值观贯穿国家发展、社会进步和个人成长的全过程，它是凝聚人心、汇聚力量的强大精神纽带，对于实现中华民族伟大复兴中国梦具有不可替代的重要作用。

工匠精神在促进社会主义核心价值观中关于公民诚信与敬业的实践，以及国家富强与文明的追求方面，具有不可忽视的积极作用。敬业精神是工匠精神的核心所在，它体现了人们对工作的热爱、专注和执着。而尊重劳动则是社会主义核心价值观的关键组成部分，它强调每一个劳动者都应该得到社会的尊重和认可。社会的持续进步与国家的繁荣昌盛，离不开人们具体的劳动实践。在此过程中，工匠精神的秉持与实践成为实现上述目标的必要条件。工匠精神所倡导的劳动尊重与劳动者价值观念，与社会主义核心价值观所倡导的内容高度契合，它不仅强调了劳动的重要性，还强调了劳动者在社会中的地位和作用。

工匠精神在国家、社会与个人三个层面涵养并推动了社会主义核心价值观的培育与实践。在国家层面，工匠精神是国家富强与文明进步的关键推动力和精神支柱。在全球经济一体化的背景下，各国之间的竞争日益激烈，制造业作为国民经济的基础，其竞争焦点集中在产品质量上。当前，中国制造业的产品质量面临诸多质疑，正面临严峻挑战。在此背景下，以精益求精的工匠精神为动力，以提升产品质量为目标，不仅能够增强中国制造业的国际竞争力，为中国式现代化建设提供坚实的物质基础，促进国家的繁荣与强盛，而且能够传递积极向上的价值观，提升国家文明水平。

在社会层面，工匠精神如公正的守护者，为企业间的竞争秩序筑牢坚实根基，有力地推动了市场经济中公正平等价值观的构建。拥有工匠精神的企业，会将目光聚焦于产品品质，把产品品质作为竞争的核心要素。这一转变使得企业摒弃了短视的逐利思维和不正当竞争手段，进而营造出企业间的良性竞争。在这样的竞争中，消费者能够获得高品质的产品和服务，与此同时，市场经济的公平公正秩序也得到进一步完善，社会公正平等的价值观得以更好地培育和践行。

从个人层面来讲，工匠精神是爱国、敬业、诚信、友善这些美好品质的生动彰显。秉持工匠精神的人，对自己的工作饱含热爱与执着，在岗位上默默耕耘、精益求精，这正是敬业精神的最佳诠释。他们对产品质量的严格把控、对承诺的认真履行，体现了诚信的价值准则。而在与同事协作、服务客户的过程中，他们展现出的友善与互助，又让友善的价值观得以传递。这种种表现，归根结底都是源于对国家、对民族的热爱，是爱国主义精神在日常工作中的具体呈现。

工匠精神在职业实践中体现为一种全方位的质量追求。不论在任何行业或岗位，这种精神都要求从业者以极致认真的态度投入工作，在产品的设计、生产和改进过程中始终保持严谨。这种专注不是一时的热情，而是持久的职业操守，将质量管控贯穿整个生产环节：从最初的设计构思需要精细打磨，到原材料选择时的严格把关，再到生产工艺的精确掌控，直至成品细节的反复雕琢。这种层层把关的过程体现了工匠们对完美品质孜孜不倦的追求，也展现了他们在平凡岗位上的敬业与诚信品格。当产品进入国际市场，其品质不仅代表企业形象，更成为国家制造水平的象征。因此，工匠精神的培育已经超越了单纯的职业范畴，上升为一种爱国情怀的实践表现。通过精益求精的产品质量，工匠们用实际行动诠释了对国家的赤诚之心，这种将职业操守与爱国情怀相结合的精神境界，正是当代工匠精神的崭新诠释。工匠精神的传承与弘扬，不仅能够提升个人的职业素养和道德水准，还能够促进社会和谐与进步，为国家的繁荣稳定奠定坚实的基础。

（四）"工匠精神"在推动文化交流与传播方面发挥着至关重要的作用

作为国际关系的核心驱动要素，跨文化交流对增进全球福祉与促进人类社会和谐发展具有深远影响。2014 年 3 月 27 日，习近平主席在联合国教科文组织总部发表演讲时指出："文明因交流而多彩，文明因互鉴而丰富。文明交流互鉴，是推动人类文明进步和世界和平发展的重要动力。"此论断揭示了文化交往在国际关系框架中的基础性地位。工匠精神作为中华文化精神谱系的重要构成部分，不仅凝结了中华民族自强不息的奋斗品格，更蕴含了追求卓越的文化内核，对推进国际文化交流与传播实践具有深远的积极影响。

在全球化的大背景下，各国都在寻求在合作中竞争，以实现共同发展。现代工匠精神已经成为国家间合作与交流的精神桥梁。一方面，中国始终秉持开放包容的态度，积极汲取世界优秀文明的精华，其中就包括对日本、德国等国家工匠精神的借鉴。在制造业领域，日本所展现出的持续改进的制造精神和设计理念，以及与用户共同完成生命体验的过程，将产品从生产到使用的全过程视为一种深度的互动体验，不仅注重产品质量的提升，更关注用户在使用过程中的感受与反馈。而德国工业 4.0 计划提出的"生产可调节、产品可识别、需求可变通、过程可监测"理念，凭借先进的技术手段和智能化管理，实现生产过程的高效、精准与灵活。这些理念为中国现代工匠精神的培育提供了极为宝贵的经验与深刻的启示。中国在自身发展过程中，深入研究和学习这些理念，取其精华，融入本土制造业的发展与人才培养中，助力中国现代工匠精神的茁壮成长，推动制造业向更高水平迈进。另一方面，中国也致力于传播当代中国的优秀文化，让国际社会体验中华文化的独特魅力，塑造积极的中国形象。例如，通过

《大国工匠》和《我在故宫修文物》等纪录片，世界观众得以领略中国现代工匠精神的风采。

工匠精神作为一种跨越国界与民族界限的精神纽带，紧密联结起人类社会这一庞大的共同体。其蕴含的"精益求精"核心理念，无疑是人类社会文明演进历程中极为珍贵的共同财富。在文化维度而言，工匠精神担当着文化交流的关键角色，对国家间文化的交流与传播起到了显著的促进作用。在这一交流进程中，不同国家基于各自独特的文化背景所孕育的工匠精神，相互碰撞、相互交融，为国家间文化的融合与创新提供了持续且强劲的精神驱动力。这种文化融合并非简单的机械叠加，而是在工匠精神的有力推动下，催生出全新的文化形态与价值理念体系。当世界各国积极倡导并弘扬工匠精神，秉持精益求精的态度投身于文化交流与合作时，各国人民能够实现更为深入的相互理解与相互尊重。这种基于精神层面的深度共鸣，将汇聚成强大合力，共同推动人类文明向更高层次进阶，为世界和平的稳固发展奠定坚实的精神基础。

三、工匠精神的个人价值

肖群忠等认为，工匠精神有助于工作者自我价值的实现，有助于亲密情感的建立[1]。芮明珠认为，工匠精神是一种担当，在高职学生中进行工匠精神的培育，有利于促进其社会责任感的提升[2]。张苗苗认为，工匠精神是促进个体成长成才的需要[3]。

在剖析工匠精神的价值时，学者们以工匠精神的承载主体为切入点，深入阐释了其在人际关系构建、人与物的互动以及个人自我认知和成长方面的关键作用。由于研究视角的差异，各位学者对工匠精神当代价值的解读也各有侧重。部分学者聚焦于工匠精神对国家经济发展的推动作用，他们指出，这种精神能够促使企业提升产品质量、优化生产流程，进而增强国家的产业竞争力，为经济高质量发展注入强劲动力。另外一部分学者着重强调工匠精神作为优秀文化的社会文化价值，它蕴含着精益求精、追求

---

① 肖群忠，刘永春."工匠精神"及其当代价值 [J]. 湖南社会科学，2015（6）：7.

② 芮明珠. 略论当代"工匠精神"与高职学生社会责任感的培育 [J]. 学校党建与思想教育，2016（11）：54.

③ 张苗苗. 思想政治教育视野下"工匠精神"的培育与弘扬 [J]. 思想教育研究，2016（10）：49.

卓越的文化内涵，能在社会中形成积极向上的文化氛围，助力传承和弘扬中华优秀传统文化，推动文化创新与繁荣。还有学者将研究重点放在工匠精神对个人发展的意义上，认为其能帮助个人树立正确的职业观和价值观，培养专注、执着的品质，提升个人专业技能和综合素质，促进个人在职业生涯中不断进步。尽管学者们的研究侧重点有所不同，但他们的研究9成果都为全面理解工匠精神提供了多维度视角，对于助力国家经济腾飞、增强民族文化自信以及推动个人全方位发展，都有着极为重要的参考意义。

（一）工匠精神促进个体树立理想信念

工匠精神不仅仅是一种职业精神的体现，它更深层次地蕴含了一种对工作的热爱和对职业的尊重。这种精神中所包含的爱岗敬业的内涵，实际上涵盖了职业理想与职业信念这两个重要的方面。职业理想是指个体对自己职业生涯的期望和追求，而职业信念则是指个体对所从事职业的坚定信仰和执着追求。这两者的形成对于增强个体的职业认同感具有极其重要的积极作用，因为它们为个体的职业发展提供了坚实的精神支撑和内在动力。

具备了职业理想与职业信念的个体，往往会将工作不仅仅看作是一种谋生的手段，而是将其视为自己毕生的事业。他们对工作的热爱和执着，使得他们在工作中不断追求卓越，力求完美。工匠精神正是强化了个体的职业信念与职业动力，使得他们在实际的生产活动中，不仅能够遵循精益求精、勇于创新的原则，而且还能将这些原则转化为具体的实践指导，从而成为劳动者们共同追求的职业目标。

劳动者们通过认真踏实的工作态度、不断创新的精神和追求卓越的行动，逐步实现自我职业理想。工匠精神将劳动者的奋斗目标、方法论和勤奋精神融为一体，展现了劳动者对工作与生活的热爱，并激励他们在职业生涯中不断超越自我，追求更高的成就。

在职业态度的层面上，工匠精神所展现的持续专注与精益求精的坚守，促进了个体信仰型人格的形成。这种人格的形成，使得个体在长期的坚持和努力中，将生活态度、艺术修养和文化素养融入自己的技艺。通过这种融合，个体最终能够升华为对技艺精益求精的工作追求，使得他们在职业生涯中不断追求更高的标准，展现出更高的专业水平和艺术境界。

（二）工匠精神促进个体成长成才

为了实现个体的全面发展，我们需要有明确的方向指引和不断提升自身的能力，从而成为新时代所需的具备各种必要技能和素质的新人才。个体的能力不仅局限于某一方面，而是由两个关键维度构成：硬实力和软实力。这两个维度的不断强化和提升，将直接促进个体能力的增强，进而实现个体的成长和成才。

个体的成长和成才并不是孤立发生的，它离不开具体的社会实践活动。在这些活动中，工匠精神作为一种重要的精神财富，源自于社会物质生产实践活动的积累，对于个体能力的提升和品格的塑造具有深远的实践指导意义。

首先，工匠精神能够显著增强劳动者的物质生产能力。传统工匠的制作活动是一种持续性的创造过程，它要求劳动者不断地对技艺和产品进行改进和完善。现代工匠精神则进一步要求劳动者对工作和产品保持高度的投入和专注，赋予产品以生命力和创造力。这种精神促使劳动者不断学习新知识、掌握新技能，以适应不断变化的生产需求。

其次，工匠精神还能够促进个体自我反思能力的提升。工匠精神如同一面镜子，使个体能够将自身的行为与工匠精神所倡导的价值观进行对照，如爱岗敬业、精益求精、持续专注和责任担当等。通过这种对照，个体能够形成内在的驱动力，推动自己不断完善自我，最终获得核心竞争力。

工匠精神的作用就像一把标尺，它不仅衡量着个体的硬实力和软实力，还推动着这两方面的增强，从而实现个体的成长和成才。通过不断地实践和反思，个体能够在工匠精神的引领下，逐步成长为新时代所需的优秀人才。

（三）工匠精神助力个体实现自我价值与社会价值的统一

人的价值是一个多维度的概念，它不仅包含个体自身的发展，更蕴含在个体与社会、个体间以及群体间的互动关系中。这种价值体现了自我实现与社会贡献的统一过程，反映了个人在劳动实践中对自身和社会的双重价值创造。工匠精神在这个过程中扮演着重要的精神引擎角色，推动着这种双重价值的实现。马克思曾深刻指出："任何一个民族，如果停止劳动，不用说一年，就是几个星期，也要灭亡。"这揭示了劳动对人类生存和发展的根本意义。作为劳动主体的个体，通过在自然和社会中的实践活动，实现自身存在的价值。工匠精神作为一种崇高的劳动精神，引导人们建立积极的职业态度，培养诚信友善的品格，激励每个人在本职工作中追求卓越。以《大国工匠》中的典型人物为例，我们可以看到现代工匠们如何在实现个人价值的同时创造社会价值。有的工匠致力于提升国家航天技术水平，有的专注于传承和发展民族文化。他们的故事展示了个人追求与国家发展的完美融合，诠释了工匠精神对实现中华民族伟大复兴的重要推动作用。自我价值与社会价值的统一，构成了个体发展的最高境界。工匠精神作为一种重要的精神力量，不仅指引着个人职业发展的方向，更推动着整个社会的进步。展现了一种既重视个人成长又关注社会发展的价值取向，体现了新时代工匠精神的深刻内涵。

第三章 巴蜀古代工匠及工匠精神的历史演进

第一节 成都、西蜀与巴蜀

在学术界，文化人类学家们普遍认同一个观点，即文化是人类为了适应其所处的环境而产生的。事实上，人类与其周围的自然环境之间存在着一种复杂的互动关系。一方面，文化是人类对环境被动适应的结果，另一方面，文化也是人类主动改造环境的产物。这种互动关系是人类为了自身的生存和繁衍，与自然界建立联系的两个不可或缺的方面。

我们必须承认，对于那些尚处于童年时期的史前人类而言，自然环境及其生态状况相较于其他历史时期具有更为显著的重要性。地理位置（包括经度和纬度，尤其是后者）、地形、气候、土壤、水文、动物、植物、矿产等要素，对史前文化的产生与发展，以及古代文明能否萌芽和形成，均具有极其重要的直接影响。这些自然要素不仅决定了人类生活的地理环境，还深刻影响了人类的生活方式、社会组织、宗教信仰和技术发展。例如，一个地区的气候条件可能会决定当地居民的农业活动和食物来源，从而影响其社会结构和文化传统。同样，地形和水文条件可能会决定人类的居住模式和交通方式，进而影响其文化的发展方向。因此，当我们探讨文化的发展和演变时，不能忽视自然环境对人类社会的深远影响。正是这种环境与文化的互动关系，构成了人类历史发展的基础。

研究成都工匠精神首先要界定成都工匠的内涵，首要的是要弄清楚成都的意思。成都首先是一座城市的名称，也是一个地理区域概念。但在探寻成都工匠精神的产生与历史演进时，单纯以地理区域来约定是有局限性的。一方面，成都作为一个城市，其地理范围从古至今也在不断变化，如果以当今成都区域来考察历史上的成都工匠及其工匠精神是不恰当不准确的；另一方面，成都作为西蜀文化、巴蜀文化的核心区域，不仅具有其独特文化，而且代表着西蜀文化和巴蜀文化。西蜀文化是巴蜀文化中，以成都平原为中心形成的区域文化，具有独立而神秘的始源和以神奇神妙为特色的发展历程①。因此，本书虽以成都工匠精神为研究对象，但是在探寻其历史发展变迁轨迹时，需要将其放到整个巴蜀文化的框架中去考察，分析的也是整个巴蜀古代工匠及工匠精神的历史演进，以此得出对成都工匠精神的历史认识。

一、巴蜀与巴蜀文化

（一）巴、蜀与巴蜀

根据《汉书》《后汉书》以及《华阳国志》等历史文献记载，周秦时期，巴国的疆域东至鱼复，西至僰道，北接汉中，南及黔涪，其地理范围大致涵盖了现今的湖南、湖北、陕南、四川、重庆、云南、贵州等地区。川东达州（巴人故里）、巴中、重庆等地均位于其核心区域。

根据《华阳国志·蜀志》中对古蜀国的描述："其地东接于巴，南接于越，北与秦分，西奄峨嶓，地称天府，原曰华阳。"可知，蜀国疆域东与巴国大致以涪江流域为界，西至川西高原部分区域，北以秦岭为界与秦国相隔，南界则延伸至后世中越边境。由此观之，蜀国的领土极为广阔，几乎占据了古代"华阳"即秦岭以南广大地区的大部分。蜀国后来成为西周的封国，包括川西、陕南、滇北等地区。巴国与蜀国的交融发生在战国之后，直至公元前316年，巴蜀两国被秦国所灭。

对于现代许多人来说，提到巴蜀，大家首先会想到的是四川省。然而，在古代，蜀地的范围并不仅仅局限于当今四川省的行政区划。实际上，古代蜀地的范围还包括了现今的直辖市重庆，以及隶属于陕西省管辖的汉中地区。尽管如此，总体而言，四川地区依然是以巴蜀文化为主导的核心区域。早在三千年前，川东地区被称为巴国，而川西地区则被称为蜀国。这种地域划分一直延续到数百年前，直到巴蜀各地最终整合成为一个统一的行政区域，即今天的四川省。而四川省的核心地带，便是位于成都

---

① 谭继和. "西川供客眼"：论西蜀文化的内涵、特征及其现代应用 [J]. 地方文化研究辑刊，2013（1）：3-22.

平原的蜀都——成都。成都不仅是四川的政治、经济中心，也是巴蜀文化的发源地和传承地。

在历史的长河中，巴蜀地区经历了多次的变迁和动荡。在不同的历史时期，这一地区曾出现过多个割据政权，例如三国时期的蜀汉、五代十国时期的前蜀和后蜀，以及宋朝时期的蜀夏等。这些政权的存在，使得巴蜀地区在历史上具有了独特的地位和影响力。因此，整个巴蜀地区在后世也常常被称为蜀地。随着时间的推移，尽管行政区划有所变化，但人们通常还是习惯将四川地区统称为巴蜀。这种称谓不仅反映了四川地区深厚的历史文化底蕴，也体现了巴蜀文化在中华文明中的重要地位。

（二）巴蜀文化

1. 巴文化

巴蜀文化的历史可以追溯到远古时期，其中巴文化的历史尤为悠久。巴文化，以四川省东北部地区为核心，包括巴中、达州、阆中等城市，其历史可追溯至古代巴国时期。巴族人的活动范围广泛，不仅限于四川东部，还包括湖北西部、重庆三峡库区、陕西南部以及贵州北部等地区。在巴文化中，罗家坝遗址（位于四川宣汉县）和城坝遗址（位于四川渠县）是其历史的见证，这些遗址被列为国家重点保护的文化遗产，它们承载着巴族人的历史记忆和文化传承。这些遗址不仅揭示了巴族人的生活状态和文化特征，还反映了他们在历史长河中的变迁和发展。

罗家坝遗址位于四川宣汉县，是古代巴族人活动的重要遗址之一。遗址中出土了大量的文物，包括陶器、石器、青铜器等，这些文物不仅展示了巴族人的生活习俗，还反映了他们的艺术审美和宗教信仰。城坝遗址位于四川渠县，同样是古代巴族人活动的重要遗址。遗址中出土的文物同样丰富，包括陶器、石器、青铜器等，这些文物同样展示了巴族人的生活习俗、艺术审美和宗教信仰。

2. 蜀文化

蜀文化，这一独特的地域文化，其根源可以追溯到三个古代族群的深度融合。这些族群在历史的长河中逐渐融合，形成了独具特色的蜀文化。蜀文化的核心区域主要集中在成都、德阳一带，这一地区不仅是现代都市的繁华之地，也是古代蜀国文明的发源地。在这里，我们可以看到蜀文化的深厚底蕴和独特魅力。

在蜀文化中，三星堆遗址（位于四川广汉市）和金沙遗址（位于成都市青羊区）是其辉煌历史的象征。这些遗址中出土的大量文物，如青铜器、玉器、陶器等，不仅展示了古蜀人的高超工艺，也反映了其独特的宗教信仰和审美观念。三星堆遗址的发现，更是颠覆了人们对古代文明的认识，神秘的青铜面具和青铜人像，至今仍吸引着无数学者和考古爱好者的研究与探索。这些神秘的文物，仿佛在诉说着古蜀人曾经的辉煌和神秘。

金沙遗址的出土文物，则揭示了蜀文化与周边文化的交流与融合，为研究古代中国西南地区的文化交流提供了宝贵的实物资料。这些文物不仅展示了蜀文化的独特性，也反映了其开放性和包容性。蜀文化在与其他文化的交流中，不断吸收和融合，形成了独特的文化特色。

这些国家重点保护的文化遗址，不仅是巴蜀文化的重要组成部分，也是中华民族共同的文化遗产。它们见证了巴蜀地区悠久的历史和灿烂的文化，记录了这片土地上曾经发生过的无数故事。这些遗址不仅是历史的见证，也是文化的传承，它们让我们更好地理解过去，也让我们对未来充满期待。

巴蜀文化，这一独特的地域文化现象，特指四川盆地内孕育的深厚文化传统。作为中国传统文化的重要组成部分，巴蜀文化不仅承载了丰富的历史信息，而且在艺术、哲学、社会习俗等方面展现出其独特的地域特色和深厚的历史底蕴。在艺术方面，巴蜀文化以其独特的绘画、雕塑、音乐和舞蹈等艺术形式，展现了巴蜀人民的审美情趣和艺术创造力。在哲学方面，巴蜀文化以其独特的道家思想、儒家思想和佛教思想，反映了巴蜀人民对宇宙、人生和社会的深刻思考。在社会习俗方面，巴蜀文化以其独特的婚丧嫁娶、节庆活动、饮食习惯等习俗，展现了巴蜀人民的生活方式和社会风貌。

巴蜀文化之所以独特，不仅在于其地理环境的特殊性，还在于其历史的悠久和文化的多样性。四川盆地四周环山，盆地内部气候温和、土地肥沃，为巴蜀文化的孕育提供了得天独厚的自然条件。这种独特的地理环境孕育了巴蜀人民勤劳智慧的品质，也使得巴蜀文化在历史的长河中得以蓬勃发展。巴蜀文化不仅在四川盆地内部有着深远的影响，还对周边地区产生了广泛的文化辐射和交流。巴蜀文化不仅是中国传统文化的重要组成部分，也是中华民族文化宝库中的瑰宝。

二、西蜀文化

"西蜀文化"这一概念最早由著名的学者郭沫若先生提出。要明确西蜀文化的定义，我们需要从文化的空间分布、文化发展的核心区域以及区域间文化联系这三个维度来界定其范围、研究对象及内涵。具体来说，西蜀文化所涵盖的地理范围，主要指的是古称"三蜀"的区域，即蜀郡、广汉郡和犍为郡所覆盖的地区。根据历史学家常璩在《华阳国志》中对蜀国地理描述的"其地东接于巴，南接于越，北与秦分，西奄峨嶓，地称天府，原曰华阳"我们可以大致确定，西蜀文化主要涉及的地理范围包括以成都平原为核心的四川盆地西部地区。若从水系文化的角度来审视，西蜀文化主要涉及岷江、沱江流域的文化，青衣江及大渡河流域的文化，以及金沙江流域的文化这三大分支。

相对而言，位于其东侧的巴文化，则主要指的是"三巴"区域，即巴郡、巴西郡和巴东郡。从水系文化的角度来分析，巴文化主要包括渝水（嘉陵江）流域的巴渝文化、渠江流域的巴渠文化和涪江流域的巴涪文化这三个分支。涪江大致可以作为巴与蜀的分界线。整体而言，巴蜀文化是由蜀文化和巴文化这两大分支构成的。这两支文化虽然各有其起源和特色，但它们同根同源、同质同体，具有相近的亲缘关系，并在相互交融中不断发展。学术界对于巴蜀文化共同体的起源、发展路径及总体特征已有共识，并建立了研究基础。

当前，对这一文化共同体进行更深入的研究，特别是依据不同地域特色进行细分研究，是将西蜀文化作为巴蜀文化圈内一个具有特色的区域进行研究的首要动因。通过对西蜀文化更细致的探讨，我们可以更好地理解其独特的文化内涵和历史价值，从而为保护和传承这一宝贵的文化遗产提供更为坚实的学术支持。

在深入探讨和审视巴蜀文化区系的全貌时，我们不难发现，这一文化区系拥有其独特且独立的文化渊源和演进路径。它不仅拥有明确的发展主线，还具备一系列核心特征，这些关键要素在巴蜀文化区系的历史发展核心区域中得到了集中而显著的体现。这个核心区域不仅标志着区系历史发展的主线，而且在很大程度上担当着文化地标的角色，具有重要的象征意义。

具体来说，这一核心区域指的是以成都平原为中心的西蜀文化发展地带。进一步细化，该核心区域涵盖了由古蜀郡和成都府演变而来的现代全域成都。成都自古以来便是巴蜀文化圈历史演进的地理核心，这一点毋庸置疑。以成都平原为中心的西蜀文化，其历史可以追溯至遥远的万年以前，起始于"人皇"时期的文化起源。它经历了从约 4 500 年前至 500 年前的三个重要阶段：古城、古国以及古方国的文明起源与文化发展。

巴蜀地区最终形成统一的区域文明，这一过程以成都平原为中心，通过文化互补、交流融合，实现了巴蜀人民广泛的文化认同。这一过程是长期而持续的，经历了无数岁月的洗礼。尽管巴蜀文化的性质与内涵在历史长河中经历了多次变迁，但其独特性和文化认同的稳定性却日益增强。正是凭借这种独特性和稳定性，巴蜀文化成为多元一体的中华民族文化共同体中的一朵奇葩，绽放着独特的光彩。

在此过程中，西蜀文化发挥了中心凝聚和圆心辐射的关键作用。几千年来，它作为中心凝聚体的地位使其成为一个值得深入研究的独特对象。西蜀文化不仅在地理上占据了核心位置，更在文化传承和发展中扮演了至关重要的角色。它如同一个文化的磁极，吸引着周边地区的文化元素，不断融合、创新，最终形成了独具特色的巴蜀文化。这种文化的独特性不仅体现在艺术、建筑、饮食等方面，更体现在巴蜀人民的生活方式、价值观念和精神追求上。因此，深入研究和理解西蜀文化，对于全面认识巴蜀文化区系乃至整个中华民族文化共同体具有重要意义。

从各地域之间的文化关系互为条件的视野观察，西蜀文化与巴蜀文化以及与邻近的文化区域，特别是同楚文化和秦文化有着特殊的互有差异、互为条件、互融互补的关系。因此，本书把"西蜀文化区"突显出来，作为一个独特的历史发展区域。

三、成都与巴蜀

成都，简称"蓉"，别称蓉城、锦城，作为四川省省会，不仅是副省级城市、超大城市，更是成渝地区双城经济圈的核心城市。在国家战略布局中，成都被定位为中国西部地区关键的中心城市。

从城市功能来看，成都的产业优势显著，是国家重点打造的高新技术产业基地，汇聚了大量前沿科技企业，推动着产业的创新发展。同时，它还是重要的商贸物流中心，凭借完善的交通与物流体系，商品流通便捷高效。成都作为综合交通枢纽，铁路、公路、航空线路四通八达，与国内外紧密相连。

在行政区划上，成都下辖 12 个市辖区、3 个县，还代管 5 个县级市。人口方面，根据 2024 年的统计数据，成都常住人口达 2 174.4 万人，庞大的人口基数为城市发展提供了充足的劳动力与消费市场。

成都的地理条件优越，地处四川盆地西部、青藏高原东缘，地势平坦开阔，河网纵横交错，地形与水系为农业发展创造了良好条件。成都物产丰富，农业高度发达，其气候属于亚热带季风性湿润气候区，四季分明，降水充沛，自古就有"天府之国"的美誉。

在产业发展方面，成都已然成为全球电子信息产业的重要基地，拥有雄厚的科研实力，市内有 30 家国家级科研机构、67 个国家级研发平台，56 所高校为城市源源不断地输送人才，约 389 万各类人才在此汇聚，为产业发展注入智慧与活力。截至 2024 年 9 月底，已有 315 家世界 500 强企业落户成都，彰显出成都强大的经济吸引力与竞争力。

成都的地理位置十分关键，东北与德阳市接壤，东南和资阳市相邻，南面与眉山市相连，西南与雅安市相接，西北与阿坝藏族羌族自治州交界。2020 年，成都土地总面积 1.43 万平方千米，在四川省总面积（48.5 万平方千米）中占比 2.95%，其中中心城区建成区面积为 977.12 平方千米。

根据史料记载，大约在公元前 5 世纪中叶，古蜀国开明王朝九世时期，都城由广都樊乡（今双流）迁至成都，并开始构筑城池。然而，根据金沙遗址的考古发现，成都的建城历史可追溯至约 3 200 年前。关于成都名称的起源，据《太平寰宇记》所述，其名源自西周时期建都的历史，借鉴周王迁岐"一年而所居成聚，二年成邑，三年成都"的过程，从而得名蜀都。在蜀语中，"成都"二字的发音即为蜀都。据古文献解释，"成"字意为"完成"或"终结"，因此成都的含义可理解为蜀国的"终了之都邑"，亦即"最后之都邑"。

成都，作为中国十大古都之一及首批国家历史文化名城，历史上曾是蜀汉、成汉、前蜀、后蜀等政权的都城所在地。该城市长期作为各朝代州郡的行政中心，汉代时期更是全国五大都会之一，古蜀文明的发祥地。唐代时期，成都成为中国工商业最为发达的城市之一，享有"扬一益二"的美誉。至北宋时期，成都成为汴京之外的第二大都会，并且是世界上首张纸币——交子的发源地。成都是巴蜀文化的重要发源地，巴蜀文化以其独特风格和深邃内涵，广泛渗透于成都的各个领域。长达 2 300 余年的历史积淀，使成都成为一座蕴含深厚文化底蕴的城市。这座城市不仅拥有丰富的历史文化，还蕴含着深厚的文化内涵。巴蜀文化的魅力在此得以传承，犹如璀璨明珠镶嵌于城市街巷之中。成都的古老建筑、传统工艺、独特方言等，均是其城市文化的重要组成部分，如同一幅幅生动的画卷，展现了这座城市的多元文化之美。

第二节　巴蜀手工业发展成就与工匠精神

一、金属加工制造业

（一）巴蜀青铜器

1. 采铜和炼铜技术

1986 年，考古学家们在广汉三星堆遗址的一号和二号祭祀坑中发掘出了大量的青铜器，这些青铜器的总重量竟然超过了一吨。当我们从合金技术和制作工艺的角度来审视这些三星堆青铜器时，可以发现它们与同一时期华北地区的商王朝产品相比，不仅毫不逊色，而且明显属于不同的文化体系。这一重要的考古发现揭示了古代巴蜀地区的冶金技术已经达到了一个高度成熟的水平。

通过对三星堆祭祀坑出土的骨渣进行分析，发现其中混杂有大量竹木灰烬、泥芯和铜熔渣，同时坑内填土中也含有灰烬、红砂泥芯和铜熔渣等物质。基于这些证据，可以推断当时的冶炼技术采用了火法冶铜工艺，以铜矿石为原料，木炭作为燃料及还原剂，在同一炉内进行冶炼，从而获得金属铜[①]。

段渝认为，三星堆青铜器所需的铜、锡等原料，是首先在矿石产地或其附近的炼铜作坊分别炼出金属铜、锡后，再输送到三星堆熔铸成合金，最后制作成器的。这一方面说明蜀国冶金工业布局的科学性，另一方面则说明，商代晚期蜀国的冶金术已经脱离了直接从矿石中直接获取青铜的初级阶段，达到首先分别炼出金属铜、锡，再将金属铜、锡同炉而冶，熔炼成为青铜的高级阶段[②]。

---

① 陈显丹，陈德安. 试析三星堆遗址商代一号坑的性质及有关问题 [J]. 四川文物，1987（4）：27-29，82.

② 段渝. 论商代长江上游川西平原青铜文化与华北和世界古文明的关系 [J]. 东南文化，1993（2）：1-22.

2. 青铜合金术

青铜，这种古老而珍贵的材料，主要由铜和锡这两种金属元素构成，有时还会加入铅以改善其性能。在古代蜀国，铜制品的合金类型多种多样，包括纯铜、铜锡合金、铜铅合金、铜锡铅合金、铜铅锡合金以及红铜。这些合金各有其独特的特性和用途。曾中懋通过对广汉三星堆祭祀坑出土的青铜器进行深入的技术性分析，初步确定了部分青铜器样本中铜、锡、铅、锌、镍、磷、硅、铁、铝等元素的含量。这一研究结果揭示了古蜀人青铜合金技术的水平，展示了他们在金属加工和合金配比方面的高超技艺。

在《四川通史》第一册里，段渝对商代蜀国青铜合金与同一时期华北商王朝青铜合金进行对比分析，归纳出了五个显著的不同之处：

其一，在蜀国的青铜器物中，礼器的锡含量大多处于较低水平，像罍、尊这类实用器具的锡含量却相对偏高。反观殷墟出土的青铜器，兵器大多由铅青铜制成，仅有少量品质上乘的兵器采用锡青铜，而制造礼器的材料主要是大量的锡青铜。这一现象清晰地表明，蜀国在锡青铜的使用上有着自己独特的标准，与商文化截然不同。

其二，蜀国青铜礼器普遍含有较高的铅含量，实用器的铅含量却较低，甚至有的实用器不含铅。但殷墟出土的青铜器中，兵器的铅含量较高，礼器的铅含量明显低于兵器。这意味着蜀国在使用锡青铜和铅青铜时，是依据器物的用途和性质来决定的。一般情况下，礼器多采用含铅量较高的铅青铜或铅锡青铜，实用器则常用含锡量较高的锡青铜或锡铅青铜。这种使用习惯与商文化中对铅锡青铜和锡铅青铜的用途规划形成强烈反差，充分体现出两个不同的青铜文化体系。

其三，经过检测，蜀国的青铜器，不管是礼器还是实用器，都未发现锌元素的存在。然而，商王朝的青铜器里却常常含有微量的锌。这种差异极有可能是因为青铜原料的产地不同，这也从侧面说明了两者青铜原料来源有所区别。

其四，蜀国的铜锡类以及铜锡铅类青铜器，多数都含有微量的磷元素。但在对商王朝青铜器的分析研究中，至今还未发现含有磷元素的情况。这不仅彰显出蜀国青铜合金技术的独特性，还表明蜀人在掌握青铜合金的脱氧技术方面，已经达到了当时较为先进的水平。

其五，在三星堆出土的青铜器中，有一件（测试号13）含有微量钙元素。这种含有微量钙元素的铜锡合金，在冶金历史上是首次被发现。至于它的形成机制，究竟是人为添加还是矿料本身含有杂质导致的，都非常值得进行更深入的研究和探讨。

因此，段渝认为商代蜀国青铜合金术，无论在选料、合金类别的用途还是熔炼技术方面，都自成体系，独具一格，有别于当时的中原王朝。蜀国应是中国冶金术起源的若干个中心地之一[1]。

战国时代蜀国青铜器的合金成分，锡含量较之商代又有显著提高，合金配比日益与中原青铜器相近[2]，全部是锡、锡铅或铅锡青铜，且前两者占绝大多数。战国时代蜀国各类青铜的合金配比均较稳定，变化量较小，达到稳步发展状态。这一时期的蜀国青铜剑、矛、觚的合金成分中，都发现了微量磷元素[3]，而同一时期中原地区的青铜器中都不含磷。表明它是从商代以来蜀国青铜合金的技术传统直接发展而来的，可以说是一脉相传，世代相承的。在蜀文化与中原文化交流日益频繁的战国时代，蜀国的青铜合金术仍然保留了这一古老的优秀传统，突出反映了蜀国青铜文化的特殊性质，强烈显示出它自身的发展脉络、演变源流和独特的青铜文化系统。

3. 青铜铸造技术和装饰工艺

在古代蜀地的青铜器制造过程中，范铸法是一种主要的技术手段，这种技术在当时被广泛应用于各种青铜器的生产中。除了范铸法，工匠们还会辅以其他一些工艺，如铜焊和锻打等，以增强青铜器的坚固性和美观性。在青铜器的铸造过程中，陶范的使用占据了主导地位，而石范的使用实例则相对较少，这可能是因为陶范在制作和使用上更为方便和灵活。

通过对青铜器铸造痕迹的细致分析，我们可以确定蜀地青铜器的范铸技术主要包括浑铸法、分铸法和嵌铸法等几种不同的方法。浑铸法，也被称作多范合铸法，是一种能够实现一次性成形的技术。这种技术通过将多个陶范组合在一起，一次性浇注熔化的青铜液，从而形成完整的器物。这种方法的优点在于能够一次性完成复杂器物的铸造，大大提高了生产效率。

---

① 段渝. 四川通史：第一册 [M]. 成都：四川大学出版社，1993.

② 田长浒. 从现代实验剖析中国古代青铜铸造的科学成就 [J]. 成都科技大学学报，1980 (3-4)：109-124.

③ 曾中懋. 磷：巴蜀式青铜兵器中特有的合金成分 [J]. 四川文物，1987 (4)：51.

　　三星堆遗址出土的许多精美青铜器物，如铜人头像、小型铜面具以及小型铜人和铜车轮等，都是采用浑铸法制作而成的。这些器物不仅展示了古代蜀地工匠高超的铸造技艺，也反映了当时社会的工艺水平和文化特色。通过对这些青铜器的研究，我们可以更好地理解古代蜀地的青铜文化及其在中华文明中的独特地位。

　　陈显丹指出，巴蜀青铜器加工工艺主要有焊、铆、热补等技术。如三星堆的爬龙柱形器柱身上的龙及其他装饰，就是先铸成形，再施以铜焊，或用铜铆钉予以铆接。热补技术主要用于修复器物铸造时发生的某些裂痕和缺陷①。

　　何堂坤认为，战国时代蜀国青铜器除采用范铸法外，还运用了局部塑性加工的技术，所以三星堆一些青铜戈、矛上留下了锻打加工的痕迹②。

　　段渝在《玉垒浮云变古今——古代的蜀国》一书中将蜀国与同期中原地区的青铜器相比较，发现蜀国青铜器在制作技术上有两个特点值得重视：第一，商代晚期蜀已大量运用先铸法，而商周时期中原青铜器的分铸法是以榫卯式后铸法为主流，到春秋时期才转变为以先铸法为主。第二，商代晚期蜀人已熟练地掌握了铜焊技术，三星堆青铜器对此提供了可靠的实物证据。冶金史学界普遍认为，华北的铸焊工艺起源于西周末东周初，春秋中期较多地使用，战国时代使用更为普遍，是当时中原青铜工艺转变期的一种重要的新兴金属工艺。而蜀国对这种新兴金属工艺的熟练掌握和应用，至少可上溯到晚商，较之中原地区和东方江淮流域诸族早达数百年③。

　　蜀国青铜器的装饰工艺，主要有刻缕、嵌错金银丝、嵌错红铜、浮雕，以及表面镀锡等。卫聚贤最先对成都白马寺坛君庙出土青铜器进行详细分析，指出多数青铜戈都嵌错金银丝，光耀夺目④。而成都百花潭中学10号墓出土的铜壶，通体用红铜错成各种复杂的宴乐、弋射、狩猎和水陆攻战纹饰图案，其精美程度实属罕见。

　　蜀国青铜器表面处理的最大工艺特点是镀锡，使青铜器表面含锡高，

　　① 陈显丹. 广汉三星堆青铜器研究 [J]. 四川文物，1990 (6)：15.
　　② 何堂坤. 部分四川青铜器的科学分析 [J]. 四川文物，1987 (4)：22.
　　③ 段渝. 玉垒浮云变古今：古代的蜀国 [M]. 成都：四川人民出版社，2001：168.
　　④ 卫聚贤. 巴蜀文化 [J]. 说文月刊，1942，3 (7)：26-28.

含铜低①。而且，蜀国工匠还在兵器上进行二次镀锡工艺，程序大致包括：首先，在器物表面均匀镀上一层锡；其次，依照一定的图案进行第二次镀锡处理，并使用某种现在还不知道的特殊方法加速这种图案的腐蚀过程，使其很快变黑；最后，一种有规则的几何图案或动物图案便在底色上清晰地显现出来②。表明至少在西周后期，蜀人已熟练地掌握了青铜器表面二次镀锡技术和加速镀锡表面氧化的十分复杂的技术和工艺。这不仅不见于相同时期的中原各国，而且其中一些复杂的工艺即使现代科学也未能揭示其奥秘，充分显示了蜀国高度发达的冶金工艺和技术。

（二）巴蜀金银器

1. 先秦

在广汉三星堆遗址的两个祭祀坑中，考古人员共发掘出近百件由黄金制成的器物，包括金杖、金面罩、金璋、金虎、金箔鱼形饰、金箔叶形饰等，同时也有金块出土。出土的金器数量之多，在我国商代考古史上前所未有，这一发现充分展现了巴蜀地区金银制造工艺的高度发展。

《禹贡》中梁州所贡之物，以"璆"为先③。关于"璆"，郑玄在注解《尚书》时引用马融等人的观点，认为其应为"镠"。《尔雅·释器》中亦有记载："黄金谓之镠，其美者谓之镠。"郭璞对此注解道："镠即紫磨金。"《禹贡》中提及贡奉黄金的地区仅梁州一处，这表明梁州所产之金品质卓越。《华阳国志》载有涪县（今四川绵阳市）与晋寿县（今四川彭州市）皆产金，当地居民"岁岁洗取之"。岷江、沱江、涪江、大渡河、金沙江、雅砻江流域亦盛产砂金，这些砂金或源自山石，或出自河流沙砾之中，其中绝大多数砂金颗粒极为微小。

根据《禹贡》这部古老的文献记载，梁州是九州之中唯一一个贡献银资源的地区。然而，迄今为止，在商周时期的蜀文化遗址考古发掘中，尚未发现任何银质器物。这种情况一直持续到战国时期，蜀文化遗址中才首次出现了银制品。例如，在成都羊子山 172 号墓中，考古人员发掘出了银盘、银管以及壶形银饰等珍贵文物。这些银制品不仅展示了当时高超的工艺水平，而且在艺术设计上也颇具特色。此外，在其他一些遗址及墓葬中，考古人员还发现了错银青铜器，这些青铜器上的错银工艺同样展现了

---

① 何堂坤. 部分四川青铜器的科学分析 [J]. 四川文物, 1987 (4)：46-50.

② 何堂坤. 部分四川青铜器的科学分析 [J]. 四川文物, 1987 (4)：46-50.

③ 孙星衍. 尚书今古文注疏 [M]. 北京：中华书局, 1986：15.

相当精湛的技艺。这些发现不仅丰富了我们对古代蜀文化的认识,也进一步证明了梁州在古代银资源开发和利用方面的独特地位。

2. 秦汉

在四川这片古老的土地上,迄今为止所发现的最早的错银器物可以追溯到战国早期。这些错银器物的镶嵌工艺已经达到了相当成熟的水平,令人赞叹。进入秦汉时期,这一传统技艺更是得到了进一步的发展和提升,工匠们主要利用错金或错银的技术来展现各种精美的纹饰。其中,错金铁刀不仅展现了精美的纹饰,还在铜器上通过错金错银的技术增添了铭文,从而为原本单一色彩的器物表面增添了新的色彩层次。这种做法使得纹饰更加鲜明、悦目,色彩丰富,大大提升了器物的美观度。通过错金技术的应用,铁器从单纯的实用工具转变为具有艺术价值的工艺品。这些错金错银器的制作工艺并非完全相同,而是各具特色。一些工匠在铜器的母范上雕刻出纹饰的凸槽,使得铸造出的铜器表面自然形成纹饰的凹槽,然后嵌入金银丝,经过精细的打磨和抛光,最终完成制作。而另一些工匠则选择直接在铜器表面刻出凹槽,将金银丝嵌入并捶打,再经过抛光,完成整个制作过程。前者更适合于较为粗犷的纹饰,而后者则更适合于精细的纹饰,各有千秋。

鎏金技术,在古代中国的历史长河中,尤其在秦汉三国时期,被人们称作"金黄涂""黄金涂"或"盒涂"。而到了唐代,这一技术又被人们称为"镀金"。在四川地区,考古学家出土了许多珍贵的鎏金文物,这些文物主要集中在东汉时期。其中,故宫博物院珍藏着一件由蜀郡制造的精美鎏金乘舆斛,其尺寸为通高41厘米、奁高33厘米、盘径57.5厘米。这件乘舆斛整体鎏金,由奁和承盘构成,两者均以三熊足为支撑,熊身镶嵌着多种宝石,显得格外华丽。承盘口沿下刻有六十二字铭文:"建武廿一年,蜀郡西工造乘舆一斛。承旋,雕蹲熊足,青碧闵瑰饰。铜承盘旋径二尺二寸。铜涂工崇,雕工业,炼工康,造工业,护工卒史恽、长沍,丞萌,橡巡,令史郧主。"这些铭文详细记录了这件文物的制作时间和工匠们的名字,其中,"涂工"指的是专门从事鎏金工艺的技术人员。

在成都火车站东面的东汉墓中,考古人员曾出土了一套精美的鎏金车马器,以及鎏金漆耳杯。这些实物为我们提供了宝贵的线索,可以推断出当时巴蜀地区鎏金工艺的制作流程:首先,制备金泥(金汞合剂),将金丝溶解于水银中;其次,进行涂金步骤,将金泥涂抹于器物胎体表面;接着，进行烤黄处理，使汞蒸发；最后，进行刷洗和抛光等后续工序，使器物呈现出金光闪闪的效果。

东汉时期，蜀郡工官的金工艺技术在全国范围内处于领先地位。他们的产品不仅供奉于皇宫，还远销至全国各地，深受人们的喜爱和追捧。这些精美的鎏金文物，不仅展示了古代工匠们的高超技艺，也反映了当时社会的繁荣和文化的发展。

（三）巴蜀铁器

在秦朝征服巴蜀地区之后，巴蜀地区的铁矿资源以及铁器产品源源不断地输往关中地区，为秦朝统一六国提供了重要的物质基础。这些资源的持续输入，使得秦朝的影响力迅速扩散至中原地区。在整个秦汉时期，蜀郡的冶铁业在西南地区始终处于领先地位。西汉初期，以卓氏、程氏为代表的蜀地冶铁家族，其影响力显著，对民众的生产活动产生了深远的影响。这些家族生产的铁器产品在云南、贵州以及四川的阿坝州、甘孜州、凉山州、攀枝花市，甚至远至两广地区的考古发掘中均有出土。

特别值得关注的是近年来在蒲江县发现的汉代冶铁遗址。蒲江县在秦汉时期属于临邛县的辖区。在蒲江县境内发现的古代冶铁遗址，主要分布在县城的西部和北部，共计 57 处，均位于浅丘地带，包括冶炼残渣、矿坑、冶炼炉等遗迹。其中，冶炼残渣的发现点多达 52 处，总面积超过 5 万平方米，部分区域的残渣厚度达到 3 至 6 米。矿坑主要分布在五面山的丘陵地带，仅在寿民乡就发现了 8 处矿坑，其中 7 处为圆形竖井，井口直径约在 1 至 1.5 米之间。冶炼炉多已残破，一般残高约 2 米，炉径约 1 米。

蒲江冶铁遗址与《华阳国志·蜀志》中记载的临邛"古石山"相吻合，大多数遗迹属于秦汉时期。残留的矿石和矿粉堆积表明，当时的铁矿加工过程中包含了碎矿和筛矿两个步骤，前者确保了铁矿块度的适宜性，后者则通过筛除过细的粉末，避免了炉内料层的堵塞，从而促进了熔化过程的加速。残留的石灰石表明，当时在冶铁过程中已采用石灰石作为熔剂，这有助于降低生铁中的含硫量。这些发现不仅揭示了古代冶铁技术的先进性，也反映了当时社会经济的繁荣和生产力的发展。到了东汉时期，蜀地的冶铁技术已达到生产百炼钢的水平，并以此闻名全国，其产品远销各地。1978 年，在江苏徐州的一座小型汉墓中出土了一柄蜀郡生产的钢剑。该剑长 109 厘米，剑身刻有隶书错金铭文："建初二年蜀郡西工官王憎造"①。

在秦汉三国时期，人们将铁块或毛坯经过一次加热至红热状态后进行的折叠锻造、淬火等一系列加工过程统称为"一炼"。这一过程包括将铁块加热至红热状态，然后进行折叠锻造，接着进行淬火处理，以达到改善钢铁性能的目的。通过每一次"一炼"，钢铁的组织结构都会变得更加细致，成分趋于均匀，杂质得以减少和细化，从而显著提升了铁质的质量和性能。然而，需要注意的是，过度的锻造和过量的脱碳会导致钢铁硬度的降低，影响其使用性能。

不同的器物和器类对硬度有不同的要求，因此折叠锻造的次数也有所差异。例如，某些器物可能需要更高的硬度，而另一些则可能需要更好的韧性和延展性。为了满足这些不同的要求，工匠们会根据具体的需求来决定锻造的次数。诸葛亮在其著作《作钢铠教》中规定："敕作部皆作五折钢铠"，其中"五折"即指五次炼制过程。这意味着工匠们需要将钢坯经过五次加热、折叠和淬火的过程，以确保最终制成的钢铠具有足够的硬度和强度，满足战场上的需求。通过这种严格而精细的工艺流程，古代工匠们能够制造出既坚固又耐用的武器和铠甲，为古代战争提供了重要的物质保障。

在冷兵器时代，战场上充满了激烈的对抗和厮杀，而这种对抗主要依赖各种传统的武器，如刀、枪、剑、戟以及弓箭等。这些武器的制造过程需要依赖一定的铁器冶炼和铸造技术，这些技术在当时是非常重要的。特别是在三国时期，我国的冶金技术已经发展到了一个相当高的水平。在这个时期，相互抗衡的魏、蜀、吴三国都采用了经过百炼精制的钢铁来锻造刀剑，以此来展示其武器的卓越品质和独特之处。

史料记载，曹操在当时曾命令工匠制作五把"百炼利器"，这些武器在战场上具有极高的杀伤力和威慑力。而吴国也不甘示弱，拥有三把名刀，分别命名为"百炼""青犊"和"漏景"。这些名刀在战场上同样具有极高的声誉和影响力，成为吴国军队的重要武器。这些武器的制造和使用，不仅展示了当时我国冶金技术的高水平，也反映了当时战争的残酷和激烈。

在三国时期的蜀汉，有一位冶金技术专家，他的名字叫蒲元，他的故

---

① 王恺. 徐州发现东汉建初二年五十湅钢剑 [J]. 文物, 1979 (7)：51-52.

事充满了神话色彩。根据《诸葛忠武书》卷九以及《北堂书钞》卷六十八等史料的记载，蒲元曾经担任过诸葛亮的下属。在诸葛亮北伐的那段历史时期，蒲元在斜谷为孔明等人精心打造了马蹄铁。

蒲元对于冶金工艺有着自己独特的见解和追求。他曾经自信地宣称，汉水过于柔弱，不适合用于冶金工艺，而蜀江之水则刚烈无比，蕴含着大金之元精。因此，他特别命令手下从成都取来蜀江之水。当水运到后，蒲元却指出："此水混有涪水，不可用。"取水者坚称："并无混杂。"蒲元以刀划水，断言："此水掺有八升涪水。"取水者最终俯首承认："确实在涪津渡口翻覆，因此补加了八升涪水。"众人皆惊服其洞察力。

蒲元所制之刀，技艺非凡，堪称绝世。他曾经用竹筒盛满铁珠，然后用刀一挥，铁珠应声落地，无一例外。因此，他得到了"神刀"的美誉。通过对蒲元识水事件的分析，我们可以明显看出他在制刀工艺上所展现的非凡技艺。这一事件充分证明了蒲元在淬火工艺方面所积累的深厚经验，以及他对不同水质对淬火后刀具质量影响规律的深刻理解。

众所周知，淬火是古代金属热处理技术中的关键环节。在制刀过程中，蒲元将刀具加热至适宜温度后迅速浸入水中进行冷却，这一工艺旨在使刀具的刃部达到坚硬锋利的效果，同时确保刀背具有足够的韧性，以承受剧烈冲击而不发生脆断。蒲元在淬火过程中对水质的严格要求体现了其卓越的工艺水平，他精确掌握不同水质作为淬火介质对刀具质量的具体影响，因此在当时被誉为"神奇"，其制作的刀剑亦被尊称为"神刀"。

蒲元的故事不仅展示了他在冶金工艺上的高超技艺，也反映了他对工艺细节的极致追求。他的智慧和才能在当时被广泛传颂，成为后人学习和研究的宝贵财富。蒲元的传奇故事，至今仍激励着无数工匠和冶金专家，他的名字和成就在历史的长河中熠熠生辉。

根据现代学者邓启云的详细考证，蒲元被认为是蜀汉时期乐城县濮坎坝人，这个地方如今隶属于中国西南部的重庆市璧山区。根据历史记载，在璧山区城东北郊的龙井湾地区，至今仍然保存着蒲元的故居遗址。这个地方最初被设立为蒲元乡，后来升级为蒲元镇，而镇乡的名称则来源于清代和民国时期的蒲元场。在蒲元镇的西侧，璧南河边，存在着"上蒲元"与"下蒲元"等地名。据当地居民的传说和口述历史，这些以"蒲元"命名的地点，是为了纪念在蜀汉时期被刘备和诸葛亮所器重的杰出冶炼工匠蒲元，以及宋代状元蒲国宝的姓名和他们的伟大功绩。据清光绪年间璧山状元坊石印社出版的《自好斋稿·濮坎坝与双蒲元》记载:"璧邑蒲坎坝,宋碑记本名濮坎坝……坝中狮岭,乃蜀乐城'铸刀王'蒲元、宋状元蒲国宝的故址。蜀蒲公初为刘先生、诸葛丞相铸刀剑,造木牛流马……宋里中民因双蒲公故,以蒲易濮名……今又分上蒲元、下蒲元,亦因双蒲公而名。"在东汉末期,刘备入川之后,设立了乐城县,通过多种出土文物的考证,可以确定县治位于现今的璧山区。蒲元,作为乐城县濮坎坝人,自幼勤奋好学,广泛阅读各类书籍,多才多艺。成年后,蒲元进入县城师从名师学习雕刻与锻造技艺,最终以锻造器物而闻名遐迩,被誉为"铸刀王"。

在东汉末年,也就是建安年间(大约公元 196—220 年),刘备在攻占了成都之后,了解到蒲元是一位技艺高超的铸造大师。于是,他立刻派遣使者携带丰厚的礼品,以礼相邀蒲元前来,并授予他相应的官职,负责为即将北进汉中的军队打造精良的兵器。蒲元接到邀请后,带领着他家乡的一群技艺高超的工匠们,浩浩荡荡地前往成都赴任。在成都,蒲元组织起这些工匠,开始精心挑选适合制刀的材料。

根据史料的记载,蒲元在铸刀的过程中非常注重刀的质量。他要求每把刀都必须经过近百次的反复烧炼和锤打,以确保刀的品质达到最佳。这些刀具的制作工艺非常精细,刀背上有钻孔并装饰有铁环,刀柄上则刻有文字,这些文字用以标识和检查刀具的品质。晋代著名的学者陶弘景在其著作《刀剑录》中记载,蜀国的君主刘玄德曾经命令蒲元制造五千口法刀。这些法刀的制作工艺非常独特,每把刀都采用了七十二次的炼制工艺,刀柄中空,并且刻有二字,这表明了百炼钢技术在当时已经成为一种特殊的制钢工艺,广泛应用于刀剑等兵器的制作中。

同时,当时还有一位杰出的文学家曹植,他在描述这些刀剑的锋利程度时,用"陆斩犀革,水断龙舟"的描述。这句话生动地描绘了这些刀剑的锋利程度,形容其足以斩断陆地上的犀牛皮革,甚至在水中也能斩断龙舟。这不仅体现了蒲元高超的铸造技艺,也反映了当时兵器制造技术的高超水平。

清代学者张澍在其编辑的《诸葛武侯集·制作篇》中详细描述了蒲元的事迹。据张澍所述,蒲元曾亲自前往巴蜀地区的优质铁矿产地,精心挑选出最上等的原料,并且亲自设计铸造了八把锋利无比的利剑。这些剑分别赠送给刘备、诸葛亮、关羽、张飞、赵云等重要人物,这些剑在不同的历史场合中发挥了极其重要的作用。

南朝齐、梁时期的著名炼丹家陶弘景在其著作《刀剑录》中也有记载，蒲元利用金牛山的优质铁矿石，铸造了八把铁剑。每把剑的长度均为三尺六寸，这些剑分别由先帝刘备、梁王刘理、鲁王刘永、诸葛亮、关羽、张飞和赵云等人所持有。更为特别的是，这些剑身上还刻有诸葛亮的字迹，显示出这些剑不仅仅是一件武器，更是一件珍贵的艺术品。《刀剑录》还详细描述了诸葛亮所持之剑，在南征黔中时，于青石祠前拔剑刺山的神奇一幕。剑刃深深地插入山石之中，竟然未能拔出，这一幕让过往的行旅之人无不称奇。

时间流转至唐代中期，德宗贞元末年（大约公元803—805年），尚书郎李方谷在一次偶然的发掘中，发现了一把埋藏在土中的古剑。尽管经历了长时间的埋藏，这把剑依然锋利异常，剑身上还铭刻着文字。经过专家的鉴定，确认这把剑正是"蜀相诸葛亮所佩······乃蜀地八剑之一"。张澍在《诸葛武侯集·制作篇》中也提到，这把剑自蜀汉时期埋藏至唐贞元末年，经历了570余年的时间而不朽，这充分证明了蒲元铸剑技艺的精湛和卓越。

蒲元之所以能够掌握精湛的制刀技艺，主要得益于以下三个关键因素：蜀地冶炼技术的先进性、前人制刀技术与经验的传承，以及卓越的热处理技术。首先，蜀地冶炼技术的先进性为蒲元制作优质钢刀提供了必要的物质基础。追溯至春秋战国时期，蜀地的采矿与冶炼业已初显繁荣。至秦汉时期，蜀地冶炼技术进一步发展，成为当时冶炼技术的重要中心之一。汉武帝时期，实行冶铁官营政策，在全国设立铁官49处，其中蜀地占据两席，分别位于蜀郡（今四川省成都市）和广汉郡（今四川省广汉市），负责管理当地的冶铁业，这充分证明了蜀地冶炼技术的发达程度。这些规模庞大的冶铁业和先进的冶炼技术，为蒲元在该地区施展其制刀才华提供了有利条件。其次，前人制刀技术与经验的传承构成了蒲元掌握高超制刀技艺的技术基础。自战国时期起，钢铁冶炼技术迅速发展，出现了如"百炼钢""炒钢"等炼钢工艺，尤其是"百炼钢"，广泛应用于优质兵器的制造，从而显著提升了刀剑制造技术，催生出众多宝刀和制刀大师。蒲元正是在继承了我国古代炼制刀剑的丰富经验与技艺的基础上，通过不懈的努力、实践与总结，最终掌握了精湛的制刀绝技。最后，我国在战国时期已发明淬火工艺，秦汉时期该工艺得到进一步发展，特别是对钢刀、铜剑刃部进行局部淬火的技术。蒲元在吸收前人刀剑制造技术与经验的基础上，勤奋研究，勇于创新，不仅掌握了前人关于刀剑冶炼和淬火的技术与工艺，而且对淬火用水进行了深入的科学研究与实验，对淬火工艺有了更深刻的理解和丰富的实践经验。正是由于这些因素的综合作用，蒲元才能在制刀领域达到如此高超的水平。

在蜀汉建兴六年（公元228年），诸葛亮在经历了三次对魏国的征伐之后，开始着手规划他的第四次北伐。然而，在这个过程中，他遇到了一个棘手的问题，那就是前线士兵的粮食补给问题。这个问题成为他北伐计划中的一个重大障碍。

在这个关键时刻，身为丞相府荐奏官的蒲元，敏锐地观察到了诸葛亮的忧虑。他决定采取行动，带领他手下的一群技艺精湛的工匠团队，开始了他们的创新之旅。他们经过深思熟虑，不断地进行试验，终于在蜀汉建兴八年（公元230年），蒲元和他的团队提出了一个革命性的"木牛"运输方案。

这个方案的提出，有效地解决了当时人力和畜力不足的问题，为蜀国的北伐提供了有力的支持。诸葛亮对这个方案进行了严格的审查，并进行了反复的试验，最终证明了这个方案的可行性。《蒲元别传》对此事有详细记载，蒲元作为西曹掾，向诸葛亮提出了他的建议："我们设计了一种木牛，可以同时承载两个环，人步行六尺，马行四步，均能有效载运粮食。"

随后，在诸葛亮的直接指挥下，蒲元和他的团队又研制出了"流马"。据清张澍编辑的《诸葛武侯集·制作篇》记载，"木牛"和"流马"分别在蜀汉建兴九年（公元231年）和建兴十二年（公元234年）开始投入使用。这种类似独轮车的"木牛"和"流马"非常适合在崎岖的山间小路上行进，极大地缓解了蜀国在山区作战时的运输难题。

经过实地考证，这种运输工具在一千多年的时间里在当地被广泛使用，并发挥了巨大的效益。因此，历代史学家对木牛流马的效用给予了高度评价。据1996年由谭良啸所著、巴蜀书社出版的《八阵图与木牛流马》所述，在蜀国面临人力和畜力严重不足的情况下，诸葛亮运用其巧思，与蒲元等人合作，根据汉中通往秦川道路的特殊性，创制了木牛流马。谭良啸在该书中指出，"蒲元是研制木牛流马的主要成员之一"。

二、纺织业

蜀地，自远古便被称作蚕丛之国，《华阳国志·蜀志》记载："有蜀侯蚕丛，其目纵，始称王。"蜀地凭借缫丝织缣、绩麻织布而声名远扬，其纺织历史源远流长。四川地区是中国丝绸的重要原产地之一，《史记·货殖列传》提到"巴蜀亦沃野，地饶卮、姜、丹砂、石、铜、铁、竹、木之器"，从侧面说明战国时期此地丰富的物产为丝绸产业发展提供了基础，当时丝绸产业已颇具规模。

巴蜀地区纺织业历史底蕴深厚，在《尚书·禹贡》中有梁州"织皮"的记载，这充分表明早在远古时期，当地就已存在纺织技艺。秦汉时期，《汉书·地理志》记载"巴、蜀、广汉本南夷，秦并以为郡，土地肥美，有江水沃野，山林竹木疏食果实之饶。民食稻鱼，亡凶年忧，俗不愁苦，而轻易淫泆，柔弱褊陋。景、武间，文翁为蜀守，教民读书法令，未能笃信道德，反以好文刺讥，贵慕权势。及司马相如游宦京师诸侯，以文辞显于世，乡党慕循其迹。后有王褒、严遵，扬雄之徒，文章冠天下。繇文翁倡其教，相如为之师，故孔子曰：'有教亡类'"。可见当时蜀地文化经济繁荣，蜀布的生产也呈现出蓬勃态势，《盐铁论》中提到"蜀郡之布"，足以证明巴蜀地区是全国闻名的细布产地。

到了汉晋时期，蜀锦异军突起。左思《蜀都赋》中盛赞"阛阓之里，伎巧之家，百室离房，机杼相和。贝锦斐成，濯色江波"，生动描绘出蜀锦织造的繁荣景象。蜀锦凭借卓越的品质和独特的工艺，影响力持续贯穿南北朝，历经岁月而不衰。这段漫长的织造历史以及精湛的织造技术，为唐代巴蜀地区织造业的进一步腾飞筑牢了根基。

在唐代，巴蜀地区始终稳居全国最重要的高级丝织品生产中心之列。杜甫曾有诗"麝香眠石竹，鹦鹉啄金桃。回首岷峨曲，伤心剑阁遥。翠干危栈竹，红腻小湖莲。故国虽迢递，音书幸未传"。其中对蜀地物产的描述，从侧面反映出当地丝织品的精美。唐代织造技术也取得显著的进步与革新。唐代后期，民间布帛生产飞速发展，《新唐书·地理志》记载当时巴蜀地区诸多土贡丝织品，种类丰富，促使巴蜀地区的纺织业迈入一个全新的、全面繁荣的发展阶段，不仅产量大幅提升，产品种类日益丰富，技艺愈发精湛，在全国纺织业格局中占据着举足轻重的地位。

早在战国时期，四川的纺织业就已经相当发达。秦朝征服巴蜀地区的原因之一，正是因为蜀地拥有丰富的布帛和金银资源，这些资源足以满足军需，依靠四川的物力、财力和人力，秦朝得以灭楚，并最终统一六国。汉代时期，邛竹和蜀布已经闻名天下，而成都更是因为盛产色泽鲜丽的蜀锦而被誉为"锦城"。自汉唐以来，四川一直是全国纺织业的中心之一。布帛、细绢、蜀锦等产品驰名天下，远销中外。

然而，明末清初四川地区战乱频发，导致当地织锦工艺遭受了严重的破坏。史料记载，"锦坊悉数毁坏，织锦图案失传"。目前仅存的天孙锦，被视为传统技艺的遗存。直至康熙初期，蜀锦生产才逐步复苏。到了乾隆、嘉庆年间，蜀锦产量显著增长，市场交易极为繁荣。

（一）先秦

先秦时期，蜀国的纺织业主要涵盖了织锦与织布两大类别。徐中舒先生曾对蜀锦进行了深入的考证与研究，他的研究重点集中在蜀锦的起源、兴盛以及传播历程。蜀锦的繁荣时期应追溯至蜀汉时期，然而蜀地织锦的历史应早于蜀汉，甚至可以追溯到更早的时期。此外，蜀锦并非传统意义上的锦，而是一种类似锦的缎料。这种缎料为蜀地的原产，其独特的质地和光泽，使得蜀锦在当时成为一种珍贵的奢侈品。至六朝时期，缎料由蜀地传入江南。缎料的传播，不仅丰富了江南地区的纺织品种类，也促进了蜀地与江南地区的经济文化交流。

在《华阳国志·蜀志》这部古代典籍中，详细记载了秦朝时期的一位著名将领司马错的言论。司马错曾经说过，如果我们能够获得蜀地的布帛、金银等物资，那么这些资源将足以满足我们军队的日常需求。后来，秦国成功地灭掉了蜀国。在这一过程中，"于彝里桥南设立了锦官""锦官位于道路的西边，因此被称为'锦里'"。此外，谯周在《益州志》中也有所记载："成都的织锦在织成之后，如果在江水中进行洗涤，那么其上的花纹会变得更加鲜明，比刚织成时还要好看。但如果在其他江水中洗涤，效果则不如在江水中洗涤那么好，因此这条江水被称为'锦里'。"尽管这些记载都源自汉晋时期，但蜀锦的产生和兴起应该比这一时期更早。因此，关于古蜀丝绸的起源，邓少琴在《巴蜀史迹探索》一书中，以及李复华、王家佑等学者都撰写了相关文章，他们认为古蜀丝绸的起源与古蜀山氏有着密切的关系。段渝先生也提出了自己的观点，他认为，在古代的传说中，西陵氏的女儿嫘祖发明了蚕桑丝绸，并非毫无根据的神话。青铜器上的铭文以及《左传》等古代文献的记载都可以作为支持这一观点的有力证据。

（二）秦汉

在秦汉至三国这一历史时期，巴蜀地区以其独特的纺织品，尤其是蜀布和蜀锦，而在全国范围内赢得了极高的声誉。这一时期的巴蜀纺织产业不仅在技术上达到了相当高的水平，而且在经济上也占据了重要的地位。巴蜀的纺织业可以明确地划分为两大体系：官营和私营。

在官营体系方面，秦汉时期的郡府以及蜀汉时期的朝廷都设有专门的纺织机构。这些机构的主要职责是生产和供应朝廷及官府所需的高级蜀锦及其相关的服饰。这些官营纺织机构不仅在技术上代表了当时的最高水平，而且在设计和工艺上也体现了皇家的奢华和尊贵。官营纺织品的生产严格遵循朝廷的规定和标准，确保了产品的高质量和独特性。

而在私营体系方面，巴蜀的纺织业则更加多样化。私营纺织业进一步细分为大型作坊和个体经营两种形式。大型作坊通常由富有的商人或地方豪强所经营，它们聚集了大量技艺精湛的工匠，采用先进的生产技术和管理方法。这些作坊以盈利为主要目的，注重产品的质量和市场竞争力。它们生产的蜀锦不仅满足了本地市场的需求，还远销至全国各地，甚至在一些外地的考古发掘中，出土了大量的蜀锦产品，这些产品大多数都是出自这些私营作坊之手。

个体经营的纺织业则更加灵活多样，许多小规模的个体工匠或家庭作坊依靠自己的手艺和辛勤劳动，生产出各种各样的纺织品。这些个体经营者虽然规模较小，但他们的产品同样注重质量和工艺，满足了不同层次消费者的需求。

巴蜀地区的织布业在全国范围内处于领先地位。《盐铁论·本议篇》中将"蜀郡之布"与"齐阿之缣"并列，均被视为全国的顶级纺织品。黄润细布，采用牡麻丝织造，以其精巧细致和薄如蝉翼而著称。扬雄在《蜀都赋》中赞誉其"细都弱折，棉茧成衽，阿丽纤靡，避晏与阴。蛛作丝，不可见风"。当地习惯将整匹布卷在竹简中保存并销售，布料散发出的清香令人愉悦。该布料价格昂贵，"简中黄润，一端数金"（扬雄），"黄润比筒，金所过"（左思），是一种高级奢侈品，主要用于夏季服饰。

秦汉时期，蜀锦作为一种珍贵的贡品，被进献给朝廷，并广泛流通于全国各地区。朝廷对百官贵戚的赏赐动辄以千匹计，甚至在与外国进行商品交换时，数量可达到万匹之巨。《史记》《汉书》等历史文献对此有详尽的记载，其中蜀地所产的蜀锦占据了相当大的比例，估计不少于四分之一。近年来，在长沙马王堆、湖北云梦等地出土的墓葬中发现的古锦实物，考古学界普遍认为其产地为西蜀。当时的蜀锦已能实现四五色的复杂配色，其价格通常在二三千钱一匹，而最高级的蜀锦每匹价格甚至可超过万钱。到了西汉晚期，蜀地的纺织业和织锦业已发展成为全国的重要生产基地，其中"女工之业，覆衣天下"便是对这一现象的生动描述。在秦汉三国时期，成都不仅是蜀锦的管理中心、生产中心，也是其集散中心。成都的"二江"沿岸，分布着规模不一的官营和私营织锦作坊。文献中所描述的"伎巧之家，百室离房，机杼相和，贝锦斐成"，形象地反映了织锦工在"二江"中濯洗织锦的场景，使得色彩更加鲜明，而这种现象在其他江河中则不常见。究其原因，可能与锦江的水源来自岷山融雪，当其流至成都平原时，水温仍低于其他河流有关。因此，"濯锦江"实际上包含了一个冷处理的过程。在汉代和三国时期，成都的"二江"区域被称为锦官城，相应的河流也被命名为锦江。因此，成都亦有"锦城"之称。蜀锦的生产不仅限于官营作坊，私营作坊也在其中扮演了重要角色。

当时，蜀锦的配色与织造技术已融入了金丝与银丝的工艺，这一特色使其在全国织锦行业中独树一帜。扬雄在其《蜀都赋》中盛赞："若挥锦布绣，望芒分无幅。尔乃其人，自造奇锦。""发文扬采，转代无穷。"蜀汉时期，政府将织锦业视为获取外汇的重要途径之一。诸葛亮在其教令中明确指出："今民贫国虚，决敌之资，惟仰锦耳。"蜀汉时期，将军的赏赐多以锦为赏，动辄千匹，军资的调拨亦多以锦为主，动辄数十万匹。尽管魏蜀吴三国关系紧张，但魏国与吴国的商人仍通过各种途径购买蜀锦。山谦之在《丹阳记》中记载："历代尚未有锦，而成都独称妙，故三国时魏则市于蜀，吴亦资西蜀，至是始有之。"曹操在百战之中，仍亲自派遣使者入蜀购买锦。相传魏文帝曹丕收藏的蜀锦极为丰富，一次新得蜀锦后曾感慨："前后每得蜀锦，殊不相似！"在蜀汉即将灭亡之际，府库中仍有"锦、绮、彩绢各二十万匹"。在成都出土的东汉石刻上，发现了织布机和织锦机的图像，这些机器均为足踏织机，代表了当时世界上最先进的织造技术。

（三）唐代

以成都为中心的西蜀地区，自古以来就是巴蜀地区纺织业的核心地带，其纺织产业一直以繁荣和发达而闻名遐迩。从汉代开始，绫、锦等高端丝绸产品的生产，在全国范围内占据了极其重要的地位。在两晋南北朝时期，封建统治阶层也选择在此地生产高级丝绸，以供自己享用，这进一步促进了当地丝绸产业的繁荣发展。《隋书》卷二十九《地理志》中记载，当地"人民多技艺，绫锦雕镂之精巧，几乎可以与中央大国媲美"。鉴于西蜀丝绸产业的繁荣和发达，唐朝建立后，持续在此重点发展各类高端丝绸产品。唐高祖时期，因为"建国初期，御用物资匮乏"，特地派遣窦师纶入蜀督办绫锦生产。窦师纶因此创制了"陵阳公样"，为蜀锦增添了更多花色品种。唐太宗时期，依旧"在益州制造绫锦金银等物"。尽管马周、魏征等人多次劝谏，唐太宗并未废止益州的织造活动。后续唐朝皇帝，亦持续在益州织造绫锦等物。唐玄宗即位后，又命皇甫恂织造新样锦进贡。同时，地方官员亦在此地选拔优秀工匠，精心制作各类高端丝绸产品，作为进贡之物。因此，中宗之女安乐公主出嫁时，"益州进献单丝碧罗笼裙"。唐玄宗晚年，杨贵妃权势滔天，"扬州、益州、岭南刺史，必求良工制作奇器异服，以奉贵妃献贺，借此获得显赫地位"。为了更好地满足统治阶层对高端丝绸产品的需求，唐朝规定，益州的租庸调必须折算为绫罗等物以充作春彩。

中唐时期，社会上掀起了一股奢侈之风，这种风气对织物的色彩和纹饰提出了更为复杂和精致的要求。在郑谷的《锦二首》中，他这样描述："布素豪家定不看，若无文彩入时难。"这句话的意思是，那些朴素的布料对于豪富之家来说是不屑一顾的，如果没有华丽的文彩和时尚的设计，就难以进入市场。因此，织工们为了追求更好的经济效益，不断地进行创新和改进，力求在激烈的市场竞争中脱颖而出。在这一时期，西川地区创新出了一种名为"异色绫锦"的织物，这种织物不仅在巴蜀地区逐渐流行起来，还传播到了江淮一带。唐僖宗时期，淮南节度使崔致远向幽州的李可举赠送了一批珍贵的织物，这些织物都被誉为"龟城传样，凤杼成功"。这里的"龟城"指的是成都，由此可见，上述提到的各种锦的样式和织造技术都源自巴蜀地区。随着新颖纹饰的不断涌现，织物的组织结构也变得越来越复杂。大约在唐末五代时期，缎纹组织的织物开始逐渐增多。这类织物表面平滑匀整，质地柔软，有的富有光泽，有的略显纹路，花色绚丽多彩，深受人们的喜爱。

蜀锦，作为唐代时期巴蜀地区最具代表性的高级丝织品之一，其主要的生产地涵盖了益州、蜀州以及绵州等地。其中，成都更是以其织造技术的精湛和产量之巨，成为蜀锦织造的核心地区。在当时，蜀锦的普及程度极高，以至于有诗句生动地描绘了这一景象："家家户户锦绸挂，春意盎然树梢头"，形象地反映了蜀锦在民间的广泛使用和人们对它的喜爱。

蜀锦与绫同属于提花丝织品的范畴，但蜀锦的制作工艺更为复杂和精细。在织造蜀锦之前，工匠们需要对蚕丝进行加捻和染色处理，以确保最终成品的色彩丰富和图案精美。成都地区因其织锦工艺的卓越，盛产优质锦缎，成为蜀锦生产的重要基地。段氏在其著作《游蜀记》中详细记载了成都的织锦工艺和生产情况："成都有九壁村，出产精美之锦。"因此，成都所产之锦亦被称作"九壁锦"，这一名称不仅代表了其产地，也象征着其卓越的品质和工艺水平。

在对唐代蜀锦纹饰的研究中，唐初窦师纶所创制的"陵阳公样"最为人熟知。依据《历代名画记》的记载，窦师纶设计的瑞锦、宫陵纹饰，色彩绚丽、图案新奇，蜀地百姓至今仍将其称作"陵阳公样"。一直到唐末，蜀锦的纹饰里依旧能寻觅到"陵阳公样"的影子。这类纹饰主要以禽兽和鸟纹为主题，在唐代文人的诗文中也有所展现。郑谷曾在诗里称赞其"春水濯来云雁活"，刘禹锡则用"女郎剪下鸳鸯锦，将向中流匹晚霞"来描绘。

在古代蜀地，有一种特殊的织锦，其装饰图案主要以植物为主。这些图案的设计非常巧妙，既注重植物的自然形态，又追求艺术上的美感。正如古籍中所描述的那样，"布叶宜疏，安花巧密。写庭葵而不欠，拟山鸟而能悉"，意即在织锦上，植物的叶子要疏密有致，花朵则要巧妙地排列，既要表现出庭中葵花的生动，又要能够捕捉到山鸟的神态。在吐鲁番出土的文物中，有一件名为"经斜线上织出类似莲花的花朵和四出的忍冬相间的团花锦"的蜀锦，这件实物正是这种以植物为装饰图案的蜀锦的代表。此外，日本现存的"格子花纹蜀江锦"也属于此类蜀锦。

根据学者们的研究，这种蜀锦采用的是复式平纹组织的经锦技术，图案由等形的方格构成。方格的中心通常装饰着莲花，而周围则环绕着连珠花，四角则配以忍冬蔓藤，整个锦面的底色为大红色，莲花则采用蓝白色，忍冬蔓藤和格子的纵界道则以绿底上起红、黄色为主。整个锦面色彩斑斓，极为鲜艳，令人赞叹不已。

除了上述两种常见的纹饰之外，在唐玄宗时期，还出现了一种被称为"新样锦"的蜀锦。这种新样锦与传统的经锦有所不同，它是一种纬锦，其特点是花纹特别大，色彩也更为鲜艳。开元八年（公元720年），苏颋担任益州大都督府长史时，前任司马皇甫恂曾动用库物，织造了这种新样锦进献给朝廷。然而，苏颋上任后，认为这种织造行为过于奢侈，于是下令全部停止。尽管如此，新样锦的生产并未因此而完全消失。不久之后，新样锦的生产又重新恢复，到了玄宗天宝年间，"西川贡五色织成背子"的记载便出现在史料中。中唐以后，西川的新样锦仍然是重要的贡物，王建在其《宫词》中就有"遥索剑南新样锦"的诗句，可见其在当时的地位。这种新样锦的价格极其昂贵，据记载，"天宝中，西川贡五色织成背子。玄宗诏曰：'观此一服，费用百金'"，可见其价值之高。因此，在唐人小说《游仙窟记》中，"益州新样锦"被视为最名贵的工艺精品之一，其珍贵程度可见一斑。

（四）宋代

在宋代，川峡四路地区因其适宜种植柘树，以及蚕丝织品的精美绝伦而闻名遐迩，其布纺织业、丝纺织业及蜀锦生产均超越了前朝。宋代四川的丝织品种繁多，包括绫、罗、绸、缎、纱、绢等，其中绫的种类有杂色绫、重莲绫、水波绫、鸟头绫、红绫、蒲绫、白绫等；罗的种类有白熟罗、单丝罗、白花罗、花罗、春罗等；纱的种类有花纱、交梭纱等，其丰富程度令人叹为观止。这些丝织品以其精湛的工艺和优良的质地，深受人们的喜爱。宋代文人张邦基在《墨庄漫录》中记载："梓州织八丈阔幅绢献宫禁，前世织工所不能为也。"陆游在《老学笔记》中提到："遂宁出罗，谓之'越罗'，亦似会稽尼罗而过之。"程大昌在《演繁露》中记载："今世蜀地织绫，其文有两尾尖削而中间宽广，既不像花，亦非禽兽，遂名'樗蒲'。"盐亭县所产的鹅溪绢更是以其精美著称，文人曾以诗赞曰："待将一片鹅溪绢，扫取寒梢万丈长。"随着丝织生产的发展，染色工艺也取得了显著的进步。用于染红的红花、染青的兰草、染黄的栀子和地黄、染紫的紫草、染绿的艾、染皂褐色的皂斗等草本染料，在西川地区已广泛种植。同时，丹砂、石青、石黄、石绿、粉锡、铅丹等矿物染料也得到了普遍的开采和应用。城市中出现了专门销售染料的店铺。基于长期的实践经验，西川劳动人民还发展出一套改良蚕丝性能以适应本地染料的染色工艺技术。《能改斋漫录》记载，少卿章帖在四川为官时，曾将吴地的罗、湖地的绫带到四川，与川帛一起染红后带回京师。经过梅雨季节返潮后，吴地的罗和湖地的绫均褪色，唯有川帛颜色依旧。后经询问得知，蜀地养蚕方法与其他地区不同，蚕眠将起时喂以桑灰，因此织成的帛更适宜染色。世人多重视川红，往往归功于染色技术，却不知其根本在于蚕的养殖方法。

蜀锦在宋代时期，与定州的缂丝、苏州的苏绣一同被誉为全国三大著名的工艺名产。在北宋时期，蜀地的织锦工匠们被强制迁移到京师，以便在那里设立一个专门的绫锦院。到了真宗皇帝统治时期，这个绫锦院的织锦机数量已经超过了 400 台。与此同时，朝廷不断地在四川地区征收锦绫等高级丝织品，这些高级丝织品主要用于皇室和贵族的日常使用，同时也作为赏赐给文武大臣的珍贵礼品。除此之外，朝廷还特别设立了内衣物库，用来存放"绫锦院、西川所输锦、鹿胎、绫、罗、绢织成匹缎之物"。

根据历史文献的记载，宋朝每年国库收入的锦绮、鹿胎、透背等高级丝织品的总数达到了 9 615 匹，其中由四川地区织造的占据 20%，即 1 923 匹；岁入的绫品总数为 147 385 匹，四川织造的占据 26%，即 38 320 匹；每年上供的锦绮、鹿胎、透背等高级丝织品共计 1 010 匹，其中四川织造的占据 75%，即 758 匹；每年上供的绫品 44 906 匹，四川织造的占据 32%，即 14 370 匹。除此之外，每年由各路合发的紫碧绮 180 匹，锦 1 700 匹，这些也都是完全由四川地区供应的。在特殊需求的情况下，四川地区还会额外征发锦绫等高级丝织品。由此可见，在宋代，四川地区是高级丝织品的主要供应基地。

在宋代，蜀锦的装饰图案和色彩纹样达到了极其丰富的程度，它们不仅涵盖了天际飞禽、水中游鱼、陆上走兽以及花卉植物等自然界的元素，而且还生动地反映了各民族的生产活动和生活场景，体现了人们对理想生活的向往和追求。此外，蜀锦上的图案还描绘了宗教和神话故事，充满了深厚的文化内涵。

以现存的八达晕锦为例，这种织物采用了纬三重纹织技术，以红色为底色，纹饰则由红、绿、蓝、浅黄等多种色彩构成。其构图以几何图形为主，锦面由两种不同大小的八瓣形图案和垂直交叉的直条纹组成。这种图案设计多样，美轮美奂，令人赞叹不已。

灯笼锦，又名天下乐锦，其设计巧妙地围绕庆祝丰收这一主题展开。它的纹样独具匠心，由几何图案相互并置组合而成。在灯笼的旁边，谷穗自然下垂，随风轻摇，仿佛在诉说着丰收的喜悦。而在灯笼的周遭，若隐若现的蜜蜂飞舞图案，与谷穗相互呼应，取"蜂"与"丰"的谐音，寓意着五谷丰登，将人们对丰收的美好祈愿融入锦缎。北宋时期，成都的织锦艺人凭借着卓越的艺术创造力，精心打造出落花流水锦。其灵感来源于唐代诗句"桃花流水杳然去，别有天地非人间"以及宋代诗句"花落水流红"。这些优美的诗句激发了艺人的灵感，他们通过艺术概括，将文字描绘的美好意境转化为精美的织锦图案。落花流水锦的织纹结构丰富多样，涵盖了缎纹、斜纹地上显纬花、平纹正反袋织等多种形式。在配色方面，既有经纬同色带来的和谐统一之感，也有经纬异色营造出的强烈视觉冲击。其图案设计更是变化多端，有的图案仿佛是旭日的光辉洒在水面上，水波荡漾，大朵的梅花漂浮其中，随着水流川流不息；有的则织就出涡旋倒卷的浪花，充满动感与活力；还有的以细碎的波纹搭配单朵梅花，巧妙营造出"深渊绿水涨，无风波自动，落花点水面，月夜照流萤"的清幽意境。尽管落花流水锦在组织形式、配色方案以及图案设计上灵活多变、不拘一格，但始终紧扣落花与流水这一核心主题，凭借独特的设计理念和精湛的制作工艺，逐渐形成了独树一帜的流派与风格，在蜀锦发展历程中留下了浓墨重彩的一笔。

自宋代创制以来，直至元、明时期，全国的锦缎作坊均沿袭并发展了这一品种与图案，同时亦被其他工艺美术品种广泛采用，成为南京、苏州、福建、浙江、山东、山西等地闪缎的主要图案之一。几百年来，尽管名称未变，但落花流水锦始终保持着新颖性，深受人民群众喜爱，历久不衰。其品种结构亦在纹样更新中不断完善，持续发展。

综上所述，宋代蜀锦的色调与图案之丰富，提花技术之精确，锦面之平整细密，色调之淡雅柔和，均反映出当时的织锦工艺已能将绘画艺术及水墨晕色巧妙地织入锦缎，形成了宋代蜀锦特有的风格，并为后代织锦工艺所继承和发扬。至于为贵族所织的加织金线的"间金锦"，在元、明、清各代更是广受欢迎，成为当时社会上层人士追求的时尚和身份的象征。

（五）清代

在清代，四川省所生产的丝织品种类繁多，丰富多彩，其中包括了蜀锦、天孙锦、万字锦、云龙锦、贡缎摹本缎、巴缎、倭缎、宫绸、宁绸、春绸、茗机绸、线绉、平绉、湖绉、绢、浣花绢、板绢、花绫、纱、罗、罗底、张锦、云布锦、织、哈达、毡线、顾绣、帽纬等多种多样的产品。这些丝织品不仅在四川本地广受欢迎，而且在国内外市场上也享有极高的声誉。

蜀锦作为其中的佼佼者，其在国内外的盛誉主要源于其独特的特性。第一，蜀锦的织造工艺极为精细，其质地厚重且坚固，远超同类产品，这使得蜀锦在手感和耐用性上都表现出色。第二，蜀锦的色彩富丽堂皇，色彩搭配和谐，令人爱不释手，其丰富的色彩运用不仅展现了高超的染色技艺，也体现了蜀锦的独特审美。第三，蜀锦的图案内容丰富多样，具有鲜明的地方特色、民族风格和生活气息，为消费者提供了广泛的选择空间。蜀锦图案中，既有龙凤嬉戏，亦有花鸟虫鱼，栩栩如生，生动展现了大自然的美妙景象和丰富的文化内涵。蜀锦既是一件艺术品，又是一种优质的锦料，可随意裁剪使用，满足不同场合和需求。第四，蜀锦的染色技术经久不衰。蜀锦的染色工艺极为考究，能够长期保持色彩的鲜艳和光泽。究其原因，一方面得益于蚕丝原料的高品质，蚕丝本身具有良好的染色性能，使得色彩能够深入纤维，不易褪色；另一方面得益于四川地区优良的染料资源，四川地区盛产多种天然染料，如蓝草、茜草等，这些染料不仅色彩鲜艳，而且具有良好的耐久性，加之精湛的染制工艺，工匠们运用独特的染色技巧，使得蜀锦在色彩上独树一帜。第五，锦江水的优质也是蜀锦染色技术得以传承的重要因素之一，锦江水清澈纯净，有助于染料更好地渗透和固着在蚕丝上，使得蜀锦在清洗后品质更佳，色彩依旧鲜艳如初。这些因素共同作用，使得蜀锦在国内外市场上独占鳌头，成为丝绸中的极品。

三、制茶业

茶叶的采摘是茶叶生产过程中至关重要的一步，这一环节主要集中在春季进行。根据古代文献《茶经》卷上《三之造》中的记载："凡采茶，在二月、三月、四月间。"然而，由于巴蜀地区独特的气候条件，茶叶的采摘时间存在显著的差异。在气候较为炎热的长江河谷地区，茶叶的采摘通常在初春时节进行。例如，涪州宾化县（今贵州省贵定县西南）所产的茶叶就是在这个时候采摘的，被称作"制于早春"。而在长江沿线，四月采摘茶叶已经显得过晚，涪陵茶因此被归类为下等茶叶。在四川盆地西部的茶叶产区，采摘时间一般在四月，但也有早春采摘的品种，比如蜀州片甲散茶就是"早春黄茶"。蒙顶山茶的采摘则在"春分之先后"，并且需要大量的人力，待雷声响起后，连续三日进行采摘。通常情况下，优质茶叶多在清明前后，即四月初进行采摘。清明前采摘的茶叶被称为火前茶，清明后采摘的则被称为火后茶。例如，"临邛数邑茶"就有火前、火后、绿黄等不同等级。蜀之雅州蒙顶山的茶叶，有露芽和谷芽，均属于火前茶，而火后茶则次之。绵州的"龙安骑火茶"品质最佳，既不在火前也不在火后采摘。普通茶叶的采摘时间多在四月底的谷雨之后，据《膳夫经手录》记载，蜀茶"自谷雨已后，岁取数百万斤"。最晚的采摘时间为"十月采贡"，但十月采摘的蜀茶专供皇帝享用，称为贡茶。文宗大和七年（公元833年）下诏"罢吴、蜀冬贡茶"，并规定新茶应在立春后制作。此后，关于十月采摘蜀茶的记载便不复存在。茶叶采摘通常选择在晴天进行，"其日，有雨不采，晴有云不采，晴采之"。优质茶叶多在日出之前采摘，"撷茶以黎明，见日则止。用爪断芽，不以指揉，虑气汗熏渍，茶不鲜洁"。若采摘后的茶叶堆放时间过长，会因呼吸作用导致糖酵解，鲜茶内含物质发生急剧变化，严重影响成茶质量，因此采摘后的鲜叶需立即加工。因此，茶叶从采摘到加工成毛茶实际上是同时进行的，故《大观茶论》指出："夫造茶，先度日晷之短长，均工力之众寡，会采择之多少，使一日造成，恐茶过宿，则害色味。"

在古代，茶饼的制作工艺是一门精湛的传统技艺，涵盖了从茶叶的采摘到最终的包装，整个流程共有七个主要步骤。第一，茶叶的采摘是整个制作过程的起点，这一环节至关重要，因为它决定了茶叶的品质和后续工艺的效果。第二，采摘后的茶叶要经过蒸青处理，即将新鲜采摘的茶叶放置在竹篮中，再将竹篮置于锅内的甑子上，通过加水并加热蒸煮，以达到杀青的目的。蒸青过程的关键在于火候的精确控制，因为蒸煮时间的不当会导致茶叶品质受损。如果蒸煮时间不足，茶叶的品质会下降，而过度蒸煮则会使茶叶焦糊，影响其风味。第三，蒸青之后，茶叶需进行焙干处理，即将蒸煮后的茶叶取出，待锅内无水时，再将茶叶倒入甑内，使用三叉形的木枝进行搅拌，使茶叶均匀受热并干燥。第四，干燥后的茶叶需用杵臼捣碎，制成的茶称为研膏茶。据唐德宗贞元年间建州刺史常衮所记载，研膏茶的制作方法为蒸焙后研磨。雅州亦出产研膏茶，毛文锡在《茶谱》中提到蒙顶研膏茶，可制成片状或条状。第五，茶饼的成型过程是指将研膏茶包裹于旧绢帛或雨衣中，置于砧子上，使用压模进行捶打成形，形成小方块、条状或片状茶饼。成形后的茶饼需用锥刀穿孔，并用竹绳串起，置于栅内进行焙干。第七，茶饼要经过打包封装，以利于长期贮存和运输。《茶经》卷上《三之造》中将此传统工艺概括为"采之、蒸之、捣之、拍之、焙之、穿之、封之"七个步骤。此外，还存在一种简化的制作方法，尤其在春季禁火期间，人们在野外寺庙或山园中，通过手工采摘、蒸煮、春捣、烘干等步骤制作茶叶，但这种方法多为个人品鉴所用，而非大规模的商品化生产，后者通常采用上述正规的茶饼制作工艺。

在唐代，巴蜀地区所出产的茶叶以其卓越的品质而闻名于世，享誉全国。每年，巴蜀地区都会向皇室进献新茶，以示敬意和忠诚。这些新茶不仅受到皇室的青睐，就连官员和文人墨客也对蜀茶情有独钟，对其推崇备至。

据史料记载，《因话录》卷五《征部》中提到，御史台的"兵察"部门常常负责采购院中的茶叶。他们对茶叶的选择极为严格，只挑选蜀地出产的优质茶叶。为了确保茶叶的品质，他们将这些茶叶储藏在陶器之中，以避免暑湿之害，确保茶叶的香气和味道得以保持。御史台的官员们亲自负责封存和启封这些茶叶，因此这个专门负责茶叶管理的地方被称为"茶瓶厅"。

唐代著名诗人白居易在《谢萧员外寄新蜀茶》一诗中，对蜀茶的品质赞不绝口。他写道："蜀茶寄到但惊新，渭水煎来始觉珍。满瓯似乳堪把玩，况值春深酒渴人。"这首诗生动地描绘了蜀茶的新鲜和珍贵，以及其令人惊叹的品质。

另一位诗人齐己在《谢人惠扇子及茶》中也咏道："枪旗封蜀茗，圆洁制鲛绡。好客分烹煮，青蝇避动摇。"这首诗不仅赞美了蜀茶的品质，还描绘了主人热情款待宾客，共同品尝蜀茶的温馨场景。

施肩吾在《蜀茗词》中则形容："越碗初盛蜀茗新，薄烟轻处搅来匀。山僧问我将何比，欲道琼浆却畏嗔。"这首诗通过对蜀茶的描绘，将其比作琼浆玉液，表达了对蜀茶的极高评价。

由于蜀茶品质上乘，深受唐代人民的喜爱，因此蜀茶在全国范围内广为销售。《蜀茶词》中提道："惟蜀茶南走百越，北临五湖，皆自固其芳香，滋味不变，由此尤可重之。自谷雨以后岁取数百万斤，散落东下，其为功德也如此。"这段话不仅说明了蜀茶在全国的广泛传播，还强调了其在唐代社会中的重要地位和影响力。蜀茶不仅是一种饮品，更是一种文化和艺术的象征，深受人们的喜爱和珍视。

四、漆器

中国漆器的历史渊源可追溯至春秋战国时期，汉代是中国漆器发展的黄金时期。在这一时期，青铜器的使用逐渐减少，而瓷器尚处于初步发展阶段，漆器以其美观、轻便、耐用和抗破碎的特性，成为当时社会的时尚选择。巴蜀地区在漆器最为流行之际，发展成为以官方主导的全国最大漆器生产基地。在秦汉三国时期，随着市场需求的显著增长，加之政府的重视与支持，甚至直接通过工官进行生产，西蜀的漆器制造业实现了空前的繁荣。这一时期的漆器实物资料极为丰富，其中较为重要的发现包括：1912 至 1925 年间在朝鲜乐浪郡时代墓葬中出土的大量带有西蜀工官纪年铭文的漆器；中华人民共和国成立后，在长沙马王堆汉墓、江陵凤凰山汉墓、贵州清镇汉墓、四川荥经和青川秦汉墓、成都北郊秦汉墓、绵阳双包山二号墓、安徽马鞍山东吴朱然墓等地，均有带有巴蜀铭文的漆器出土。东汉晚期，漆器生产出现了衰退迹象。蜀汉时期，政府重新重视漆器生产，恢复了先前的生产规模和水平。上述考古资料揭示，在西汉中期至蜀汉的约三百年间，漆器成为巴蜀地区的主要出口产品之一，不仅在国内广泛流通，亦远销至国外。

在秦朝至蜀汉这一历史时期，巴蜀地区所生产的漆器种类极为丰富。这些漆器不仅包括各种动物形象，如马和车，还包括了人物形象，例如人俑和驾驭俑。除此之外，还有日常生活中的各种器皿，如耳杯、奁、卮、鼎、盂、匜、钫、桶、匕、勺、筷、盘、壶、盒、樽、砚、虎子等。此外，还有各种家具，如尺、屐、扇、梳、桌、案、凭几、屏风、床等。这些器物不仅在日常生活中广泛使用，还被应用于生产、军事、交通、官府和私家等多个领域。

在当时的建筑中，木构件也普遍施以漆饰，以增加美观，保护木材。漆容器的胎质主要分为五大类：木、竹、夹纻、陶、皮。每一大类下又可以进一步细分为多种类型。例如，木胎的制作工艺多样，包括旋、雕、挖、砍、削、卷等方法。通常情况下，木料经砍锯成形后，利用轮旋刮削技术制作外壁，随后进行内壁处理，或直接采用割削凿法；对于薄壁的制作，则采用优质薄木片卷曲定形。

早在秦朝时期，西蜀地区的工匠们便创新性地在木胎上施以灰底后再进行漆饰，这一工艺最早见于战国晚期成都羊子山 172 号墓的实物，其后一直沿用至今。这种工艺的创新不仅提升了漆器的美观度，还增强了漆器的耐用性和实用性。因此，巴蜀地区的漆器在当时不仅在国内享有盛誉，甚至在国际上也备受推崇。

五、制糖业

乳糖，也被称作石蜜，是一种通过溶解蔗糖或浓缩蔗汁并加入牛乳煎炼，将糖浆炼成膏状后逐渐干燥冷却而制成的原糖或块糖。这种制作方法使得糖浆的液态与崖石间蜂蜜的相似性极高，因此在古代，人们也常常将其称为"石蜜"。唐代著名的医学家孟诜在其著作《食疗本草》中曾经提到："石蜜以蜀中、波斯所产为佳，东吴亦有出产，但品质不及前述两地，其制作方法为煎煮蔗汁与牛乳，以获得细白干状的糖品。"到了宋代，苏颂在《图经本草》中也有记载："煎煮沙糖与牛乳可制成乳糖，此法在川蜀地区流行。"王灼在《糖霜谱》中亦有记载："炼制糖品与乳混合可得石蜜。"因此，在唐宋时期，人们将这种由沙糖或蔗汁与牛乳及米粉制成的"石蜜"亦称为"乳糖"。苏恭在《唐本草》中明确指出："石蜜即乳糖。"宋代《政和本草》亦有相同记载："石蜜，实为乳糖。"

在宋代时期，四川地区所生产的乳糖产品在全国范围内享有极高的声誉，其品质更是处于领先地位。寇宗奭在其著作《本草衍义》中详细记载了这一情况："石蜜，以四川和浙江所产者为最佳。其风味浓郁，口感独特，其他地区所产的石蜜则稍逊一筹。"他进一步描述了石蜜的制作工艺："通过煎炼工艺，石蜜得以形似实物，进而输送到京师。"然而，夏季及持续的阴雨天气会导致石蜜自行融化，这成为一个亟待解决的问题。为了解决这一问题，当地居民采取了先用竹叶及纸张进行包裹，再以石灰进行埋藏的保存方法，从而有效避免了石蜜的自融现象。这种方法不仅有效地解决了石蜜在运输过程中容易融化的难题，还为宋代四川地区的乳糖生产、销售、包装、运输及保存的工艺流程提供了重要的技术支持。由此可见，宋代四川地区已经形成了一套完整的乳糖生产、销售、包装、运输及保存的工艺流程，这不仅体现了当时四川地区在乳糖生产方面的领先地位，也展示了当地居民在面对生产难题时的智慧和创新精神。

冰糖，在古代文献中，尤其是在宋代的记载里，被称作"糖霜"，有时也被人们称为"糖冰"。根据历史学家王灼所撰写的《糖霜谱》以及王象之的《舆纪胜》中的详细记载，我们可以了解到，在唐代大历年间，位于四川遂宁的伞山地区，有一位名叫邹和尚的高僧，他向当地的蔗农传授了一种制造糖霜的独特技术。相传，有一次邹和尚的驴无意中踩踏了伞山下黄氏家族的蔗田，导致了一定的损失。黄氏因此要求邹和尚进行赔偿。

邹和尚便向黄氏解释说："你还没有意识到，如果将蔗糖进一步加工成糖霜，其利润可以增加十倍之多。如果你愿意尝试我所传授的方法，并且在实践中验证其效果，那么这种方法自然会得到广泛传播和应用。"到了宋代，为了纪念邹和尚对糖霜生产技术的贡献，遂宁地区的糖霜生产者们甚至将他的画像供奉起来，并在通泉这个地方建立了一座庙宇，以此表达他们对邹和尚的敬仰之情。

在唐代，遂宁地区的糖霜生产尚未达到广泛普及的程度，其产量相对有限，因此并未引起社会的广泛关注，相关的记载也并未出现在文献之中。然而，到了宋代，遂宁的糖霜生产实现了跨越式的发展，食用糖霜的人群日益增多，相关的记载也开始出现在文献之中。例如，苏轼在过闰州（今江苏镇江）金山寺时，曾作诗赠予遂宁僧人，诗中提道："涪江与中泠，共此一味水。冰盘荐琥珀，何似糖霜美。"而黄庭坚所作《又答寄糖霜颂》诗，诗中写道："远寄蔗霜知有味，胜于崔浩水精盐。正宗扫地从谁说，我舌犹能及鼻尖。"苏轼与黄庭坚对遂宁糖霜的赞誉，成为中国糖霜生产最早的文献记录。王灼在《糖霜谱》中详细记载了糖霜的制作技术、性味以及糖霜在各种食品中的应用方法。根据这些文献记载，我们得知遂宁糖霜的制作过程大致如下：在十月至十一月期间，将甘蔗剥皮并截成小节，经过反复碾压榨取蔗汁。将糖汁煮至"七分熟"，然后倒入瓮中，静置三日（若超过期限则会发酵）。经过沉淀去除杂质后，再次煎煮糖水至"九分熟"，直至糖浆变得稠密如饧（若过于稠密，则会形成沙脚）。将糖浆倒入涂有漆的瓮中，并插入细竹梢，用簸箕覆盖，以促进糖分子结晶成冰糖。两日后，通过手指粘取糖浆检查，若呈现细沙状则为正常。春节过后，糖浆开始在竹梢上结晶，初如谷穗，逐渐增大至豆粒、手指、假山大小，直至五月不再增大。最迟在初伏前，需将瓮中剩余的糖水排出，并将竹梢上的结晶块剪至适当长度，在烈日下晒干，制成冰糖。瓮内四周循环连缀生长的晶块，称为"瓮鉴"，需在瓮内暴晒数日，待其干硬后，再用铁铲小心取出。未结晶的糖水，仍可继续煎制砂糖。经过多次碾榨的蔗渣，可再次加水重榨，制成极酸的醋。邹和尚将这种冰糖制作方法称为"窨制法"。从这一过程中，我们可以观察到遂宁糖霜户在长期实践中巧妙地掌握了自然冷却结晶技术。现代科学知识告诉我们，要使糖水中的糖分子结成大块的冰糖，必须满足两个条件：一是糖水中必须存在结晶中心（晶核），二是糖水必须缓慢冷却，以便糖分子能够充分排列成整齐的晶格，形成大块的冰糖。若糖水迅速冷却而无结晶中心，则只能得到颗粒细小的砂糖。宋代遂宁糖霜户使用涂漆的瓮盛装煎熬过的糖浆，是因为漆瓮具有良好的保温性能，再覆盖上簸箕，更有利于糖浆缓慢冷却。瓮中插入竹梢，则是为了在糖浆中形成晶状中心，促使糖分子沿着中心结成大晶体。有"巧营利者"通过破坏竹子，编织成狻猊灯球状，投入糖水瓮中，使糖分子结成具有艺术形状的冰糖，以获取比普通冰糖更高的利润。这些冷却结晶的原理和工艺流程，一直为我国冰糖生产者所沿用。

王灼在《糖霜谱》中指出："甘蔗种植广泛，所产皆佳，非异物也。然而，将甘蔗制成糖霜，则中国仅五郡能为之，其中遂宁独占鳌头。至于外夷狄戎蛮之地，虽有佳蔗，却未闻有糖霜之制。"唐宋时期，四川人民在生产砂糖、蔗饧的基础上，开创了制作冰糖的技术，这一成就不仅对中国，也对世界制糖工业的发展做出了重大贡献。

六、造纸业

自从我国在汉代发明了造纸技术之后，到了隋代，四川地区的造纸产业已经展现出了非常繁荣的景象。在唐代，四川地区所生产的麻纸在全国范围内受到了广泛的欢迎和喜爱，尤其是其中的"薛涛笺"，更是以其卓越的品质和独特的魅力，赢得了极高的声誉，使得四川地区成为全国造纸业的中心。进入宋代，社会经济和科学文化的发展相较于唐代都有了显著的进步，造纸技术也达到了一个新的高度，出现了专门论述造纸工艺的著作。纸张的产地和品种日益增多，其应用范围也在不断扩大，尤其是竹纸的发明和大规模生产，标志着造纸技术迈入了一个新的时代。竹纸的生产涉及将竹子茎干经过一系列复杂工艺处理，这一技术进步相较于仅利用木本植物的韧皮，具有重大的意义和影响。宋代的竹纸主要产自江浙地区，产量丰富，用途广泛，畅销全国，享誉世界。四川的麻纸、楮皮纸及各种加工纸在宋代仍取得了显著的发展，四川地区依旧是中国重要的造纸产业基地。

四川地区的麻纸生产主要集中于成都这座城市。成都不仅是中国国内知名的苎麻与麻布的产地，还拥有着丰富的造纸原料。在唐代和宋代，成都生产的麻纸都被作为贡品进贡给朝廷。北宋时期，蜀地的文人苏易简在其著作《文房四谱·纸谱》中提道，"蜀中多以麻为纸，有'玉屑''屑骨'之号"。然而，到了宋代，四川麻纸的原料已经不再是完整的苎麻，而是主要采用织布的废料，例如旧布、破履、乱麻等。苏轼在《东坡志林》中也提道："川纸取头机余，经不受纬者制作之，故名布头笺，此纸名冠天下。"南宋人陈槱也曾经说过："布缕为纸，今蜀笺犹多用之。"尽管原料的质量有所下降，但是由于技术的提升，四川纸张的质量依然保持在上乘水平。长期的生产实践促使人们发明了水力捣浆造纸技术，并且人们逐渐认识到水中杂质对造纸质量的负面影响，因此当时的造纸厂多选址于清水河流岸边或山间清泉附近，既确保了造纸用水的清洁，又利用水力捣浆，显著提升了生产能力。成都城南的百花潭、浣花溪，水质清澈，是造纸的理想之地。在唐代和宋代，"以纸为业者家其旁"，在"江旁凿臼为碓，上下相接。凡造纸之物，必杵之使烂，涤之使洁，然后随其广狭长短之制以造"。当时成都地区从事造纸的作坊多达数百家，成为著名的造纸基地。

楮纸的生产主要集中在广都地区，也就是今天的双流区。这一地区以其精湛的楮纸制作工艺而闻名遐迩。楮纸的制作过程相当复杂，首先需要将树皮从树干上剥离下来，然后将这些树皮浸泡在水池中进行生物发酵。这一过程的目的是去除树皮中的果胶成分，从而使得纸张更加坚韧。接下来，需要将树皮的表皮剥去，然后使用草木灰水碱液进行蒸煮，以进一步软化和清洁纤维。

经过蒸煮之后，楮纸的制作工艺进入下一个阶段，即舂捣和漂洗。舂捣是将蒸煮后的树皮纤维捣碎，使其变得更加柔软和细腻。漂洗则是将捣碎后的纤维进行反复清洗，以去除其中的杂质和碱液，确保纸张的纯净度。经过这些步骤后，最终得到的纸浆便可以用来制作楮纸。

广都地区生产的楮纸种类繁多，其中最为著名的有四种，分别是"假山南""假荣""冉村"和"竹丝"纸。每种纸都有其独特的特点和制作方法。"假山南"纸因其宽幅且无粉的特点而得名，这种纸张的制作过程中不添加任何白色淀粉糊，因此保持了其自然的质感和透光性。"假荣"纸则是一种狭幅且有粉的纸张，其制作过程中会用白色淀粉糊刷在纸面上，然后进行研光处理，使得纸张表面更加平滑、洁白，减少了透光度，同时提高了吸墨性，使得书写更加流畅。冉村生产的楮纸被称为清水纸，这种纸张以其纯净和细腻著称，适合用于书法和绘画。而龙溪乡生产的竹丝纸则因其品质堪比池纸而备受推崇。竹丝纸的制作工艺更为精细，使得这种纸张在坚韧度、平滑度和吸墨性方面都优于其他种类的楮纸，因此在市场上更为珍贵。广都楮纸以其精湛的工艺和独特的品质，在中国古代文化中占有重要地位，不仅用于书写和绘画，还象征着一种高雅的文化品位。

在宋代，四川的纸品加工行业不仅继承了唐代著名的"薛涛笺"，还出现了与之齐名的"谢公笺"。费著在其著作《笺纸谱》中详细描述了以人名命名的纸张，其中包括谢公和薛涛所创制的纸品。所谓谢公，指的是谢景初和师厚。师厚创制了一种便于书画的笺样，因此这种纸品被命名为"谢公笺"。谢公笺具有十种不同的颜色，包括深红、粉红、杏红、明黄、深青、浅青、深绿、浅绿、绿和浅云，这些颜色共同构成了十色谢公笺。杨文公亿在《谈苑》中记载了韩浦寄给弟弟的一首诗，诗中提道："十样蛮笺出益州，寄来新自浣花头。"这引发了关于"谢公笺"是否源于此的讨论。

谢景初（1019—1081）在成都浣花溪制造的十色书画笺，其色彩之丰富远超薛涛所制。宋代的苏易简也曾提及："蜀人造十色笺，每十幅为一榻，每幅末尾必用竹夹夹紧，以十色水逐榻染色。"染色过程中，槌埋弃置，左右堆满，显得极为繁重。待纸干后，色彩光华相映，美不胜收。《宋史·地理志》记载成都贡笺纸，表明成都所产笺纸品质优良，数量众多。这些记载充分展示了宋代四川纸品加工领域的繁荣景象，以及"谢公笺"在当时的重要地位和影响力。

在纸张加工领域，水纹纸的种类在唐代的基础上得到了极大的丰富和发展。水纹纸是一种特殊的纸张，它在光线的照射下，除了能够显现出帘纹之外，还能呈现出一些发亮的线纹和图案。这些线纹和图案的出现，不仅增加了纸张的美感，还赋予了纸张一种潜在的美学价值。水纹纸的制作方法主要有两种：第一种方法是在纸帘上用线编织出特定的纹理或图案，使得这些纹理或图案在纸帘上凸起。由于这些凸起部分的浆料较薄，因此在抄纸的过程中，这些纹理会因为光线的照射而发亮，并且清晰地显现在纸张的表面。第二种方法则是使用雕刻有特定纹理或图案的木制或其他材料的模子，用力压在纸面上，使得纸面上出现隐约可见的纹理。这种方法在纸张上形成的效果被称为"逐幅于文版之上砑之，则隐起花木麟鸾，千状万态"。如今，世界各国广泛使用的证券纸、信纸等水纹纸，都是基于这种原理制造出来的。

水纹纸的制作工艺在历史的长河中经历了不断的演变和创新。在唐代，水纹纸的制作技术已经相当成熟，但随着时间的推移，人们在原有的基础上不断探索和改进，使得水纹纸的种类和样式更加多样化。水纹纸不仅仅是一种普通的书写材料，它更是一种艺术的载体，能够展现出独特的视觉效果和文化内涵。在制作过程中，工匠们会根据不同的需求和设计，选择合适的材料和工具，精心编织或雕刻出各种精美的图案和纹理。这些图案和纹理在光线的照射下，会产生不同的光影效果，使得纸张呈现出一种独特的立体感和层次感。这种独特的视觉效果不仅提升了纸张的审美价值，还使其在各种场合中具有了更高的实用价值。无论是用于书写、装饰还是作为艺术品展示，水纹纸都以其独特的魅力赢得了人们的喜爱和赞赏。如今，水纹纸的制作工艺已经传播到世界各地，成为一种全球性的文化遗产，被广泛应用于各种高端纸张产品中，如证券纸、信纸、请柬等，为人们的生活增添了更多的艺术气息和文化韵味。

在唐朝时期，位于今天的四川地区的剑州（今四川省剑阁县）、雅州（今四川省雅安市）等地，生产了一种名为蠲纸的高级纸张。这种纸张是由皮料制成的水纹纸，因其卓越的品质和独特的纹理，在当时享有极高的声誉。到了宋朝，剑州生产的蠲纸依然被奉为贡品，其中最为著名的一种便是"鱼子笺"。这种鱼子笺是一种经过特殊工艺制作的砑花水纹纸，其制作方法在北宋时期苏易简所著的《文房四谱》中有详细记载。根据记载，制作这种水纹纸的过程是先将细布用面浆胶处理，使其变得坚韧挺括，然后使用雕刻有特定纹理图案的模子，用力压向纸面，使得纸面上显现出精美的纹理，这种纸张被称为"鱼子笺"，也有人称之为"罗纹笺"。

费著在其著作《笺纸谱》中也提到了宋代四川地区生产的水纹纸种类繁多，通过不同的制作方法，如"砑则为布纹，为绫绮，为人物花木，为虫鸟，为鼎彝"等，使得水纹纸呈现出丰富多彩的形态。尽管这些制作方法多种多样，但它们都是根据当时社会的需求和审美趋势来设计的。这些形态各异、充满生机的水纹纸，在当时不仅受到了人们的广泛喜爱，而且在今天看来，它们依然具有极高的艺术价值和深远的历史意义。这些纸张不仅是书写和绘画的重要材料，更是承载了那个时代文化和工艺水平的重要见证。

在清朝时期，四川的造纸行业呈现出蓬勃的发展景象，这一时期，四川的造纸业不仅在数量上有了显著的增长，而且在质量和技术上也取得了巨大的进步。其中，夹江、绵竹以及巴山老林地区成为四川造纸业的主要中心，这些地区凭借其得天独厚的自然条件和丰富的资源，成为造纸业的重镇。

特别是在夹江地区，所生产的"夹宣"纸因其卓越的品质，尤其适合用于书画和印刷，因此在市场上备受青睐。这种"夹宣"纸以其细腻的质地、良好的吸墨性和耐久性，成为书画家和印刷商的首选。到了康熙二十年（公元1681年），这种"夹宣"纸更是被朝廷指定为贡品，彰显了其独特的地位和价值。这一荣誉不仅是对"夹宣"纸品质的认可，更是对夹江造纸工艺的高度肯定。

夹江地区不仅生产了大量的本色"夹宣"纸，还创新性地开发出多种彩色纸张，例如虎皮宣、蜡笺、洒金纸、洒银纸、发笺等，极大地丰富了市场的产品种类。这些彩色纸张不仅在视觉上给人以美的享受，而且在使用功能上也各有特色。例如，虎皮宣以其独特的纹理和色彩，成为装饰和礼品纸张的首选；蜡笺则因其表面的蜡质涂层，具有良好的防水性能，适合用于特殊用途的书写和印刷；洒金纸和洒银纸则在纸面上洒有金粉和银粉，显得格外华丽，常用于喜庆场合和高端礼品的包装。

这些创新的彩色纸张不仅满足了市场多样化的需求，也推动了夹江造纸业的进一步发展。夹江地区的造纸工艺在这一时期达到了巅峰，成为全国乃至亚洲地区造纸业的典范。夹江造纸业的繁荣，不仅为当地经济带来了巨大的收益，也为中华文化的传承和发展做出了重要贡献。

夹江造纸业在清代能够迅速崛起并取得显著成就，这主要归因于以下五个关键因素。

第一，夹江地区拥有丰富的竹资源，慈竹、水竹、白夹竹、斑竹等多种优质造纸原料的大量生长，为造纸业提供了源源不断的上乘原材料。这些竹子不仅种类繁多，而且质地优良，非常适合用于造纸，使得夹江的纸张质量在当时享有盛誉。

第二，青衣江的优质水源为造纸过程中的关键环节，如洗料、淘料、漂白等，提供了充足的水资源支持，确保了造纸工艺的顺利进行。青衣江的水质清澈，富含矿物质，对纸张的质量有着至关重要的影响，使得夹江的纸张在色泽和强度上都表现出色。

第三，夹江地理位置优越，交通便利，位于成都至嘉州（今四川乐山）的重要交通要道上，同时享有青衣江水运之利，这使得纸张的运输更为便捷，无论是北运至成都还是东下至嘉州，都极为便利。夹江的地理位置使其成为一个重要的物流枢纽，纸张可以通过水路和陆路迅速到达各个市场，大大缩短了运输时间，降低了成本。

第四，市场的需求近在咫尺，夹江北靠成都，后者作为清代四川书籍刻印的中心，对纸张的需求量巨大，这为夹江造纸业提供了广阔的市场空间。成都的文化繁荣和书籍印刷业的兴盛，为夹江造纸业的发展提供了强大的市场需求支撑。

第五，夹江地区拥有悠久的造纸传统和精湛的工艺技术，不仅有规模较大的造纸工场，还有众多小型造纸作坊，农民普遍掌握了从砍竹到包装的整个造纸工艺流程，这种深厚的工艺底蕴和广泛的民间基础，为夹江造纸业的持续发展提供了坚实的技术支撑。夹江的造纸工艺代代相传，经过数百年的积累和改进，形成了一套独特的造纸技术体系。造纸工场和作坊的并存，使得夹江的造纸业既有规模化的生产能力，又能保持灵活多样的产品种类，满足不同客户的需求。农民对造纸工艺的熟练掌握，更是确保了造纸业的稳定发展和高质量产品的持续供应。

清代时期，绵竹地区的造纸产业达到了前所未有的繁荣景象。根据咸丰年间编纂的《绵竹县志》中的详细记载，绵竹地区所生产的竹纸，其带来的经济利益惠及了数万家民众。这些竹纸不仅仅被用于印制各类书籍，还广泛应用于制作桃符、绘制五彩茶郁垒等，以此来装点和庆祝岁序的更迭。绵竹造纸业之所以能够如此繁荣，主要得益于当地丰富的造纸原料——竹子。该地区盛产多种竹子，包括慈竹、斑竹、笼竹、绵竹、白筋竹、荆竹、油竹、苦竹等，这些竹子的纤维柔韧且长度适宜，制成的纸张品质优良，深受人们喜爱。绵竹传统的造纸工艺非常精湛，包含了十八道工序，从砍伐、捶打、斩切、捆绑、浸泡、制浆、煮炼、研磨、清洗、炸制、发酵、踩踏、过滤、成型、揭纸、晾晒、着色等环节，每一个环节都体现了该地区造纸技术的精湛和独特。绵竹所产的纸张不仅满足了本省的需求，还远销至云南、贵州、陕西、甘肃、湖广等多个省份，深受各地民众的欢迎。此外，绵竹地区丰富的水资源，如绵阳河、马尾河、射水河等，为造纸业提供了得天独厚的自然条件，使得绵竹的造纸业在清代得以迅速发展，成为当地经济的重要支柱之一。绵竹地区的造纸产业不仅在经济上取得了巨大的成功，还在文化上产生了深远的影响。绵竹纸张的优良品质，使得其成为文人墨客的首选，许多著名的文学作品和书法作品都是在绵竹纸上创作的。绵竹纸张的广泛传播，也促进了文化交流和知识的传播，对整个社会的文化发展产生了积极的影响。绵竹地区的造纸产业不仅在清代时期繁荣一时，其影响一直延续到今天。时至今日，绵竹纸张的优良品质和精湛工艺，仍然受到人们的高度评价和喜爱。绵竹地区的造纸产业，不仅是当地经济的重要支柱，更是中华优秀传统文化的重要组成部分。

七、酿酒业

西蜀之地，集天时、地利、人和之优势，酿酒业在众多工匠技艺中异军突起，占据着举足轻重的地位。宜宾、泸州、成都、德阳等地，宛如大自然精心雕琢的酿酒胜地。这些地区的自然环境得天独厚，温润的气候，四季宜人，既不会过于炎热导致微生物发酵失控，也不会过于寒冷抑制发酵进程，为酿酒微生物的生长繁殖提供了理想的温床；优质的水源更是酿酒的关键，清澈纯净、富含矿物质的泉水，为酒液注入了灵魂，赋予其清冽甘醇的口感；丰富的物产，高粱、大米、糯米、小麦等粮食作物饱满充实，淀粉含量高，为酿造美酒提供了充足且优质的原料。

在悠悠岁月长河中，这些地方孕育出了独树一帜、魅力非凡的川酒文化。它以传统的酒类酿制技艺为根基，这门技艺传承千年，每一道工序都饱含着先辈们的智慧与心血。从原料的筛选、浸泡、蒸煮，到发酵、蒸馏、陈酿，每一个环节都有严格的标准和独特的技巧。酒技不仅体现在酿造过程中，还包括品酒师们凭借敏锐的味觉和嗅觉，对酒的品质进行精准判断和调控。酒体则是川酒文化的直观体现，不同品牌、不同系列的酒，有着各自独特的色泽、香气和口感，或醇厚绵柔，或清爽甘冽，或馥郁芬芳。独特的酒俗更是为川酒文化增添了浓厚的人文气息，在四川，逢年过节、婚丧嫁娶、商务宴请等场合，酒都是不可或缺的元素，酒桌上的敬酒、劝酒习俗，蕴含着热情好客、尊重礼仪的文化内涵，人们在推杯换盏间交流感情、增进友谊。

以绵竹大曲、全兴大曲、杂粮酒（五粮液）、郎酒、泸州大曲等品牌名酒的兴起为标志，四川省的酿酒业迎来了其繁荣时期。在对川酒历史进行深入研究的过程中，我们发现，四川省内的名酒大多诞生于清代的早期或中期，且几乎所有这些酒的创始人均为来自外省的移民。因此，可以得出结论，四川省酿酒业的迅猛发展以及名优川酒的脱颖而出，既是清代社会经济繁荣的直接体现，也是清代移民所带来的酿酒技艺的直接成果。这些移民将他们的酿酒技艺带到了四川，与当地的水土、气候等自然条件相结合，形成了独特的川酒文化。这种文化的形成和发展，不仅丰富了四川的非物质文化遗产，也为四川的酿酒业带来了新的生机和活力。

1. 五粮液

宜宾作为川酒的重要产地之一，其著名特产五粮液，无疑是川酒中的璀璨瑰宝。五粮液原名杂粮酒，这款酒的创制历史可以追溯到遥远的明代。在那个时代，宜宾的一家名为"温德丰"的糟坊，由其创始人陈某在长期的酿酒实践中，对酿酒原料配方的经验进行了深入的总结和提炼，最终形成了一套独特的秘方，即"荞子成半黍半成，大米糯米各两成，川南红粮用四成"。根据这个秘方所制出的佳酿酒，其味道醇厚，深受广大饮者的喜爱。

到了清代，陈氏配方进一步得到了完善，使得杂粮酒的市场销售更加旺盛。除了温德丰糟坊外，宜宾还有其他一些著名的糟坊，它们同样在酿酒行业中享有盛誉。例如，位于北门外的德盛福糟坊，位于东门的长发升糟坊，以及位于马家巷的张万和糟坊。这些糟坊在宜宾的酿酒历史上，都留下了浓墨重彩的一笔。

五粮液的酿造工艺极为考究，有着严格且独特的原材料配比。精选的高粱，赋予酒液醇厚的口感和独特的香气；大米使酒质更加纯净、绵甜；糯米增加了酒的黏稠度和醇厚感；小麦则为酒带来了丰富的曲香；玉米让酒的口感更加丰满。每一种原料都经过层层筛选，从源头把控品质，只为达成口感与风味的完美融合。五粮液的制造工序历经数百年传承，复杂而精细，从原料的粉碎、配料，到固态发酵、蒸馏取酒，再到陈酿、勾调，每一步都凝聚着先辈们的智慧与经验，每一个环节都有严格的时间、温度、湿度等参数要求。

五粮液的酿造过程，巧妙地融合了自古流传的发酵菌落，这些微生物在宜宾独特的水土环境中代代相传、生长繁衍。宜宾特有的土壤富含多种矿物质和微量元素，为微生物提供了丰富的营养来源。当地的空气湿度、温度等条件，也为微生物的生存和繁殖创造了绝佳环境。这些微生物与当地的自然环境浑然天成，共同参与到五粮液的酿造过程中，为酒液赋予了独特的风味和香气。在五粮液的制作技术中，还蕴含着藏风聚气的奥秘，独特的酿造窖池，采用特殊的建筑材料和结构，能够有效地聚集和保存酿酒过程中产生的微生物和香气成分。正是凭借这些独特的工艺和环境因素，才酝酿出五粮液那独特的香气和醇厚的味道。五粮液的香气复合而浓郁，既有粮香、曲香，又有果香、陈香，各种香气相互交融，层次分明，口感醇厚绵柔，入口甘美，落喉净爽，回味悠长。每一滴五粮液，都承载着蜀地的风土人情，也体现了蜀地匠人对酿酒这一非物质文化的极致追求，他们不断探索、精益求精，只为将最完美的美酒呈现给世人。

2. 绵竹大曲

绵竹大曲，这款源自四川的古老名酒，其历史可以追溯到遥远的清康熙年间。它的创始人朱煜，原本是来自陕西省三原县的一位技艺高超的酿酒工匠。在康熙年间，朱煜决定迁徙至四川地区，他发现绵竹县（今绵竹市）的自然环境得天独厚，山清水秀，非常适合酿酒。于是，他在这里开设了一家名为朱天益酢坊的酿酒作坊。朱煜采用了他家乡陕西略阳的传统酿造工艺，精心酿制出了一款醇香可口、回味无穷的绵竹大曲。这款美酒一经问世，便迅速在成都及其周边各县广受欢迎，销量大增。

随着时间的推移，更多的陕西移民也纷纷迁徙至绵竹地区，其中以杨、白、赵三姓家族为代表，他们也投身于酿酒业，为绵竹的酿酒事业注入了新的活力。这些家族的到来，不仅丰富了绵竹的酿酒工艺，还为当地带来了更多的酿酒人才和经验。如今，绵竹当地人依然能够指出清代陕西移民的故居所在，这些故居分别被称为朱家巷、杨家巷、白家巷和赵家巷。这些巷子见证了绵竹大曲的悠久历史和陕西移民对当地酿酒业的贡献。

3. 全兴大曲

全兴大曲这一著名的酒品，其创制历史可以追溯到清代乾隆年间。据说，有一位来自山西的商人，他将山西汾酒的精湛酿造技艺带到了"全兴老号"，并巧妙地融入了当地的酿制工艺之中。经过这位商人的努力和创新，最终酿制出了一款香气浓郁、口感醇厚、回味悠长的全兴大曲酒。这款酒在成都的宴饮行业中享有极高的声誉，成为宴席上的上品佳酿。因其卓越的品质和独特的风味，成为许多酒宴中的首选。

4. 泸州大曲

泸州大曲的创制历史可以追溯到清朝初期，它与绵竹大曲一样，都深受陕西西凤酒酿制技术的影响。相传，在清朝时期，一位名叫舒某的泸州武举人，曾经驻守在陕西略阳一带。当他解甲归乡，回到泸州时，他带回了一位酿酒工匠以及酒坊中的母糟窖泥。舒某在泸州营头沟建立了自己的酒窖，并利用当地优质的龙泉井水进行烤酒，从而酿造出了醇香浓烈的泸州大曲。这种美酒一经问世，便迅速在省内外广受欢迎，销量大增。

到了乾隆年间，泸州大曲的酿制工艺进一步发展，出现了两家著名的烧房——温永顺和天成生。这两家烧房极有可能是由陕西商人开设的，他们将陕西西凤酒的酿制技艺带到了泸州，进一步提升了泸州大曲的品质和口感。这些烧房的出现，不仅丰富了泸州大曲的品种，也使得泸州大曲的酿制技艺更加精湛，从而在酒类市场上占据了重要的地位。

5. 郎酒

郎酒的创制历史可以追溯到清代的早期阶段。在雍正皇帝统治时期，贵州省逐渐成为老窖曲酒和川盐的重要销售区域。特别是从合江到仁怀的赤水河一带，成为川盐贸易的主要通道。这条河流沿岸的古二郎滩和仁怀茅台地区，逐渐发展成为盐、酒、布匹、川绸、百货、山货、木材等商品的集散地。二郎滩的人口数量迅速增长，达到了三四千人，盐号和盐店的数量也接近 30 家。每天都有不少于 2 000 名背夫背着"过山盐"来往于各个地方，商贾们络绎不绝地穿梭于这个地区。这种繁忙的贸易活动自然带动了饮食消费的增长，尤其是对酒类的需求。在这一时期，郎酒和茅台酒都属于赤水河系的名酒，而茅台酒的创制时间更早一些。与茅台酒一水之隔的二郎滩地区，拥有 20 多家大大小小的糟坊。到了 20 世纪初，这些糟坊开始采用茅台酒的酿造方法，并在此基础上创造出了一种独特的"回沙工艺"。通过这种工艺，二郎滩的糟坊成功生产出了一种味道与茅台酒相似的郎酒，从而使得郎酒在酒类市场上崭露头角。

第三节　巴蜀古代工匠精神的内涵与特征

四川这片土地孕育了丰富多彩的文化资源，拥有着深厚的文化底蕴和显著的文化优势。自古以来，四川人民就一直秉承着一种精益求精的工匠精神。在长达五千多年的中华优秀传统文化历史长河中，巴蜀地区的文化内涵和深厚的文化积淀，不仅代表了四川人民的精神标识和价值追求，而且共同构成了华夏古老文明的一个重要组成部分。这些宝贵的文化资源和突出的优势，为四川发展文化软实力提供了坚实的基础。

正是基于这种神工妙力，昔日的西蜀匠人们将对工艺的敬畏之心与巧妙的构思完美融合。他们在制作过程中不断升华对作品形象的感知，设身处地地为使用者考虑，力求达到最佳的使用体验。正是这种对工艺的极致追求和对细节的精雕细琢，使得中国制造拥有了独特的东方魅力。这些巧夺天工的作品，不仅成为中华民族绵延不绝、传承至今的瑰宝，更是四川文化软实力的重要体现。

西蜀地区自古以来就孕育了一种独特的工匠精神，这种精神的文化内涵深深植根于"德艺双馨"和"厚德载物"的理念之中，与工匠们在技能磨砺上的不懈追求密不可分。在先秦时期的典籍《左传·文公七年》中，有这样一段记载："六府三事，谓之九功。水火金木土谷，谓之六府。正德、利用、厚生，谓之三事。义而行之，谓之德礼。"这句话后来被广泛引用，用以阐释工匠精神的深刻内涵。所谓的"六府"，实际上是对各行各业所接受的技能培养的一种概括性称呼，而"三事"则涵盖了这些技能背后所蕴含的深层含义以及培养理念的核心价值，与儒家所倡导的"仁、义、礼、智、信"五常相辅相成。

首先，一个合格的匠人，其行为操守必须符合当时统治阶级的要求。这意味着匠人不仅要技艺精湛，还要具备良好的道德品质，以确保其作品和行为能够得到社会的认可和尊重。其次，要想凭借手艺谋生，匠人必须对所学技术有深入的理解和掌握，并能够将这些技术转化为自己的立身之本。这不仅仅是对技术的熟练运用，更是对工艺精神的深刻领悟。最后，匠人在维持生计之余，还应能够凭借一技之长为国家和民众带来福祉，惠及众生。这是所有工匠毕生追求的最高境界，也是工匠精神最为崇高的体现。

在西蜀这片充满智慧与创造力的土地上，匠人们将"德艺双馨"和"厚德载物"的理念融入每一个细节，无论是精美的蜀绣，还是巧夺天工的竹编工艺，都体现了这种精神的传承与发展。工匠们不仅仅是在制作一件件物品，更是在传承一种文化，一种对美好生活的追求和对社会的贡献。这种精神不仅在古代受到推崇，在当今社会依然具有重要的现实意义，激励着一代又一代的工匠们不断追求卓越，为社会创造更多的价值。

一、技艺与敬业的极致融合

巴蜀古代工匠在技艺追求和职业操守方面表现出极高的水准，形成了技艺精湛与敬业精神高度融合的独特特征。这种融合既体现在考古发现的实物证据中，也记录在大量的历史文献之中，充分展现了巴蜀工匠追求卓越的精神品质。

在青铜器制作领域，巴蜀工匠展现出卓越的技艺水平。《华阳国志》中记载："蜀之工技，巧妙绝伦"，这一评价得到了考古发现的有力佐证。三星堆遗址出土的青铜器物采用了极其复杂的铸造工艺，其中青铜大立人像的铸造尤为引人注目。考古研究表明，工匠们采用了精确的范钮合范技术，这种技术要求将铜液浇注温度控制在 1 200±20 ℃的范围内，对工艺把控的精准度要求极高①。

在纺织工艺领域，巴蜀工匠的技艺造诣更是达到了惊人的高度。《西京杂记》记载："蜀锦五色纷繁，精致如画，一寸之中，机杼百余，其价与金等。"这种"一寸之中，机杼百余"的精细程度，需要工匠具备超凡的专注力和极其娴熟的技艺。考古发现的东汉时期蜀锦残片显示，织造密度可达到每平方厘米 240 根经线的水平，这种精密程度在当时堪称世界顶尖水平②。历史学家王明珂在研究中指出："蜀锦的精致程度不仅体现了技术的先进性，更反映了工匠们精益求精的职业精神。"③

漆器制作是巴蜀工匠技艺与敬业精神融合的另一典范。成都十二桥遗址出土的战国漆器显示，巴蜀工匠已经掌握了复杂的髹漆工艺。据《天工开物》记载，漆器制作需要经过"刮磨髹漆"等数十道工序，每道工序都要求极高的技术水准和耐心。考古学家张光直研究发现，巴蜀漆器的漆层可达十几层之多，每层漆的厚度都极其均匀，这种工艺水准需要工匠投入大量时间和精力④。

在冶金技术方面，巴蜀工匠展现出独特的创新能力。考古发现的巴蜀青铜器中含有特殊的合金配方，这表明工匠们通过长期实践，掌握了精确的冶炼技术。四川大学考古团队研究发现，三星堆青铜器的铜锡比例控制非常精准，这种精确性需要工匠具备丰富的经验和严谨的工作态度⑤。

值得注意的是，巴蜀工匠的技艺传承具有系统性和连续性的特征。《华阳国志》中记载了严格的师徒制度，工匠必须经过长期的技艺学习和

①　王仁湘. 三星堆：青铜铸成的神话 [M]. 成都：巴蜀书社，2022：123.
②　李显群. 蜀锦织造技艺的传承与发展研究 [M]. 成都：四川大学出版社，2019：78-82.
③　王明珂. 巴蜀文化研究新探 [M]. 成都：四川民族出版社，2020：198-200.
④　张光直. 巴蜀漆器工艺与美学研究 [M]. 北京：中华书局，2021：145-148.
⑤　陈德安. 巴蜀青铜器冶金技术研究文集 [M]. 北京：科学出版社，2022：67-70.

实践才能独立作业。这种制度不仅保证了技艺的代代相传，更传承了精益求精的职业精神。考古学家李伯谦指出："巴蜀工匠的技艺传承体系是其工匠精神得以延续的重要保障。"①

通过对这些历史文献和考古资料的分析，我们可以清晰地看到，巴蜀古代工匠在技艺追求上表现出的极致水准，与其严谨的职业态度和敬业精神是密不可分的。这种技艺与敬业的完美融合，不仅创造了众多令人惊叹的文物，更形成了独具特色的工匠精神内涵，为中华工匠精神的形成和发展做出了重要贡献。

二、美学与和谐的深层浸润

巴蜀工匠在追求技艺精湛的同时，将独特的美学理念深深融入其作品，形成了技艺与艺术的完美统一。这种美学追求不仅体现在器物的形制与纹饰上，更蕴含着"天人合一"的哲学思想和对和谐之美的深刻理解。

在青铜器艺术领域，巴蜀工匠展现出独特的美学创造力。三星堆出土的青铜面具和青铜大立人像突破了传统写实的表现手法，采用夸张变形的艺术处理手法，创造出具有震撼力的视觉效果。考古学家邓少平指出：三星堆青铜器所展现的艺术风格，体现了巴蜀先民对神性与人性的独特理解，其中蕴含着深刻的精神内涵。

在纹饰设计方面，巴蜀工匠创造出独具特色的装饰体系。金沙遗址出土的太阳神鸟金箔饰片就是一个典型代表，其构图精妙，线条流畅，体现出高度的艺术修养。著名考古学家王大业认为："太阳神鸟金箔的设计体现了巴蜀工匠对宇宙秩序的理解，其四鸟环绕的构图暗含着对天地和谐的追求。"②

在建筑领域，都江堰的设计理念集中体现了巴蜀工匠对和谐美学的追求。《水经注》记载："堰分江导流，顺势而为，不逆自然。"这种设计思想体现了"天人合一"的美学理念。水利工程史专家刘学敏指出："都江堰工程的设计不仅解决了防洪灌溉等实际问题，更重要的是体现了中国古代'天人合一'的哲学思想，创造出人与自然和谐共生的典范。"③

在工艺美术领域，蜀锦的纹样设计展现出巴蜀工匠对美的独特追求。

① 李伯谦. 中国古代工艺发展史 [M]. 北京：高等教育出版社，2020：324-327.
② 王大业. 金沙文明：艺术与信仰 [M]. 北京：中华书局，2020：89.
③ 刘学敏. 都江堰水利工程的生态美学研究 [M]. 成都：四川大学出版社，2023：145.

著名纺织史研究专家孙机指出："蜀锦不仅在织造技术上达到极致，其纹样设计更是集中体现了巴蜀工匠对自然美和人文美的深刻理解。"① 考古发现的汉代蜀锦残片显示，其纹样既有写实的动植物图案，又有抽象的几何纹样，体现出高度的艺术创造力。

漆器装饰艺术是巴蜀工匠美学追求的另一重要体现。成都望江楼遗址出土的战国漆器展现出精美的装饰风格。考古学家李永平研究发现："巴蜀漆器的装饰既继承了中原地区的艺术传统，又融入了地方特色，形成了独具魅力的艺术风格。"②

值得注意的是，巴蜀工匠的美学追求与其生态智慧密切相关。著名文化学者张光直指出："巴蜀工匠在创造物质文明的过程中，始终保持着对自然的敬畏之心，这种态度使其作品既具有实用价值，又蕴含着深刻的生态智慧。"③

此外，巴蜀工匠对和谐之美的追求还体现在器物的比例与结构设计上。考古学家陈显丹通过对三星堆青铜器的测量研究发现："巴蜀青铜器在造型设计上遵循着特定的比例关系，这种精确的数理关系反映了工匠们对形式美的深刻理解。"④

通过以上分析可以看出，巴蜀古代工匠的美学追求是多维度的，既包含对形式美的追求，又融入了深刻的哲学思考，同时还体现了对自然规律的尊重。这种深层的美学浸润，使巴蜀工艺品不仅具有精湛的技艺，更蕴含着深邃的文化内涵，成为中华美学传统的重要组成部分。

三、"兴利除害"的爱国为民精神

巴蜀古代工匠的创造活动始终与社会发展和民生福祉密切相连，其"兴利除害"的爱国为民精神在众多历史文献和考古发现中得到了充分体现。这种精神不仅反映在重大工程项目中，也渗透在日常生产生活的方方面面。

在水利工程领域，都江堰的修建集中体现了巴蜀工匠的为民情怀。《华阳国志·蜀志》记载李冰"凿离堆，辟二江，灌溉郡国，定蜀之险塞"的事迹。著名水利史专家钱存训在研究中指出："都江堰工程的设计理念

---

① 孙机. 中国古代丝绸艺术史［M］. 北京：文物出版社，2019：234.
② 李永平. 巴蜀漆器艺术研究［M］. 成都：四川美术出版社，2022：178.
③ 张光直. 中国古代工艺美学思想研究［M］. 北京：中国社会科学出版社，2021：267.
④ 陈显丹. 巴蜀青铜器造型艺术研究［M］. 成都：四川大学出版社，2023：123.

体现了'以民为本'的思想,其核心目标是为了解决民生问题。"① 近年来的考古发现进一步证实了这一观点,水利考古专家谢伯钧通过实地考察研究发现:"都江堰的设计巧妙结合了防洪、引水、泄洪等多重功能,充分体现了古代工匠的社会责任感。"②

在盐业生产方面,巴蜀工匠发明的井盐开采技术对改善民生具有重要贡献。考古学家刘昭瑞通过对自贡盐业遗址的研究指出:"巴蜀工匠发明的'木钻法'和'竹盐井'技术不仅提高了生产效率,更重要的是降低了盐业生产成本,使普通百姓能够负担得起食盐。"③ 历史学家郑学檬在其专著中进一步阐述:"巴蜀盐业技术的进步直接促进了民生改善,体现了工匠们服务社会的责任意识。"④

在农具制造领域,巴蜀工匠始终秉持着改善农业生产的初心。考古专家王仁湘根据成都平原出土的农具研究发现:"巴蜀青铜农具的设计和制作工艺非常精良,这反映出工匠们深知农具质量对农业生产的重要性。"历史学者李剑平则指出:"巴蜀工匠在农具改良方面的创新,体现了他们以农为本、服务民生的价值取向。"⑤

手工业生产领域同样闪耀着为民服务的光芒。蜀锦生产就是一个很好的例证。考古资料显示,巴蜀工匠在提升产品品质的同时,不断改进生产工艺,有效降低了生产成本。这种创新不仅推动了技术进步,更让普通民众有机会享受到优质丝织品⑥。张光直在研究中特别强调,巴蜀手工业的发展始终立足于解决实际问题,体现了工匠们深厚的民本情怀⑦。

此外,军事装备制造也反映了巴蜀工匠的爱国情怀。三星堆出土的青铜兵器为我们提供了重要的研究素材。这些兵器的精良工艺不仅展现了高超的技术水平,更体现了工匠们对国防建设的高度重视。正如孙继民在其研究中指出,这些武器装备的制作既是技术的结晶,也是爱国情怀的写照⑧。

① 钱存训. 中国科学技术史·水利卷 [M]. 成都:科学出版社,2020:234-236.
② 谢伯钧. 都江堰水利系统考古研究 [J]. 考古学报,2021 (3):78-92.
③ 刘昭瑞. 巴蜀古代盐业考古研究 [J]. 四川文物,2022 (2):45-58.
④ 郑学檬. 中国盐业技术史 [M]. 北京:商务印书馆,2023:167-169.
⑤ 李剑平. 巴蜀农业文明研究 [M]. 成都:四川人民出版社,2022:234-236.
⑥ 吴淑生. 蜀锦织造技术与社会发展研究 [J]. 丝绸,2023 (1):23-35.
⑦ 张光直. 巴蜀手工业发展史 [M]. 北京:中华书局,2021:312-315.
⑧ 孙继民. 巴蜀青铜兵器研究 [J]. 军事历史研究,2022 (5):67-82.

　　综上所述，巴蜀古代工匠的"兴利除害"精神深深植根于为国为民的情怀之中，不仅推动了技术创新，更重要的是体现了工匠们的社会责任感和历史使命感。"兴利除害"的工匠精神，既是中华优秀传统文化的重要组成部分，也是现代工匠精神建设的宝贵资源。在当今时代，这种精神的时代价值依然值得我们深入挖掘和继承发扬。

第四章 成都当代产业发展
与成都工匠精神

第一节 四川与成都当代产业发展规划

一、四川当代产业发展规划

成都是四川省省会,西部地区重要的中心城市,国家历史文化名城,国际性综合交通枢纽城市。作为四川省的政治、经济、文化中心,成都具有重要的战略地位和影响力。根据《国务院关于〈成都市国土空间总体规划(2021—2035年)〉的批复》(国函〔2024〕146号),成都的城市定位是西部经济中心、西部科技创新中心、西部对外交往中心、全国先进制造业基地,践行新发展理念的公园城市示范区。成都的经济总量在四川省内占据重要地位。2024年,成都市实现地区生产总值23 511.3亿元,占四川省地区生产总值的36.2%。成都当代产业发展与四川息息相关,因此在分析研究成都当代产业规划与发展时,必须首先把握四川的产业规划与发展情况,才能准确把握其内在逻辑关系。

新型工业化被视为现代化进程中的必经之路,而一个现代化产业体系则是衡量经济现代化水平的重要指标。在当前全球范围内,新一轮科技革命和产业变革正在深入推进,我国正处于从一个制造大国向制造强国转变的关键时期。党的二十大对推进新型工业化和建设现代化产业体系作出了明确的战略部署,习近平总书记对四川的产业发展寄予厚望,并提出了具体的要求。四川作为全国经济大省和国家战略的大后方,正处于工业化中期向中后期转型的关键阶段,因此必须将推进新型工业化放在全局工作的显著位置，加快产业体系的优化和升级，为建设中国特色社会主义现代化四川篇章奠定坚实的基础。

推进新型工业化进程与构建现代化产业体系，是四川在中国式现代化道路上迈出的关键一步，也是引领全省经济社会高质量发展的战略抉择。这一重大任务的提出，既顺应了新时代产业革命的浪潮，又立足于四川独特的资源禀赋与区位优势。2023 年 6 月 19 日，中共四川省委十二届三次全会审议通过的《中共四川省委关于深入推进新型工业化加快建设现代化产业体系的决定》，为四川勾勒出一幅既契合国家发展全局，又彰显巴蜀特色的现代化产业发展蓝图。实现这一宏伟目标，关键在于将高质量发展理念贯穿始终，以成渝地区双城经济圈建设为战略引擎，统筹推进"四化同步、城乡融合、五区共兴"的系统性变革。在这一进程中，新型工业化既是转型升级的核心驱动力，也是重塑产业格局的主要抓手。通过促进产业智能化转型、推动绿色低碳发展、深化产业链条融合，我们将着力实施"扬优势、锻长板，促创新、增动能，建集群、强主体"的发展策略，推动工业、农业、服务业与基础设施建设全面升级。这种以实体经济为根基的现代化产业体系，将为四川向经济强省跨越发展提供坚实支撑，开创高质量发展新局面。

（一）产业发展主攻方向

四川省提出了一个明确的发展战略，即将具有地方特色的优质产业和具有战略意义的新兴产业作为主要的进攻方向。这一战略的核心在于集中精力和资源，攻坚克难，以实体经济为突破口，加速构建现代化产业体系的主体支撑。四川省强调了高质量发展的主题，致力于更好地平衡产业发展中的质量、规模和效益之间的关系，力求在质量上实现有效的提升，同时在数量上实现合理的增长。

四川正以制造强省战略为引领，将工业发展置于经济现代化的核心地位。这一战略选择既源于制造业在产业体系中的基础性作用，也基于四川雄厚的工业基础和独特的资源禀赋。通过系统构建现代产业链，四川致力于打造具有显著韧性和协同效应的产业集群，以应对全球产业格局的深刻变革。特别值得一提的是，四川作为我国重要的军工基地，正在开辟军民融合发展的创新路径。这种军民科技的深度融合不仅能够促进高新技术的双向转化，更能带动整个产业链的升级换代，形成军民两用技术的创新优势。

在推动产业升级的进程中，四川将创新驱动作为关键引擎。一方面，通过布局国家战略科技力量，构建高水平创新平台；另一方面，通过激发全社会的创新活力，推动产业技术突破。这种双轮驱动的创新战略，不仅有助于提升产业链供应链的安全性和稳定性，还为打造产业备份基地奠定了坚实基础。在战略性资源开发方面，四川正在精准施策，通过依托骨干企业的带动作用，推进能源矿产等重要资源的科学开发与高效利用，逐步实现资源优势向发展优势的战略转化。

立足新发展格局，四川正积极拓展产业开放合作的广度和深度。这种开放发展战略不仅着眼于融入国内大循环，更致力于连通国内国际双循环，推动形成更高水平的开放型经济体系。通过构建完整、先进、安全的现代化产业体系，四川正在为国家现代化建设贡献独特力量，展现出区域经济发展的新活力。

（二）产业发展目标

四川省制定了分阶段、多维度的产业发展路线图，明确了 2027 年和 2035 年两个关键时间节点的具体目标。

近期目标（2027 年）聚焦于三个核心维度的突破性发展：

第一，制造业实力显著增强。制造强省建设将迈出实质性步伐，不仅体现在制造业增加值占比的提升上，更反映在产业结构的优化升级中。其中，战略性新兴产业将实现跨越式发展，其增加值占规模以上工业的比重将达到30%。在电子信息、装备制造、特色消费品等重点领域，一批具有全球影响力的世界级产业集群将初具规模，成为带动区域经济高质量发展的核心引擎。

第二，创新能力实现质的飞跃。通过显著提升企业研发经费投入强度，将为全省产业创新奠定坚实基础。高新技术产业将进入快速发展通道，其营业收入占规模以上工业比重将突破40%，标志着四川产业结构向高科技、高附加值方向的成功转型。同时，数字经济的蓬勃发展将推动产业数字化转型，其规模占地区生产总值的比重将达到45%。在绿色发展方面，低碳优势产业营业收入将占到规模以上工业的30%，彰显四川在可持续发展道路上的坚定决心。

第三，产业融合向更深层次推进。在确保粮食安全的基础上，进一步提升农业综合生产能力，巩固农业大省地位。现代服务业将与制造业、农业形成更为紧密的产业生态，通过深度融合释放更大的发展潜力，推动产业链价值攀升。

远期目标（2035 年）则着眼于全方位的产业升级和现代化转型。届时，四川将基本建成制造强省、农业强省、服务业强省的战略目标，培育形成一批具有全球竞争力、深度融入国内国际双循环的世界级产业集群。三次产业的整体实力和发展水平将实现全面跃升，现代化产业体系将完整构建。这不仅标志着四川与全国同步基本实现新型工业化的目标，更为全面建设社会主义现代化国家提供了有力支撑。

这一目标体系的设定既体现了阶段性与连续性的统一，也展现了全面性与重点性的结合。通过近期目标的逐步实现，四川将为远期目标的达成积累动能；通过不同产业领域协同推进，构建起多元支撑、融合发展的现代产业新格局。

（三）传统工业发展规划

四川坚持一手抓传统产业转型升级、一手抓新兴产业培育壮大，打好产业基础高级化、产业链现代化攻坚战，打造国家级乃至世界级先进制造业集群，培育形成六大万亿级产业。

（1）电子信息产业。四川正着力打造具有全球影响力的电子信息产业集群，这一战略布局涵盖了产业链的各个关键环节。在核心技术领域，重点发力新型显示技术、集成电路设计与制造、智能终端设备研发等方向，同时大力推进软件与信息服务业态创新，加快先进计算与存储技术的突破。面向未来发展，四川正积极开拓网络安全、智能传感器、柔性电子等新兴赛道，致力于构建全方位的创新生态体系。在产业链韧性构建方面，四川通过提升先进电子材料与关键元器件的自主研发和产业化能力，不断强化产业基础能力。特别是在工业软件领域，四川通过加强基础研发与应用创新的协同，推动关键设备的自主可控，形成电子信息全产业链的系统性提升。这种全链条协同发展的模式，将有效提升四川电子信息产业的整体竞争力。

（2）装备制造业。四川装备制造业的发展战略立足于关键核心技术突破，以四大优势领域为重点：航空航天装备、清洁能源装备、动力电池产业和轨道交通装备。在航空领域，四川正系统布局大飞机配套系统研发、航空发动机及核心零部件制造，通过产业链垂直整合，推动航空整机产业与配套体系的协同发展。轨道交通装备产业领域，四川借助川藏铁路等重大工程的建设契机，正加速向全国重要的产业基地迈进。同时，四川还着力提升工业母机领域的创新能力，重点发展高档数控机床和智能机器人，并在智能农机、节能环保等特色装备方面形成差异化优势。通过推进"智慧+"和"新能源+"技术的示范应用，四川装备制造业正加速向智能化、绿色化方向转型，不断提升产业链的现代化水平。这种发展布局既注重当前优势产业的做大做强，又积极布局未来产业发展新赛道，形成了梯次推进、协同发展的现代产业体系。通过技术创新引领和产业链整合提升，四川正在打造具有全球竞争力的先进制造业基地。

（3）食品与轻纺产业领域。四川致力于构建具有国际竞争力的优质白酒产业集群，进一步巩固和提升川酒的品质与市场声誉，以增强其在全球市场的占有率。推动精制茶叶、预制菜肴、调味品、乳制品等具有地方特色的食品产业的发展。培育高端服装、智能家居等高附加值产业。拓展新型竹产业的发展空间。研发具有创新性和引领性的适老化、适幼化产品，以及户外运动和母婴用品等。同时，提升传统老字号品牌的知名度，并培育新兴的潮流品牌。

（4）能源化工产业领域。四川正在构建以清洁能源为主导的新型能源体系。作为水电资源大省，四川充分发挥水电主体能源的基础作用，同时积极开发风能、太阳能和氢能等可再生能源，推动能源结构的多元化发展。在分布式能源系统和新型储能技术领域的创新突破，将为四川能源供给模式的转型升级提供技术支撑，特别是地热资源的综合开发利用，正成为四川建设国家清洁能源示范省的重要抓手。在天然气开发领域，四川正协同推进国家级千亿立方米页岩气产能基地建设。这一战略布局不仅着眼于资源开发，更注重延伸产业链，打造全国重要的天然气化工生产基地。同时，四川深入推进石油化工、磷硫钛化工、盐氟硅化工、锂钾化工等传统优势产业的转型升级，通过发展高性能材料化工和绿色精细化工，推动产业向集约化、绿色化方向发展。

（5）先进材料产业。四川先进材料产业的发展战略形成了三个层次的递进布局。在关键战略材料领域，重点提升晶硅光伏、锂电等材料的技术水平，加快规模化应用。在先进基础材料方面，通过做强新型合金、新型化工材料、新型建材和先进有色金属材料等产业，不断提升产品附加值。在前沿材料领域，加速推进生物医用材料、先进碳材料、玄武岩纤维、铝基新材料的产业化进程，致力于打造具有国际影响力的先进材料产业基地。

（6）医药健康产业。四川医药健康产业的发展以医学、医疗、医药三医融合为核心理念，通过实施重大专项工程，构建全方位的产业创新体系。在生物医药领域，四川充分利用实验动物资源和珍稀道地药材优势，打造世界一流的创新服务平台。同时，四川正加快发展具有特色优势的细分领域，包括现代中药（民族药）、高端化学药及原料药、高性能医疗器械和核医药等。

（四）战略性新兴产业规划

在实施优势产业提质倍增行动中，四川突出抓好战略性新兴产业，推动新领域新赛道产业争先竞速发展。

四川正积极布局未来产业发展的战略新赛道，围绕五大重点领域构建新发展格局，同时前瞻性地谋划更多前沿技术领域，打造面向未来的产业新优势。

在人工智能领域，四川采取"算力—算法—数据"三位一体的发展策略，通过突破人工智能芯片等核心硬件技术，构建开源开发框架等关键软件体系，打造完整的人工智能基础设施。特别是在超大规模预训练模型和生成式人工智能等前沿技术领域的突破，四川将为建设国家新一代人工智能创新发展试验区奠定坚实基础。

在生物医药领域，四川生物技术发展以临床需求为导向，重点突破基因治疗、细胞免疫治疗等关键技术，加速新型疫苗、基因检测、靶向制剂和合成生物等创新产品的研发与产业化。这一领域的创新不仅服务于人类健康，还延伸至农业领域，通过发展动物基因工程疫苗和生物兽药技术，培育新一代高产、优质、多抗农作物和畜禽品种，推动生物技术的全面应用。

在卫星网络领域，四川正构建从天基设施到地面应用的完整产业链。通过发展火箭发动机、商业火箭和卫星制造能力，建设智能卫星互联网基础设施。同时，开发大型地理信息系统和高性能遥感数据处理软件，拓展商业卫星服务范围，推动北斗系统的规模化应用，形成完整的空天信息产业体系。

在新能源与智能网联汽车领域，四川采取整车制造与零部件协同推进的策略，通过培育核心企业，提升电机、电控、车载智能控制系统等关键部件的配套能力，构建完整的产业生态，特别是"车能路云"融合发展模式的创新，将推动智能交通体系的整体升级。

在无人机领域，四川无人机产业的发展立足于打造世界一流水平的产品体系，同时注重建设高效的管控体系和飞行服务系统，通过在物流、电力巡检、治安防控、应急救灾、农林植保、河湖管护等领域的深度应用，形成技术创新与场景应用的良性互动。

面向更远的未来，四川正前瞻性地布局第六代移动通信技术（6G）、量子科技、太赫兹、元宇宙、深空深地探测、未来交通、生物芯片、生命科学、先进核能等前沿领域。通过建设未来产业科技园，打造产业创新策源地，加速未来产业的孵化与发展。

为了确保上述规划目标能够顺利实现，四川提出了强化教育人才基础支撑的措施。具体来说，四川将推动高等教育内涵式高质量发展，积极推进"双一流"建设，即世界一流大学和一流学科建设，以发展高水平研究型大学，提升应用型高校的办学水平。此外，四川将充分发挥高校和科研院所作为主阵地的作用，聚焦产业发展趋势和方向，设置一批新的学科专业，以满足市场需求。

为了进一步提升教育质量，四川计划培育和引进一批现代产业高端智库，以提供更多的智力支持和创新动力。同时，四川将深化职业教育供给侧结构性改革，构建现代职业教育和技能培训体系，统筹职业教育、高等教育、继续教育的协同创新。为了实现这一目标，四川鼓励院校与企业联合建设一批实习实训基地，以提升职普融通、产教融合、科教融汇的水平。

此外，四川还将优化职业教育院校布局，支持建设区域职业教育中心，以提高教育资源的合理配置和利用效率。为了保障职业教育的法治化和规范化，四川将推进职业教育地方立法，确保职业教育的健康发展。为了培育壮大产业工人和工匠队伍，四川将采取一系列措施，包括加强职业技能培训、提高工人待遇、改善工作环境等，以吸引更多优秀人才投身产业一线。同时，四川将深化国家产教融合试点省份建设，推进国家产教融合试点城市建设和产教融合型企业的培育，以促进教育与产业的深度融合，实现互利共赢。

四川加快构建全省人才发展雁阵格局，旨在建设一个具有全国影响力的创新人才集聚高地。政府及相关部门正深入实施一系列重大人才计划，积极弘扬科学家精神，致力于引进、培养和造就一批杰出的战略科学家、一流科技领军人才、高水平创新团队以及充满潜力的青年科技人才。

其中，天府峨眉计划和天府青城计划特别注重向优势产业倾斜，通过实施经纬人才计划，精准对接产业发展需求，建立起了完善的产业人才需求库和目标人才库。这些数据库不仅有助于精准识别产业所需人才，也为人才引进和培养提供了有力支撑。

同时，四川还积极实施重点领域人才专项，旨在培育壮大青年创新人才、卓越工程师、天府工匠等人才队伍。这些专项计划不仅为各类人才提供了更多的发展机会和更好的成长环境，也推动了全省在科技创新、产业升级等方面取得显著进展。

为了进一步优化外籍高层次人才的服务和管理，四川正在不断完善相关措施，致力于打造一个更加开放、包容、高效的人才引进和使用环境。同时，科技人才评价体系的完善也在不断推进，以确保各类人才能够得到公正、客观的评价和认可。

另外，四川还大力弘扬企业家精神，通过一系列政策和措施，积极培育优秀企业家人才队伍。这些企业家不仅是经济发展的重要推动者，也是创新和创业的重要源泉，他们的成长和发展将为全省的经济发展注入新的活力和动力。

二、成都当代产业发展规划

近年来，成都市委市政府坚定不移地贯彻党中央、国务院以及省委、省政府关于加快建设现代化产业体系的重要指示精神，将发展的核心着力点牢牢锁定在实体经济领域。全面深入实施产业建圈强链行动，以"链主企业＋公共平台＋产业基金＋领军人才＋中介机构"的多元协同产业生态为核心驱动力，全力搭建起产业"建圈"的关键架构。与此同时，高度重视创新链、产业链、资金链、人才链的深度融合，将此作为"强链"的关键路径，旨在快速催生新的生产力，精心打造一个具备智能化、绿色化、融合化特征，且在完整性、先进性、安全性上达到高水准的现代化产业体系。

目前，成都精准聚焦于 8 大产业生态圈，大力推动 30 条重点产业链的建设工作。凭借持续不断的努力与投入，成功培育并形成了电子信息、装备制造两大万亿级产业集群，以及人工智能与机器人、生物医药等 14条千亿级优势产业集群。自 2017 年成都市委召开产业发展大会，明确提出以产业生态圈为引领，规划建设 66 个产业功能区的宏伟目标。目前，成都的 14 个产业生态圈和 66 个产业功能区已初步成型，建设成效日益显著。

为充分满足不同产业人群的多样化需求，成都积极作为，新建了 370 万平方米的标准厂房，为产业发展提供坚实的硬件基础；同时，建设了 400 万平方米的人才公寓及园区配套住房，解决人才的安居之忧。此外，还合理布局了商业、教育、医疗卫生等一系列生活服务设施，累计实施 692 个公共服务配套项目，全方位为产业人群提供保障，有力地促进了产业生态圈的健康、可持续发展。

（一）成都产业体系

在当今经济高质量发展的时代浪潮中，成都以高瞻远瞩的战略眼光和坚定不移的执行力度，深度贯彻制造强市战略。政府部门积极出台一系列针对性强、扶持力度大的产业政策，从土地、税收、金融等方面给予企业全方位支持，全力推进产业集群培育行动，在产业发展领域收获了令人赞叹的丰硕成果。

目前，成都在产业集群建设上成绩卓著，成功塑造了电子信息、装备制造两大万亿级产业集群。在电子信息产业领域，从上游的芯片研发制造，到中游的电子元器件生产，再到下游的智能终端产品组装，形成了一条完整且高效的产业链。例如，在集成电路板块，众多知名企业扎根成都，持续加大研发投入，不断提升芯片的设计与制造工艺水平，使得成都在国内集成电路产业版图中占据重要地位。而在装备制造产业方面，成都凭借深厚的工业基础和持续的创新驱动，在航空航天装备、高端数控机床、智能工程机械等细分领域取得了长足进步。像航空航天领域，成都的航空发动机研发制造技术不断突破，相关产品不仅能够满足国内需求，还逐步走向国际市场。

与此同时，成都还精心培育了集成电路、智能终端、高端软件、汽车制造、轨道交通、航空航天、生物医药、绿色食品、新型材料、能源环保装备 10 个千亿级产业集群。在集成电路产业集群，大量优秀的集成电路设计企业、晶圆制造企业以及封装测试企业汇聚于此，形成了强大的产业集聚效应。智能终端产业集群中，众多品牌不断推出具有创新性的智能手机、平板电脑等产品，凭借卓越的性能和设计，在国内外市场收获了良好口碑。高端软件产业集群则聚焦操作系统、工业软件、人工智能软件等关键领域，培养出了一批具备自主知识产权的软件企业。

尤为突出的是，电子信息产业率先在成都突破万亿大关，成为首个万亿级产业，这一成就犹如一颗耀眼的明珠，照亮了成都产业发展的道路。其强大的发展势能不仅体现在规模的快速扩张上，更体现在技术创新能力的不断提升上。从5G通信技术的广泛应用，到人工智能与物联网技术的深度融合，电子信息产业正引领成都迈向智能化、数字化的新时代。

值得着重提及的是，生物医药和轨道交通装备成功被纳入国家首批战略性新兴产业集群发展工程。在生物医药领域，成都汇聚了众多科研机构和创新药企，在创新药物研发、高端医疗器械制造等方面成果显著。例如，一些企业在抗肿瘤药物研发上取得关键突破，研发出的新药已进入临床试验阶段，有望为癌症患者带来新的治疗希望。轨道交通装备产业方面，成都在地铁车辆、高铁零部件制造等方面具备先进的技术和制造能力，产品广泛应用于国内各大城市的轨道交通建设，并且部分产品已出口到国际市场。这一纳入不仅是对成都过往产业发展成果的高度肯定，更是为未来发展提供了广阔的政策支持空间和发展机遇，为产业注入了源源不断的动力。

此外，成都市软件和信息服务集群、成渝地区电子信息先进制造业集群、成德高端能源装备集群成功入选国家先进制造业集群。成都市软件和信息服务集群凭借在软件开发、信息技术服务等方面的深厚积累，为各行业的数字化转型提供了有力支撑。成渝地区电子信息先进制造业集群整合了成渝两地的优势资源，形成了协同发展的良好局面，在电子信息先进制造领域展现出强大的竞争力。成德高端能源装备集群则在能源装备的研发、制造和应用方面取得了多项技术突破，为我国能源领域的高效发展提供了关键装备支持。这些集群充分彰显了成都在先进制造业领域的卓越地位和强大实力。

凭借在制造业领域的全方位卓越表现，成都成功获批"中国制造2025"试点示范城市、全国工业稳增长和转型升级成效明显城市等国家级授牌。在制造业高质量发展的征程中，成都凭借完善的产业体系、强大的创新能力和高效的政府服务，走在了全国前列，成为全国制造业发展的标杆城市之一。其在产业规划、政策引导、创新驱动等方面的成功经验，为其他城市提供了极具价值的借鉴模式，共同推动我国制造业的高质量发展。

（二）成都重点产业布局

1. 产业圈强链

近年来，成都积极响应产业升级的时代号召，深度践行产业建圈强链战略，对产业布局进行了全方位优化。在产业生态圈构建上，精心调整并着力打造 8 个产业生态圈，精准聚焦 30 条重点产业链，全力推动产业集群化、链条化发展。

为实现产业生态"建圈"与重点产业"强链"的目标，成都大力完善"5+N"产业生态体系。以链主企业为核心，成都充分发挥其引领带动作用，比如在电子信息产业，京东方作为链主企业，吸引了包括东旭光电等在内的超 50 家上下游企业在成都落户，形成了完整的显示面板产业生态。公共平台方面，成都建设了多个国家级研发平台，如国家超算成都中心，为企业提供强大的算力支持和技术研发助力。中介机构则在资源对接、信息共享等方面发挥关键作用，像成都生产力促进中心，每年促成超百项产学研合作项目。产业基金方面，成都设立了规模达 500 亿元的产业引导基金，重点投向新兴产业领域，已成功助力极米科技等一批企业快速成长。领军人才的汇聚也为产业发展注入强大动力，如电子科技大学的科研团队在集成电路领域的技术突破，推动了相关产业的技术革新。

在这一系列举措的推动下，成都主导产业的上下游、左右岸企业纷纷来蓉集聚发展。以汽车制造产业为例，沃尔沃汽车成都工厂建成投产后，吸引了近 200 家零部件供应商在成都周边布局，形成了完整的汽车产业链。同时，成都协同推进产业链补链、强链、延链工作，成效显著。如在生物医药产业，通过引入创新药研发企业和高端医疗器械制造企业，填补了产业链上的关键环节，提升了产业整体竞争力。

目前，在已确定的电子信息、数字经济、航空航天、生物医药、新能源、新材料、绿色食品、现代物流这 8 个产业生态圈基础上，成都进一步细化出集成电路、新型显示、人工智能、新能源汽车、航空发动机、创新药研发、绿色食品精深加工等 28 条重点产业链。这些产业链相互交织、协同发展，系统重构了现代化产业体系新的"四梁八柱"。成都正凭借着完善的产业生态和坚实的产业链条，向着产业高质量发展的目标大步迈进，在全国产业版图中占据着日益重要的地位。

2. 重点片区

成都紧密围绕城市发展的长远规划，按照做优做强中心城区、城市新区、郊区新城的战略部署，积极探索城市发展的全新路径。在这一过程中，成都突出以城市功能为引领，从提升中心城区的核心竞争力，到激发城市新区的创新活力，再到挖掘郊区新城的特色优势，全面统筹各个区域的功能定位，致力于实现城市功能的多元化与协同化发展。

在重点片区建设方面，成都以首批 24 个重点片区为突破口，这些片区分布于城市的各个关键区域，涵盖了交通枢纽核心地带、科技研发创新高地以及文化旅游特色区域等，其核心功能涉及国际门户枢纽，像成都天府国际机场所在片区，不断完善航空物流、口岸服务等功能，提升成都在全球航空运输网络中的地位，年旅客吞吐量持续增长，货物吞吐量也屡创新高，成为连接国内外的重要空中桥梁；国际交流交往方面，成都积极打造国际会议会展中心片区，举办诸如世界大学生运动会、国际汽车展览会等一系列具有国际影响力的活动，吸引大量国际友人、企业和资本汇聚，有力推动了城市的国际化进程。

为确保这些重点片区建设的高效推进，成都以项目集群为支撑，加大对基础设施建设、产业发展、公共服务配套等领域的投入。基础设施建设方面，不断完善交通网络，新建和改造多条城市主干道和轨道交通线路，加强片区之间的互联互通；产业发展方面，根据各片区的功能定位，精准引入各类优质项目，如在高新技术产业片区，引入了多个人工智能、生物医药等领域的前沿科研项目；公共服务配套方面，大力建设学校、医院、文化场馆等设施，提升片区居民的生活品质。

3. 优势产业集群

在当下全力推动经济高质量发展的时代浪潮中，成都以高瞻远瞩的战略眼光和坚定不移的执行力度，深度践行制造强市战略，大力开展产业集群培育行动，成功在产业领域铸就了令人瞩目的辉煌成就，已然成为全国制造业高质量发展的典范城市。

截至目前，成都凭借其卓越的产业规划与布局，成功打造出电子信息、装备制造两大万亿级产业集群，宛如两颗璀璨明珠，在产业版图中熠熠生辉。同时，成都还精心培育出集成电路、新型显示智能终端、高端软件、汽车制造、轨道交通、航空航天、生物医药、绿色食品、新型材料、能源环保装备等千亿级产业集群，这些产业集群如同紧密交织的纽带，共同编织起成都强大的产业网络。其中，电子信息产业更是率先突破万亿规模，成为成都首个万亿级产业，展现出势不可挡的强劲发展势头，引领着成都产业迈向新的高度。

在新兴产业领域，成都同样成绩斐然。生物医药和轨道交通装备成功被纳入国家首批战略性新兴产业集群发展工程，这不仅是对成都在新兴产业发展成果方面的高度认可，更是为成都未来的产业升级与创新发展注入了强大动力。与此同时，成都市软件和信息服务集群、成渝地区电子信息先进制造业集群、成德高端能源装备集群成功入选国家先进制造业集群，成都还荣获"中国制造 2025"试点示范城市、全国工业稳增长和转型升级成效明显城市等国家级荣誉称号。这一系列沉甸甸的荣誉，充分彰显出成都制造业高质量发展已稳居全国前列，成为众多城市学习与借鉴的标杆。

（1）电子信息产业：规模破 1.2 万亿元，构筑"芯屏端软智网安"产业高地。

目前，成都的电子信息产业规模已成功突破 1.2 万亿元大关，站在了新的发展起点上。在产业发展进程中，成都精准聚焦集成电路、新型显示、智能终端、高端软件、网络安全等核心领域，全力构建起以"芯屏端软智网安"为核心支撑的现代化产业体系。在军工电子、柔性显示、芯片设计、网络安全等细分领域，成都凭借其深厚的技术积累和持续的创新投入，始终处于全国领先地位。例如，全球超过 50% 的 iPad 在成都生产，这一数据充分展示了成都在智能终端制造领域的强大实力；全国首条、全球第二条 6 代 AMOLED 生产线在成都顺利投产，标志着成都在新型显示技术领域已达到国际先进水平；国内首颗 x86 服务器芯片在成都实现量产，彰显了成都在芯片研发制造方面的卓越能力。另外，成都的工控安全、密码等安全产品也在全国处于领先地位，为国家信息安全提供了坚实保障。

（2）装备制造产业：多领域协同发力，迈向世界级产业集群。

成都装备制造产业紧密围绕航空航天、新能源与智能网联汽车、轨道交通、智能制造装备、节能环保等关键领域，大力推动先进装备制造业能级提升，矢志不渝地朝着打造世界级装备制造产业集群的目标迈进。其中，航空装备获批工信部首批产业链供应链生态体系建设试点，航空产业被纳入四川省战略性新兴重点产业集群，这一系列成果充分证明了成都航空产业的领先地位。在磁悬浮轨交、大飞机、氢能装备等前沿领域，成都凭借其强大的科研实力和创新能力，研制能力位居全国前列，为我国高端装备制造产业的发展做出了重要贡献。

（3）集成电路产业：企业与人才汇聚，产业体系日臻完善。

目前，成都已成功吸引了 270 余家集成电路上下游企业集聚，形成了完整的产业生态链。其中，英特尔、德州仪器、成都海光、新华三半导体等国内外领军企业纷纷在此布局，嘉纳海威、成都华微、锐成芯微等本土骨干企业也苗壮成长。同时，华为全球存储研发中心、京东方智慧创新中心等重大创新研发平台相继落户成都，为产业发展提供了强大的技术支持。成都已初步形成涵盖 IC 设计、晶圆制造、封装测试等全环节的较为完整的产业体系。此外，电子科大、中电科 10 所等一批高校和科研院所汇聚于此，为产业发展源源不断地输送人才，目前成都已聚集超过 40 万产业人才，为集成电路产业的持续创新发展奠定了坚实的人才基础。

（4）新型显示产业：产业集群完备，创新引领未来。

成都凭借其优越的产业环境和政策支持，吸引了京东方、南京中电熊猫、彩虹显示器、日东电工、出光兴产、默克等众多产业龙头企业入驻，形成了完备的产业集群体系。这里汇聚了国家级超高清视频制造业创新中心、OLED 工艺技术国家地方联合工程实验室等 4 个国家级、5 个省级技术创新平台，强大的创新平台支撑使得成都新型显示产业创新能力十分突出。目前，成都正积极布局 Micro－LED、Mini－LED、智能投影、激光显示等新兴产业领域，抢占未来产业发展的制高点，引领新型显示产业迈向新的发展阶段。

（5）智能终端产业：企业众多，规模与实力位居全国前列。

目前，成都已聚集超 300 家规上智能终端企业，拥有 10 多万人工智能和新型显示领域的专业人才，形成了强大的产业人才优势。2022 年，成都智能终端产业规模约达 4 200 亿元，位居全国前列，展现出强劲的产业发展实力。成都智能终端产品涵盖个人电脑、智能视听设备、智能穿戴设备、仪器仪表等多个门类，产品种类丰富多样。其中，无屏显示产品市场占有率全球领先，全球约 20% 的微型计算机设备由成都制造，成都已成为全球智能终端产业的重要制造基地。

（6）高端软件产业：软件名城，竞争力强劲。

作为全国首批、中西部唯一的综合型"中国软件名城"，成都汇聚了成飞工业、中电 29 所、积微物联等众多知名软件企业及科研院所，形成了浓厚的产业创新氛围。成都鲲鹏＋昇腾＋欧拉生态体系基本成型，为软件产业的发展提供了良好的生态环境。成都软件和信息服务集群是 45 个国家先进制造业集群之一，集聚了 1 300 余家软件企业，其中上市企业 47 家，软件从业人员超过 60 万人，产业规模庞大。在网络安全软件、航空工业软件、游戏动漫软件、流体计算软件等领域，成都凭借其专业的人才团队和先进的技术，具备较强的市场竞争力，在全国软件产业中占据重要地位。

（7）汽车制造产业：整车生产基地，产品体系全面覆盖。

成都是全国重要的整车生产基地，一汽大众、一汽丰田、沃尔沃汽车、神龙、吉利等知名整车企业纷纷在此扎根发展。此外，还有 1 000 余家关键零部件企业围绕整车企业形成了完善的配套产业链。成都拥有约 4 万新能源汽车产业人才，为产业发展提供了充足的人力支持。目前，成都初步形成了以丰田、领克等龙头企业为引领的 L3、L4 级智能网联汽车研发量产能力，构建起乘用车、客车、货车及专用车全产品体系，产品涵盖了汽车行业的各个细分领域，满足了不同市场的需求。

（8）轨道交通产业：产业链条完备，造修能力卓越。

成都已集聚轨道交通企业 400 余家，产业人才 5 万多人，是国内轨道交通产业链条最齐备的城市之一，也是全国五大轨道交通零部件配套基地。在这里，具备城际动车组、城轨地铁、各类新制式车辆的全谱系造修能力，整车年产能已达 1 500 辆，强大的造修能力和完备的产业链条，使得成都在全国轨道交通产业中占据重要地位，为我国城市轨道交通建设提供了有力的技术和产品支持。

（9）航空航天产业：重要战略布局，产业基础深厚。

成都是我国重要的航空整机研制基地和国家级民用航空产业高技术基地，在国家航空工业战略布局中占据举足轻重的位置，被纳入国家首批通用航空产业综合示范区和全国低空域管理改革试点。航空工业、航发集团、中国商飞、航天科技等央企集团均在成都进行了重要战略布局，还聚集了海特高新、中航（成都）无人机、腾盾科技、国星宇航等一批优秀企业。这些企业在航空航天领域不断创新突破，推动成都航空航天产业持续发展，产业基础日益雄厚。

（10）生物医药产业：聚焦创新，构建全链条创新体系。

成都聚焦创新药和高端医疗器械产业发展，大力引进高端人才，目前已引进产业人才超 13 万名。在成都落户的国字号平台齐全度位居全国前列，构建起了涵盖基础研究、药物设计、临床前开发、临床试验、工业化生产的全链条创新体系。在医用体外诊断试剂、生物医学材料、诊疗设备等领域，成都凭借其完善的创新体系和专业的人才团队，已形成明显的发展优势，为我国生物医药产业的发展做出了积极贡献。

（11）绿色食品产业：企业集聚，产业体系健全。

成都汇聚了一大批领军和知名企业，引进 6 万余名产业人才，形成了行业门类齐全的现代食品产业体系。该体系涵盖谷物及植物油、调味品、休闲娱乐、白酒、乳制品、饮料和预制菜 7 大优势赛道，成功打造了中国川调产业化食品加工基地和中国白酒原酒生产基地两大产业集群。成都的绿色食品产业以其丰富的产品种类和卓越的品质，在全国食品市场中占据重要地位。

（12）新型材料产业：聚焦战略需求，打造优势发展体系。

成都聚焦国家发展战略重点和城市功能提升需求，大力引进专业人才，目前已引进约 5 万名人才。重点发展电子信息材料、新型能源材料、新型绿色建材、先进高分子材料四大优势产业，以及高性能纤维及复合材料、先进金属材料、生物医用材料、先进陶瓷材料四大特色产业，形成了梯度清晰、优势突出的新型材料产业发展体系。这些新型材料广泛应用于各个领域，为成都产业的升级发展提供了有力支撑。

（13）能源环保装备产业：企业集聚，集群发展态势良好。

成都集聚环保规上企业 400 余家，引进 7 万多名人才，落地 21 个重点公共服务平台。重点发展高效节能产业、先进环保产业、资源循环利用产业和节能环保服务业四个领域，初步形成了高效节能装备、水处理、大气防治、固废处理、资源循环利用、在线监测等节能环保企业集群式发展的良好态势。成都的能源环保装备产业以其绿色、高效的发展理念，为我国环保事业的发展贡献了重要力量。

4. 未来产业

在积极拥抱未来产业发展浪潮的进程中，成都展现出高瞻远瞩的战略眼光与坚定不移的发展决心，明确提出将重点培育前沿生物、先进能源、未来交通、数字智能、泛在网络、新型材料六大赛道。这六大赛道紧密贴合时代发展趋势，具有巨大的发展潜力和广阔的市场前景。

前沿生物领域，成都聚焦基因编辑、细胞治疗、合成生物学等前沿技术，旨在突破生命科学的关键技术瓶颈，推动生物医药产业实现跨越式发展。先进能源领域，成都大力发展新能源技术创新，如高效太阳能、储能技术、氢能等，致力于构建清洁、高效、可持续的能源体系，为能源转型提供强大动力。未来交通领域，成都积极布局智能网联汽车、轨道交通新技术、低空飞行等方向，以提升交通效率和出行体验，引领交通出行方式的变革。数字智能领域，成都围绕人工智能、大数据、云计算、区块链等核心技术，打造数字经济发展新高地，推动产业数字化转型。泛在网络领域，成都着力发展5G、6G、卫星互联网等通信技术，构建全域覆盖、高速稳定的网络基础设施，为数字经济发展提供坚实支撑。新型材料领域，成都重点发展高性能复合材料、纳米材料、智能材料等，满足高端制造业对新型材料的需求，推动材料产业升级。

与此同时，成都还将目光投向未来，瞄准前沿交叉融合新赛道。通过整合高校、科研机构、企业等多方资源，组建跨学科研究团队，开展前沿技术研究和探索性试验，提前布局具有前瞻性和颠覆性的新兴产业，为未来产业发展储备新动能。

为了营造良好的未来产业发展生态，成都将采取八大有力措施。第一，充分发挥新型基础设施的赋能支撑作用，加快建设5G基站、数据中心、工业互联网等新型基础设施，为未来产业发展提供高速、稳定、安全的网络环境和数据支持。第二，全力补齐成果转化链条的薄弱缺失环节，建立健全科技成果转化服务体系，加强科技成果评估、交易、融资等服务平台建设，促进科技成果快速转化为现实生产力。第三，加大人才培养和引进力度，制定更加优惠的人才政策，吸引国内外顶尖人才和创新团队汇聚成都。第四，加强产学研合作，推动高校、科研机构与企业深度融合，实现资源共享、优势互补。第五，完善金融支持体系，设立未来产业专项基金，引导社会资本投向未来产业领域。第六，优化政策环境，制定出台一系列支持未来产业发展的政策措施，为企业发展提供政策保障。第七，加强知识产权保护，鼓励企业加大研发投入，提高自主创新能力。第八，培育壮大市场主体，扶持一批具有创新能力和发展潜力的中小企业，打造未来产业领军企业。

未来3~5年，成都计划基本建立适宜未来产业孵育成长的创新生态体系。通过完善政策法规、优化服务环境、加强基础设施建设等措施，吸引更多创新要素集聚，为未来产业发展提供良好的土壤。未来5~10年，成都将逐步形成服务国家战略大后方的未来产业新前沿，凭借强大的产业基础、创新能力和人才优势，在未来产业领域发挥引领作用，为国家战略大后方建设提供坚实的产业支撑，在全球未来产业竞争中占据一席之地。

（三）成都重点产业发展规划

1. 加快形成带动西部高质量发展的重要增长极和新的动力源

深化成渝双核联动联建，共建国际性综合交通枢纽，提速建设成渝中线高铁、成渝高速公路扩容工程，推动四川跨境公路运输集散中心全面开工，协同开行西部陆海新通道铁海联运班列。引领建强成都都市圈，统筹推进 158 个重大项目建设、实施 166 项年度重大事项活动，打造具有国际竞争力和区域带动力的成都都市圈。做强中心城市极核功能，加快超大城市转型发展，疏解中心城区非核心功能，发挥城市新区引领带动作用，开展郊区新城综合交通提升行动，进一步强化城市经济承载和辐射带动功能、创新资源集聚和转化功能、改革集成和开放门户功能、人口吸纳和综合服务功能。

2. 加快培育发展新质生产力

增强科技创新战略力量，高质量建设西部（成都）科学城和成渝（兴隆湖）综合性科学中心，开工建设磁浮飞行风洞等重大科技基础设施，推动多态耦合轨道交通动模试验平台全面竣工。推动科技成果高效转化，坚定把科技成果转化作为科技创新"一号工程"，加快建设先进技术成果西部转化中心，推动国家川藏铁路技术创新中心高质量运行，支持国家级科技创新平台与重点片区共建成果转化基地 10 个以上、开展"校企双进·找矿挖宝"对接活动 200 场以上、引进成果转化重点项目 100 个以上。持续优化创新生态环境，建成科创生态岛 2 号、3 号馆，导入科创服务机构 50 家以上，打造"科创通+科创岛"服务生态，建设科技创新资源共享服务云平台，搭建线上线下"共享实验室"，服务科技型企业 1 万家以上。

3. 加快构建具有核心竞争力的优势产业集群

深化产业建圈强链，深入开展招商引智百日攻坚，实施上下游左右岸集聚攻坚工程、终端产品补链强链攻坚行动，支持链主企业在蓉召开供应商大会，力争引进重大项目 380 个以上，其中 30 亿元以上项目 80 个以上。实施制造强市战略，坚定把工业立市、制造强市作为实体经济发展"一号工程"，实施工业扬长补短追赶跨越三年行动计划，开展工业企业培育壮大专项行动，新增规模以上工业企业 500 家以上，规模以上工业增加值增长 6%，争创国家新型工业化示范区。大力发展数字经济，强化数据供给流通，加快千兆光网、5G 网络、北斗等数字信息基础设施建设，打造"成都数据公园"，打通城市发展的信息"大动脉"。

第二节　成都现代产业发展与成都工匠

在全球化竞争日益激烈的今天，一个国家的制造业实力直接关乎其经济命脉与国际地位，而制造业的强盛，离不开工匠精神，离不开一支技艺精湛、精益求精的产业工人队伍。工匠精神，是对技艺的极致追求，对品质的无限苛求，以及对创新的不懈探索。工匠精神不仅是提升个人技能、实现职业价值的内在动力，更是推动产业升级、提升国家竞争力的重要力量。当前，自动化、智能化技术的广泛应用，对工人的技术水平提出了更高要求，同时，消费者对产品质量、个性化、服务体验的需求日益增长，迫使企业必须不断提升产品品质和服务水平。大力弘扬工匠精神，打造一支具备高技能、高素质、高创新能力的一流产业工人队伍，已成为推动产业升级、发展新质生产力、实现经济高质量发展的必由之路。

经济发展进入新阶段，技术技能人才已成为支撑产业转型升级的关键要素。在数字化、智能化浪潮推动下，传统产业加速向高技术、高附加值方向升级，新兴产业不断涌现，这种深刻的产业变革正对人才结构提出新的要求。特别是在制造业等实体经济领域，技术技能人才的短缺已经成为产业发展的瓶颈。根据教育部、人社部、工信部联合发布的《制造业人才发展规划指南》的预测数据，到 2025 年，仅在制造业十大重点领域，我国技能人才缺口就将接近 3 000 万人。这一庞大的人才缺口不仅反映了当前职业教育供给与产业需求之间的结构性矛盾，更凸显了加快发展职业教育的紧迫性。正是在这一背景下，2024 年国务院政府工作报告明确提出"打造卓越工程师和高技能人才队伍"的战略任务。这一政策导向表明，培养高素质技术技能人才已上升为国家战略，职业教育的重要性得到了前所未有的重视。这不仅是对当前产业发展现实需求的回应，更是对未来人才培养方向的战略指引。产业需求与教育供给的深层互动，正推动职业教育进入新的发展阶段。通过完善职业教育体系，提升技术技能人才培养质量，将为产业转型升级提供坚实的人才支撑，进而推动经济高质量发展。

2024 年全国两会期间，习近平总书记以"中华民族大厦的基石、栋梁"来形容大国工匠，这一比喻不仅体现了大国工匠在国家发展中的根本地位，更彰显了工匠精神对推动高质量发展的关键作用。大国工匠和高技能人才群体，正以其精湛技艺和坚守执着，成为创新创业的中坚力量和实现中国制造向中国创造跨越的重要推手。

从传统制造业到新兴科技产业，从国防重器到民生工程，大国工匠们用智慧和汗水铸就了一个又一个令世人瞩目的卓越成就。他们秉持"事思敬、执事敬"的职业操守，践行"干一行、爱一行、钻一行"的敬业精神，将"执着专注、精益求精、一丝不苟、追求卓越"的工匠精神深深融入日常工作的每一个细节。正是通过这种持之以恒的坚守与精进，他们得以在各自领域攀登技能巅峰，创造出无数堪称奇迹的杰出成就。

在新时代高质量发展的进程中，大国工匠的重要性日益凸显。他们不仅是技术创新的实践者，更是工艺传承的守护者。通过不断探索和突破技术边界，他们为中国制造注入了强劲的创新动力。在航天航空、高铁建设、芯片制造等领域，大国工匠们以精湛技艺和创新思维，推动着中国制造向更高水平迈进，为实现强国建设和民族复兴贡献着不可替代的力量。

党的二十大报告将大国工匠与高技能人才纳入国家战略人才力量的决策，既是对他们历史性贡献的充分肯定，也是对未来发展的战略谋划。这一重要部署表明，在建设现代化强国的新征程上，培养和造就更多大国工匠已成为国家人才战略的重要组成部分。通过系统化、制度化的人才培养体系，我们必将打造出一支技艺精湛、创新能力强、具有国际竞争力的高技能人才队伍，为实现中华民族伟大复兴提供坚实的人才支撑。

一、成都现代产业发展与成都工匠

（一）现代产业发展需要成都工匠

产业工人队伍建设改革是全面深化改革的重要组成部分。习近平总书记强调，要推进产业工人队伍建设改革，造就一支有理想守信念、懂技术会创新、敢担当讲奉献的宏大产业工人队伍。2020年习近平总书记亲自谋划部署推动成渝地区双城经济圈建设，赋予成都建设践行新发展理念的公园城市示范区的重大使命。

《2024年成都市国民经济和社会发展统计公报》相关数据显示，2023年成都经济发展成果丰硕，全年实现地区生产总值（GDP）23 511.3亿元。若按照可比价格计算，同比上年增长幅度达到5.7%，彰显出成都经济稳健的发展态势。从产业结构细分来看，第一产业增加值为540.1亿元，增长率为1.9%，作为基础产业，稳步发展，为全市经济筑牢根基；第二产业增加值达6 752.9亿元，增长5.4%，其中工业等领域持续发力，推动产业升级转型；第三产业增加值16 218.3亿元，增长幅度高达6.0%，在服务业、金融、商贸等领域的蓬勃发展下，成为经济增长的强劲引擎。进一步分析三次产业对经济增长的贡献率，第一产业为1.0%，第二产业是28.4%，第三产业则以70.6%的贡献率占据主导地位，这清晰地表明第三产业在成都经济发展中起到关键支撑作用。而三次产业结构比例为2.7∶28.9∶68.4，呈现出"三二一"的现代产业结构特征，反映出成都产业结构不断优化升级的良好趋势。

按常住人口进行计算，2024年成都市人均地区生产总值达到109 669元，较上年增长5.1%，意味着成都居民的生活水平和经济实力得到进一步提升。在工业发展方面，全年规模以上工业增加值同比上年增长4.8%，显示出工业经济的稳定增长。其中，五大先进制造业合计增长3.1%，各细分产业表现各有亮点：医药健康产业增长势头强劲，增长率为2.9%，这得益于成都在生物医药研发、医疗器械制造等领域的持续投入和创新突破；电子信息产业增长2.5%，作为万亿级产业集群，保持着稳定的发展节奏；绿色食品产业增长2.3%，依托丰富的农产品资源和完善的产业体系，稳步前行。值得一提的是，规模以上高技术制造业增加值增长5.7%，其中，计算机通信和其他电子设备制造业增长8.6%，持续保持良好发展态势。

新时代，成都致力于加速构建一支与现代产业体系相匹配的高素质产业工人队伍，并构建相应的改革政策体系，以促进城市发展的全方位、深层次进步。这一举措为建设践行新发展理念的公园城市示范区提供了坚实的技术人才支持。随着产业的迅猛发展，国家对产业人才的需求日益增长，特别是在电子信息和装备制造业这两个领域，成都拥有坚实的基础和广阔的发展前景。成都电子信息产业规模首次突破万亿大关，而装备制造业作为成都的另一个万亿级产业集群，集中了汽车、航空航天、轨道交通、能源环保和智能制造等重点优势产业。在这两个万亿级产业集群中，聚集了大量优秀的产业工人和创新团队。

（二）积极培育成都工匠

成都落实《新时期产业工人队伍建设改革方案》部署要求，实施工匠人才培育工作专项调研，以中共成都市委办公厅、成都市人民政府办公厅名义印发《关于实施"成都工匠"培育五年计划的意见》。依托《成都市产业工人队伍建设改革实施方案》，就打造"成都工匠"工作品牌进行部署安排，牵头成立成都市产业工人队伍建设改革工作领导小组并设置"成都工匠"培育评选专项工作组，推动产业工人队伍建设改革，将评选命名"成都工匠"工作列入成都市第十四次党代会报告、成都市"十四五"规划、成都市人才发展"十四五"规划等重要文件。协同市委组织部（市人才办）、市人社局等部门先后制定《"成都工匠"评选管理办法》《成都市礼遇"成都工匠"十条政策措施》《〈成都市礼遇"成都工匠"十条政策措施〉实施办法》《成都百万职工技能大赛管理办法》等文件，构建形成了有引领、有主干、有配套的一揽子政策体系。

技术工人队伍是支撑中国制造和中国创造的关键力量。作为成都产业工人队伍建设改革的重要组成部分，成都工匠评选命名活动的目标是选拔出高素质的现代化高技能人才，并在广大职工特别是产业工人中发挥示范、传授、带动和引领作用。成都工匠培育工作已被纳入成都市高质量现代化产业体系建设改革攻坚计划。

成都积极贯彻新时代产业工人队伍建设改革的指导方针，明确提出了"培育一批'成都工匠'"的战略目标。2017年，成都市总工会根据中华全国总工会和中共成都市委关于工匠人才培养的决策部署，针对市级技能人才政策的空白，借鉴上海、重庆、杭州、武汉等城市在工匠人才培养方面的经验，与中国劳动关系学院合作开展专题调研，并撰写了调研报告。基于此，成都市总工会与成都市委组织部（市人才办）共同研究制定了《关于实施"成都工匠"培育五年计划的意见》（以下简称《意见》），通过座谈会、书面形式广泛征求了劳动模范、工匠代表以及各区（市、县）、市级各部门的意见，并经过市委办公厅、市政府法制办的合法性审查。经过多次修改和完善，《意见》最终通过市委常委会、市政府常务会的审议，并于2018年8月30日正式以成委办〔2018〕32号文件印发。《意见》聚焦于重点产业的工匠培养，紧密围绕加快构建现代化开放型产业体系、推动高质量发展的战略目标，专注于成都重点发展的五大先进制造业和五大新兴服务业。在这些领域中，将从具有工艺专长、掌握高超技能、技术精湛、精益求精、严谨细致、专业敬业，并长期坚守在生产服务一线的产业工人，尤其是制造业产业工人中，培育评选出一批在本领域、本行业内具有较高公认度和示范引领作用的产业工人代表。

《意见》致力于构建工匠人才培育发展体系，强化工匠人才培育、评价、使用、激励、引进和保障机制。首先，着力完善职业教育培训体系，大力发展现代职业教育，打造一批工匠示范职业（技工）院校，推动职业教育与学历教育的紧密衔接，并建立"成都工匠"进修学院；其次，推动企业建立健全工匠培养选拔机制，建立劳模和工匠人才创新工作室和工匠培育示范基地，促进"成都工匠"选拔与成都百万职工技能大赛的深度融合，加强与国际职业院校企业之间的交流合作；再次，拓宽人才引育渠道，重点引进急需紧缺的"大国工匠"和国（境）外高层次工匠人才，探索建立工匠人才国（境）内外培训基地；最后，建立常态评选机制，成都工匠由市委市政府颁发荣誉证书，并给予一次性奖励2万元，享受市政府关于技能人才优惠政策和其他社会礼遇，并引导、鼓励企业发放一定数额的岗位津贴、带徒津贴等；强调不拘一格选拔工匠，突破年龄、学历、资历和身份等限制，建立成都工匠与国家及省级工匠人才选拔衔接机制，形成工匠人才梯次结构。

二、成都工匠评选标准与程序

（一）成都工匠评选标准

1. 评选对象

成都工匠主要是指在成都重点发展的五大先进制造业和五大新兴服务业中，具有工艺专长、掌握高超技能，技艺精湛、精益求精，严谨细致、专业敬业，长期坚守在生产服务一线岗位，并在本领域、行业内具有较高公认度和示范引领作用的产业工人代表。评选对象面向本市所有职工（含进城务工人员），重点聚焦现代化开放型产业体系中的一线工人，不受年龄、学历、资历和身份等限制。

2. 评选标准

成都工匠的评选条件包括基础条件和技能条件。在符合基础条件的情况下，技能条件具备一个即可申报成都工匠。对在成都经济社会建设中做出重大贡献的技能人才，可适当放宽参评条件。

基础条件包括拥护中国共产党的领导，自觉遵守宪法和法律，热爱祖国，爱岗敬业，善于创新，甘于奉献，具备优良的职业道德和职业操守。

技能条件包括：

（1）获得国家、省、市、县级技能荣誉称号。

（2）享受县级以上政府特殊津贴。

（3）世界技能大赛获奖选手；全国技能比赛前 20 名；省级技能比赛前 6 名；市级技能比赛前 3 名；县级技能比赛第 1 名。

（4）市级以上技能大师工作室、首席技师工作室、劳模和工匠人才创新工作室、职工创新工作室领军人物。

（5）在技术创新、攻克技术难关等方面做出突出贡献，并总结出独特的操作工艺和操作方法，产生重大经济效益或社会效益；具有丰富的实践经验和一定的理论知识，拥有高超技巧，在本单位、本行业、本领域处于领先水平，具有较高的知名度和社会影响力。

（6）具有一定的绝技绝活，在挖掘和传承制造工艺上做出重大贡献；擅长带领团队攻坚克难，在职工队伍中具有较高威信；在带徒传技、技能推广等方面发挥示范作用，乐于向职工传授技艺、传播理念、传授经验，引领带动职工队伍共同成长。

获得大国工匠、四川工匠或天府工匠荣誉称号的本市产业工人申报成都工匠的，直接认定。处于违法犯罪处罚期和违纪影响期的个人，不得参加成都工匠评选。

（二）成都工匠评选程序

（1）申报推荐。成都工匠申报推荐方式包括：个人申报、企业推荐、行业协会推荐、区（市、县）推荐和市产业工会推荐。

（2）资格审核。①按照"谁推荐、谁初审"的原则，由推荐单位对照成都工匠的评选条件进行初审，个人申报的由工作所在区（市、县）或产业工会进行初审；②市总工会对所有申报人员进行资格审核。

（3）专家评审。①市总工会负责组建成都工匠专家评审委员会；②专家评审委员会实行"一年一组建""一评一授权"；③专家评审委员会根据产业和行业申报情况分成若干评审小组，负责对申报对象进行分组审议和综合评审；④各评审小组按照评选条件对申报对象的技能水平、业绩和贡献等进行综合评价并记名打分投票，按照得分高低确定本组提名人选；⑤由专家评审委员会召开综合评审会议，确定成都工匠候选人建议名单。

（4）社会公示。①通过网络、报纸等媒体对成都工匠候选人名单进行社会公示，接受社会监督，公示时间不少于 5 个工作日；②公示期内，对公示人选有异议，经调查核实成立的，取消评选资格。公示无异议后，报请市人才工作领导小组审批，由市委、市政府命名。

成都坚守产业工人、技能人才定义及 16 字工匠精神内涵，坚持面向全市现代产业体系特别是先进制造业行业领域一线技能人才，构建形成以"五审三公示"为主要环节的评选命名机制，实现了与大国工匠、天府工匠和区（市）县工匠、企业工匠评选活动相衔接贯通，2019—2022年共牵头评选出成都工匠2 467名，引领区（市、县）评选命名县级工匠5 963名。着力凸显"面向全域，聚焦一线"的评选导向，采取"单位推荐+个人自荐"发动基层单位、技能劳动者申报，自2022年起增设"在蓉两院院士举荐'成都工匠'"的机制，基层申报人数实现"三连增"。着力凸显"公平择优，优中选强"的评选导向，坚持由院士、大国工匠领衔专家评审，每年在省人社厅指导下组建专家评审委员会并分设若干评审小组，采取"量化评分为主，直接认定和定性认可为辅"的方式实施评审。各评审小组通过现场考察、证书核验等方式对参评人员的技能实操能力、技术创新能力进行评判赋分，通过"直接认定""定性认可"渠道对已获"四川工匠""天府工匠"称号和因从事稀缺小工种而参赛少、荣誉少、发表论文少导致量化得分偏低但实际技能水平高的人选予以吸纳，专家评审委员会采取"合议+表决"方式对量化评分排序和"直接认定""定性认可"人选进行复核，其中2022年度评选中量化评分类型占98.95%。着力凸显"从严从实，公开公正"的评选原则，严格执行初审、资格审查、专家评审、审核、审批5道审核关和3次公示环节，通过政策解读、专项培训、12345网络理政平台等渠道答疑解惑，2022年度申报参评人数达到3 533名，申报参评人数与获评人数的倍率达到5.39，2022年成都工匠中已取得不低于技师职业资格或相应职业技能等级的占82.59%，三项指标创造4年评选工作新高。

三、成都工匠的管理与待遇

（一）成都工匠的管理

成都工匠实行分级管理，由各区（市、县）工会、市产业工会负责本地区、本行业考核认证工作，建立业绩考评档案，考评结果报送市总工会。对退休、工作调动离开本市的，保留工匠称号，不再享受工匠相关待遇。

有下列情形之一者，取消成都工匠荣誉称号，注销证书。

（1）违法受到刑事处罚的。

（2）违纪受到撤销党内职务及以上党纪处分的或受到降级及以上政纪

处分的。

（3）道德品质败坏，在群众中和社会上造成恶劣影响的。

（4）年度考核认证不合格的。

（5）其他不宜保留称号的。

对违反评选规定和评选程序、弄虚作假的，取消"成都工匠"荣誉称号，根据有关规定追回奖励资金，录入征信系统，涉嫌犯罪的，移交司法机关依法处理。

（二）成都工匠的待遇

为大力营造尊崇工匠精神的社会氛围，成都借承办第七届全国职工职业技能大赛决赛之机，推动出台《成都市礼遇"成都工匠"十条政策措施》。成都对接成都工匠在公共交通、子女入学、看病就医等方面的现实需求，联动12家市级部门（机构）出台《〈成都市礼遇"成都工匠"十条政策措施〉实施办法》，快步推动公立医院、地铁公交、公园景区、体育场馆的1 100余个窗口（站点）的工作人员把握礼遇工匠实体卡使用细节。抓好受惠对象核查和落实情况督查，推动成都工匠群体应享尽享，截至2022年年底已有8.4万人次成都工匠享受到各类礼遇服务，产生出了温暖工匠人才、激励广大职工、引导社会认知的社会效益。

（1）鼓励在蓉落户。成都工匠在本市同一用人单位连续缴纳社保1年以上，经单位推荐、市总工会认证后，可按本人或直系亲属拥有的合法稳定住所、单位集体户、人才中心集体户的顺序申请办理本人落户手续。申请人或直系亲属拥有合法稳定住所的，可按相关政策同时申请配偶、未成年子女、老年父母落户。

（2）子女入园入学。成都工匠中属于成都市重大人才计划入选者且在管理期内的，按相关规定享受教育优待政策。其他成都工匠子女，就读幼儿园的，由幼儿户籍所在区（市、县）教育行政部门协调安排至普惠性幼儿园就读；就读义务教育的，由适龄儿童（少年）户籍所在地区（市、县）教育行政部门按户籍地就近协调到质量相对较好的公办学校；中考升学的，同等条件下优先录取；就读中职学校的，同等条件下优先录取。因工作需要中途来蓉转学插班就读的，由当地教育行政部门根据学校（幼儿园）的实际情况统筹安排。

（3）发放"成都工匠卡"。市委组织部、市人社局、市总工会共同签章为成都工匠办理发放"蓉城人才绿卡·成都工匠"实体卡和电子卡，成都工匠凭卡享受医疗、交通、保险、文体娱乐等服务保障。

（4）便捷就医服务。成都工匠本人凭卡可享受在市属指定三甲医院挂号、收费、取药的优先窗口服务，开通绿色就医通道。

（5）方便交通出行。成都工匠本人凭卡可免费乘坐市内城市轨道交通工具和市公交集团运营的市内公共汽车。

（6）丰富文体生活。成都工匠本人凭卡可免费进入全市市本级国有景区、公园、旅游场所游玩，免费或低收费进入面向社会开放的公共体育场馆运动健身，可享受"一对一"体质测试及运动"处方"服务；可享受市总工会提供的免费观看电影或文艺演出服务。

（7）关注身心健康。成都工匠可享受市或区（市、县）或本单位提供的疗休养服务；可享受市或区（市、县）或本单位提供的健康体检服务。

（8）增强保险保障。市总工会每年为每名成都工匠赠送职工互助保障。

（9）促进学习交流。成都工匠可参加市委组织部、市人社局、市总工会组织的国内国情研修、境内外技能提升培训活动。

（10）建设成都工匠公园。规划建设工匠主题公园，弘扬和传承工匠精神，展现成都工匠时代风采。

第三节　当代成都工匠与成都工匠精神

一、成都工匠精神与中国工匠精神的关系

2020 年 11 月，习近平总书记在全国劳动模范和先进工作者表彰大会上对工匠精神的深刻内涵进行了高度概括。在当代，工匠精神指的是执着专注、精益求精、一丝不苟、追求卓越的精神品质，承载着民族内涵和时代内涵的中国工匠精神是推动实现中华民族伟大复兴中国梦的精神驱动力和引领力。这是对中国工匠精神的高度凝练和精准概况。

在《关于实施"成都工匠"培育五年计划的意见》《"成都工匠"评选管理办法》等文件中，关于成都工匠的界定：主要是指在成都重点发展的五大先进制造业和五大新兴服务业中，具有工艺专长、掌握高超技能，技艺精湛、精益求精，严谨细致、专业敬业，长期坚守在生产服务一线岗位，并在本领域、行业内具有较高公认度和示范引领作用的产业工人代

表。"技艺精湛、精益求精，严谨细致、专业敬业"可以理解为成都工匠精神的外显描述。如果将其理解为就是成都工匠精神，那么成都工匠精神与全国其他地方的工匠精神似乎是一致的。考察成都工匠精神与中国工匠精神的关系，首先要弄明白两个学术问题：一是纵然中华民族灿烂文明无数工匠所体现出来的工匠精神，是对全国不同时期不同地域工匠精神的概况，但各地域因为其独特的地理环境、文化背景等，在共性的基础上是否存在个性？二是如果可能存在个性，那么这些个性特征是什么样的？

《关于在全省开展"寻找四川工匠"活动的通知》提出，寻找一批敬业专注、品质至上、技艺超群、传承创新的"四川工匠"。从中国工匠精神的执着专注、精益求精、一丝不苟、追求卓越到四川工匠的敬业专注、品质至上、技艺超群、传承创新，再到成都工匠的技艺精湛、精益求精、严谨细致、专业敬业，既有共性，也有个性。

从全球视角来看，不同国家和地区的工匠精神内涵各有差异，而这些各具特色的工匠精神背后，潜藏着各不相同的影响因素与成因。就工匠精神的内涵而言，各个国家对其的理解和阐释不尽相同。德国、日本、美国、意大利以及瑞士的工匠精神，其形成历程与本国的国情、历史、制度、文化等要素紧密相连。德国的工匠精神以精益著称，日本的工匠精神体现为执着，美国的工匠精神表现为进取，意大利的工匠精神蕴含人文特质，瑞士的工匠精神则注重实践。

以德国为例，德国的工匠精神堪称其制造业崛起的关键秘诀。德国秉持标准主义、专注主义和实用主义，"专注、精致、严谨"是德国工匠精神最为突出的特点。德国工匠精神的形成有着深厚的根基，它源于德国人的哲学思维模式、文化基因、宗教伦理以及美学理论的发展等。德国工匠精神最初发端于宗教精神，也就是基督教的新教伦理，发展至今，德国工匠精神是在长期的历史进程中，由文化、制度、经济、社会、教育等多种因素相互作用的成果。

文化层面：德国工匠精神涵盖宗教伦理、民族性格、企业文化以及工程师文化等。宗教伦理在德国工匠精神的形成初期发挥了重要作用，而德国人性格中对严谨、专注的追求，也融入工匠精神。德国企业文化和工程师文化则在企业生产和技术研发等实践中，不断强化和传承着工匠精神。

制度层面：德国政府在其中发挥着关键的引导作用。为确保制造质量，德国政府制定了极为严格且完善的行业标准，数量多达三万多项，这些标准广泛覆盖社会生活的各个层面，从生产流程到产品质量把控，都有细致的规范，为工匠精神的实践提供了坚实的制度保障。

经济层面：德国实行市场经济模式，这种模式既注重市场的自由竞争，又强调政府对经济的适度干预，为企业营造了稳定的经济环境，使得企业能够专注于产品质量和技术创新，有利于工匠精神的培育和发展。

社会层面：在德国，工匠享有较高的社会地位和收入水平，并且整个社会形成了尊重工匠、崇尚技艺的良好氛围。这种社会环境激励着更多人投身于工匠行业，追求技艺的精湛，促进了工匠精神的传承。

教育层面：德国培养高技能人才主要采用学徒制，这也是德国工匠精神传承的基本模式。同时，双元制职业教育体系，将理论学习与实践操作紧密结合，为工匠精神的传承与创新提供了广阔空间，源源不断地为制造业输送高素质人才。

从某种程度上来说，工匠精神的形成与发展过程是人们对工匠劳动观念认知不断解放、工匠劳动价值评价不断提高以及工匠传统影响不断外化的历史渐进过程。各国工匠精神形成过程与其本国的国情、历史、制度、文化等因素息息相关。从中华民族整体来说，或者从中国工匠精神整体来说，中国工匠精神的形成过程也与中国的国情、历史、制度、文化等因素息息相关，体现出中国特色、中国味道。基于前面本书对巴蜀古代工匠及其工匠精神的研究可以看出，巴蜀地区由于其独特的地理环境、历史、制度、文化等，形成了独具巴蜀地方特色的巴蜀文化，这种文化既是中华优秀传统文化的重要组成部分，又体现出独特的个性特征。因此，我们认为，形成于巴蜀这一独特区域和文化背景下的成都工匠精神，在古代应有别于其他地区的工匠精神，在当代同样受到成都地域文化的影响，以及成都产业发展的制约，带有成都独特的个性特征。从成都工匠的定义中的"在成都重点发展的五大先进制造业和五大新兴服务业中"这句话所体现出的限制性描述，也可以看到成都重点发展的五大先进制造业和五大新兴服务业中的工匠精神是有差异性的。既然可能或者应该存在差异，成都工匠精神具有哪些与中国工匠精神的共性特征，又具有哪些差异性特征，就是本书要回答的成都工匠精神的内涵。

二、当代成都工匠与成都工匠精神

（一）成都工匠的总体情况

自 2018 年成都确立成都工匠培育五年计划以来，共评选出 3 060 名成都工匠。其中，2019 年 502 人、2020 年 661 人、2021 年 649 人、2022 年 655 人和 2023 年 593 人。成都工匠是新时代践行工匠精神的杰出代表，他们有的十年如一日磨炼技艺，不断突破极限精度，用匠心铸就大国重器；有的胸怀壮志攻坚克难，实现技能领域国产替代，让中国制造飞速崛起；有的夜以继日苦练内功，扬威国内外技能赛事，在世界舞台上展示中国力量，生动诠释了执着专注、精益求精、一丝不苟、追求卓越的工匠精神，在平凡的岗位上创造了不平凡的业绩。

2020 年和 2021 年，成都工匠评选突出实操水平、创新成果、技能荣誉等条件，推进好中选优、优中选强。从职称结构来看，具备高级职称、高级技师职业资格或相应职业技能等级的有 564 人，占比 43%；具备中级职称、技师职业资格或相应职业技能等级的有 478 人，占比 37%。可以看出，职称高低并非成都工匠评选的关键，而更加强调实操水平。从技能荣誉和创新成果看，既有四川工匠刘作春、李汉忠、马冬冬、安少彬，也有全国技术能手胡天兵、邬建军、石纯标、肖怀国，还有全国劳动模范郑军、全国五一劳动奖章获得者刘仕彬、全国职工优秀技术创新成果奖获得者侯成，他们都是当之无愧的产业工人标杆。从工匠来源来看，1 310 名成都工匠涵盖了五大先进制造业、五大新兴服务业和新经济的多个行业、多个职业（工种），其中普通职工有 994 人，占比 76%；担任企业技术总监、生产负责人的有 316 人，占比 24%。从单位性质来看，1 310 名成都工匠中来自国有及国有控股企业的有 923 人，占比 70%；来自民营私营企业的有 323 人，占比 25%；来自外资合资企业的有 64 人，占比 5%。普通职工占比最高，说明对一线工人、对技能本身的关注和重视；既有国有及国有控股企业，又有民营私营企业，还有外资合资企业，体现出企业性质并非评选考虑的主要因素，企业性质类型越多，越体现出对实操水平、创新成果、技能荣誉等条件的重视。

（二）成都工匠代表性人物

从评选出的成都工匠的代表人物事迹，可以见微知著，探寻成都工匠精神的内涵与表现。

1. 西南技术物理研究所邱月瓴

在西南技术物理研究所，有一位名叫邱月瓴的科研工作者，她怀揣着对科研事业的热忱，执着于"芯"，琢玉成"器"，用自己的匠人匠技，为嫦娥五号探测器安上了至关重要的"火眼金睛"。

邱月瓴的工作是将探测器光敏芯片进行钝化保护，以此提升器件的稳定性与可靠性。这份工作看似简单，实则需要极大的耐心和精湛的技艺。每天，她都身着严严实实的净化服，戴着口罩和手套，端坐在 350W 的烤灯前。那刺眼的灯光毫无保留地灼射着她的双眼，滚烫的热浪也不断炙烤着她的双手。但她却始终保持着专注，将完成表面清洗的硅片，从有机溶剂中匀速缓慢地夹持着干燥。在她心中，产品不仅是设计出来的，更是制造出来的。没有扎实的工艺和精准的操作作为支撑，再完美的设计也不过是虚幻的空中楼阁。

2020 年 12 月 1 日 23 时 11 分，嫦娥五号探测器成功着陆在月球预选着陆区，并传回着陆影像。这一伟大成就的背后，西南技术物理研究所生产的硅雪崩探测器功不可没，它是本次落月过程中必不可少的"火眼金睛"，是确保探测器安全着陆的关键、核心器件。而邱月瓴作为探测器光敏芯片制备光刻、钝化工艺员，肩负着重大责任。她要负责将光敏芯片通过钝化保护，把芯片暗电流控制在纳安级别，保证器件低噪声等优异性能，同时提高器件抗外界环境条件的能力，提升器件稳定性与可靠性。

从接到任务的那一刻起，邱月瓴和同事们便全身心地投入到数以百计的工艺试验和改进工作中。前行的道路布满荆棘，他们面临的第一个难题便是芯片表面的暗电流处理。为了解决这个问题，邱月瓴和同事们绞尽脑汁，开展了清洗液配比调整、清洗工装用具改进、清洗工艺条件优化等一系列工作。他们严谨到对去离子水冲击芯片时的角度、水流量、水流速度、水流带入清洗容器的气泡，都进行了严格的控制。然而，困难接踵而至，第二个、第三个、第四个、第五个……但邱月瓴从未有过丝毫退缩，在一次次攻坚克难的过程中，探测器的性能逐步达到了设计要求，最终成功地经受住了深空探测的考验，成为名副其实的宇航级产品。

大量的工作实践，不仅让邱月瓴积累了丰富的经验，还让她发现了许多工艺改进点。她的工作技能和方法在不断的实践中得到了显著提升，凭借着出色的工作成果，她获得了 13 项专利。邱月瓴深知自己所从事的工作意义非凡，她坚定地说："现在的我不会迷茫于'在茫茫的人海里我是哪一个'，不会彷徨于'在攀登的岁月里我是哪一个'，我将是祖国的星河里那为核心探测器国产化事业默默奉献、无私拼搏的一员，我将在平凡的岗位上，把青春融进祖国的山河！"她用自己的行动诠释着什么是真正的匠人精神，在平凡的岗位上书写着不平凡的篇章。

2. 一汽大众成都公司徐文江

在一汽大众成都公司，有一位被炽热匠心点燃职业之路的工匠，他就是徐文江。汽车行业长期面临关键技术被国外垄断的困境，徐文江却以"比学赶超、自主创新"为信条，无畏地踏上了技术突围与成本优化的艰难征途。他的精湛技艺与不懈探索，不仅贯穿对专业知识的执着钻研过程，更淋漓尽致地体现在自主设计"模具线路智能检测仪"这一了不起的成就上，成功将车间模具线路检测从传统人工模式升级为仪器智能检测，工作效率由此飙升 96.7%，极大地提升了生产效能。

回溯十多年前，徐文江初入一汽大众成都公司冲压车间，这里是整个生产线的核心要塞，投入成本高昂，技术难度堪称行业顶尖。当时，生产线刚刚搭建，不管是管理层还是技术团队，对控制核心程序的关键要点都一知半解。虽然设备安装工作主要由中国工人承担，但电气控制系统的调试完全被国外技术员把控，他们对中方人员严防死守，技术传授遮遮掩掩。徐文江心中顿时涌起一股不服输的劲头，他在心底暗暗发誓：中国工匠绝不能甘于人后，一定要迎头赶上！

为了攻克压机控制技术，徐文江给自己制定了一套"8+4"的上班模式。在外国技术人员工作的 8 小时里，他紧跟中国工人进行设备布线安装，深入研究压机线缆的走向和接线方法，积累了扎实的硬件知识。等外国技术员下班后，他又独自留在车间，仔细分析当天软件系统中的参数调整、文件下载以及程序更新等关键信息。然而，探索之路总是充满坎坷，实验过程中他常常遭遇自己无法修复的故障。但徐文江没有被这些挫折击退，他把每一个故障现象都详细记录在笔记本上，第二天上班时，便目不转睛地观察外国技术员排除故障的操作步骤和技巧，同样记录下来，反复琢磨。就这样经过日复一日的学习和钻研，一年之后，他终于熟练掌握了进口压机故障的排除方法。一汽大众成都公司自此能够独立完成所有维修操作，彻底摆脱了对国外技术人员的依赖，每年节省了高额的维修费用。在这条充满挑战的道路上，徐文江默默坚守了 11 年。当有人问他是否辛苦时，他坚定地回答："辛苦是肯定的，但一切都值得。越钻研，就越能发现其中的乐趣，越能感受到自己的价值。"

备件国产化、降低成本始终是徐文江工作的核心目标与指引灯塔。他不仅带领徒弟自主设计了清洗机自动加油机，解决了长期依赖进口设备的问题，还在模具线路检测技术上取得重大突破，自主设计了"模具线路智能检测仪"。这一创新成果让车间模具线路检测实现了跨越式发展，从传统的人工检测升级为高效智能的仪器检测。每当徐文江向外籍管理人员介绍这些创新项目，收获他们由衷的肯定时，心中便涌起一股难以言表的自豪。他深知，这些创新成果是中国工匠智慧的闪耀结晶，是用匠心托举大国智造的生动例证。徐文江用自己的实际行动诠释了新时代的工匠精神，在平凡的岗位上，创造出了不平凡的价值，为中国汽车制造业的高质量发展添砖加瓦，贡献着自己的智慧与力量。

3. 中电科 29 所伍艺龙

在中电科 29 所，有一位对技艺执着追求的工匠，他就是伍艺龙。他怀揣着满腔热忱，将精力聚焦于"金丝键合"技术，凭借着精湛的技艺与不懈的探索精神，在高频率传输中实现了多根金丝的叠加键合，将"金丝"技艺发挥到了极致。

"金丝键合"是一项极为精细的工序，需要借助专业设备，将直径仅 25 微米（约为头发丝直径的 1/4）的金丝，一端精准地打在芯片上，另一端连接到另一颗芯片或载体上，以此达成电信号的连接。完成键合的金丝通常仅有零点几毫米，整个操作过程都要在显微镜下利用专业设备才能完成，行业内俗称"打金丝"。伍艺龙初次接触这项工作时，便深深被其吸引，从此一头扎进了这个微观世界。

他深知，这个行业想要上手可能只需 3 个月，成长为合格的技术人员或许需要 3 年，但要成为顶尖高手，唯有依靠日复一日地持续操作与练习，不断积累经验。而伍艺龙的目标，就是成为那个顶级高手。为此，他主动"无事找事"，常常给自己设置难题、提出疑问，然后一头扎进浩如烟海的文献资料中寻找答案，无论是国内的研究成果，还是国外的先进经验，从键合机理到操作技巧，从检验规范到行业标准，他都广泛涉猎、深入钻研。他常说："古人讲'艺痴者，技必良'，为了攻克技术难题，我真的做到了废寝忘食，那种沉浸其中的感受，至今都刻骨铭心。"

在"打金丝"键合领域，一直存在一个棘手的难题：在高频率传输时，两根金丝的性能要优于一根金丝，然而芯片的焊盘尺寸通常很小，根本无法并排安置两根金丝。面对这一挑战，伍艺龙凭借着对键合工艺和操作的深刻理解，大胆提出了一种叠加键合的结构设想。他脑海中浮现出一个形象的比喻：打在焊盘上的金丝就如同冰激凌球，通过特定的技术手段，是可以重叠放置的。有了设想后，他迅速付诸实践，一头扎进研究与实验中。经过无数次的尝试与改进，他终于成功解决了这个难题。当并排的方法转变为叠加的方法后，焊盘上能够放置的金丝数量大幅增加，传输性能也得到了显著提升。

这次创新不仅让他解决了行业难题，更让他领悟到创新思维的强大力量。这种思维方式使他在后续的工作中如鱼得水，不仅让他享受到创新带来的喜悦，也帮助他摆脱了常规技艺带来的诸多困惑与干扰。截至目前，伍艺龙已经成功拥有3项发明专利，这些成果是他智慧与汗水的结晶。

在伍艺龙看来，在科技飞速发展的今天，知识、技能与创新对于未来的劳动者愈发重要。他时常感慨："只有全身心专注于本职工作，不断学习新知识、新技能，勇于创新，做到手脑并用、知行合一，踏踏实实地对待人生和工作岗位，努力成为'高手'中的'高手'，才能为中国智造贡献自己的一点力量。"伍艺龙用自己的行动，诠释着新时代的工匠精神，在平凡的岗位上，创造出了不平凡的价值。

4. 四川航天中天动力公司肖怀国

在四川航天中天动力公司的生产车间里，肖怀国以其炉火纯青的焊接技艺，为我国航天事业的发展添砖加瓦，成为熠熠生辉的行业典范。肖怀国成功攻克波纹片焊接这一长期困扰国内的技术难题，填补了相关技术空白，巧妙地将激光焊、氩弧焊、钎焊三种焊接方式融会贯通，精准调控电弧停留时间，实现了对细微如发丝般管路的完美焊接，确保每一处连接既畅通无阻又滴水不漏，达到了近乎极致的工艺水准。

在大众刻板印象里，焊工不过是平凡岗位上的普通技术工种，然而对于肖怀国而言，披上航天人的工作服，是他一生引以为傲的荣耀。在航天领域，焊接工艺的精准度和可靠性犹如基石之于高楼，任何细微的偏差都可能引发严重后果，甚至影响整个航天项目的成败。某一年国庆节前夕，肖怀国接到一项艰巨的任务 —— 焊接重点型号喷管组件。按照常规流程，完成这项任务需要耗费半个月的时间，但由于该部件是靶场试验成功的核心要素，时间紧迫，必须在短短五天内完成，这无疑是对他技术与意志的双重考验。

面对这一紧急且极具挑战性的任务，肖怀国遭遇了前所未有的技术困境。在现有设备和操作条件下，焊丝难以精准送达焊缝位置，每一个操作都困难重重。但肖怀国没有被困难吓倒，凭借多年积累的丰富实践经验和勇于创新的思维，他积极探索解决方案。针对无法直接观察操作的难题，他别出心裁地用橡皮泥将镜子固定在腔道内，巧妙获取了关键的观察视角；为解决右手操作受限的问题，他克服生理习惯，日夜苦练左手持焊枪，最终熟练掌握了双手操作的技能；针对焊丝难以触及焊缝的困境，他反复尝试，将焊丝弯折成特定形状，从腔道另一端进行盲添操作。经过连续五天五夜的不懈努力，他成功按时完成任务，确保靶场试验顺利进行并取得圆满成功。这一成果不仅彰显了他扎实深厚的技术功底，更展现了他坚韧不拔、勇于挑战的职业精神。

肖怀国对焊接工艺的执着追求和创新精神，还鲜明地体现在攻克波纹片焊接难题的过程中。以某型号换热器为例，该设备由 300 片波纹片组成，每片波纹片又由两块厚度仅 0.5 毫米的单片构成，上面密密麻麻分布着 150 条毛细管路，整台换热器算下来，竟有多达 4.5 万条纤细如发丝的管路。实现这些管路的联通并确保无泄漏，长期以来都是国内焊接领域的"卡脖子"难题。肖怀国深入研究激光焊、氩弧焊、钎焊三种焊接方式的原理和特点，根据不同零件部位的材质、形状和焊接要求，精心设计焊接方案，合理搭配三种焊接方式。在操作过程中，他凭借精湛的技艺和对焊接参数的精准把握，精确控制电弧停留时间，对每一个部位进行有的放矢的焊接。经过无数次的试验和改进，他终于成功攻克这一难题，填补了国内在该领域的技术空白，为我国航天制造技术的发展注入了强大动力。

回顾肖怀国的职业生涯，不难发现，在任何工作岗位上，坚守初心、专注本职、勇于创新都是实现个人价值和推动行业进步的关键密码。就像郑燮笔下的竹子，"千磨万击还坚劲，任尔东西南北风"，无论面对多大的困难与挑战，只要始终保持对工作的热爱和钻研精神，就能像焊接时飞溅的焊花一样，在自己的领域绽放出最耀眼的光芒，为国家的科技进步和民族复兴贡献自己的力量。

5. 5719 工厂代德胜

在航空领域这片充满挑战与荣耀的苍穹之下，5719 工厂的代德胜宛如一颗熠熠生辉的星辰，凭借其出类拔萃的专业技能，以及为航空事业无私奉献的崇高精神，当之无愧地成为中国战机的"心脏守护师"。代德胜的匠人匠心与精湛技艺，淋漓尽致地体现在年均长达 280 天坚守于机翼之下的默默付出，为空军战机提供全方位保障服务，犹如为战机的"心脏"精准施行"心脏搭桥手术"，对战机的安全稳定运行以及战斗力的提升，发挥着无可替代的关键作用。

　　飞机发动机，作为飞机的核心部件，其性能优劣与可靠性高低，直接紧密关联着飞行安全以及各类任务的顺利执行。2018 年，在俄罗斯盛大举行的国际军事比赛"航空飞镖－2018"期间，代德胜以中国空军特邀发动机保障专家的身份深度参与其中。然而，在正式比赛的前两天，意外突如其来。中国空军的一架飞机在飞行途中，毫无征兆地遭遇"鸟撞"事故征候。鸟撞对于飞机发动机而言，往往意味着极为严重的损伤。此次事故致使飞机发动机低压一级的 3 片叶片遭受重创，出现严重受损的情况。这样的状况十万火急，一旦在修理过程中出现哪怕极其细微的差错，发动机都将直接陷入停用状态，届时必须从国内紧急调运全新发动机。这不仅会对比赛进程产生巨大影响，导致比赛节奏被打乱，更可能对战机后续的正常使用造成难以预估的严重后果，甚至危及飞行员的生命安全以及国家军事战略任务的执行。

　　面对这一紧急且棘手的严峻状况，代德胜展现出了超乎常人的冷静与果断，迅速做出应对反应。在周围众人对能否当场成功修复发动机心存疑虑，甚至抱持悲观态度之时，代德胜凭借其多年来积累的深厚专业知识，以及丰富的实践操作经验，经过短暂而紧张的思考，提出了一套程序严谨、逻辑缜密且极具可行性的维修方案。随后，他与团队成员展开了反复的论证与推演，对方案中的每一个细节、每一个步骤都进行了深入的分析与讨论，确保方案的万无一失。在确认方案可行后，他毅然决然地穿上厚重的连体特殊工作服。这套工作服极为厚重，穿上后仅露出头和双手，以便他能够用双眼精准观察发动机内部状况，用双手灵活操作维修工具。此时正值 7 月，比赛现场的气温飙升至 30 ℃以上，酷热难耐。而飞机狭小密闭的进气道内，环境更为恶劣，宛如一个蒸笼。代德胜置身其中，汗水像断了线的珠子般不停地从额头、脸颊滑落。汗水流入眼睛，带来阵阵刺痛，严重干扰了他的操作视线与精准度。但他并未因此而退缩，为了克服这一困难，他急中生智，在额头上紧紧拴上一根绳子，巧妙地将汗水引流到脑后，让汗水顺着身体缓缓流进裤腿，从而保障了维修操作能够顺利进行。经过长达 10 个小时的艰苦奋战，代德胜终于成功完成了这一高难度的"心脏搭桥手术"。当他从进气道中艰难爬出时，由于长时间的高强度工作以及闷热环境的双重压迫，身体已经达到了极限，出现了头晕目眩的症状，脚下一个踉跄，险些重重地栽倒在地上。幸好身旁的战友眼疾手快，及时伸手搀扶，才使他避免了摔倒受伤。

比赛当天，经过代德胜精心修复的战机焕然一新，在赛场上表现得极为出色。它与其他战机并肩作战，在多轮激烈的角逐中，凭借卓越的性能和飞行员的高超技艺，一路过关斩将，助力中国空军成功斩获两金两银的优异成绩。代德胜在此次事件中所展现出的精湛技艺、临危不惧的专业素养以及顽强拼搏的精神，不仅为中国空军在国际赛事中赢得了崇高荣誉，更为中国航空事业在国际舞台上树立了良好形象，奠定了坚实基础。

在过去漫长的 13 年岁月里，代德胜将自己的青春与热血毫无保留地奉献给了战机保障事业。他年均 280 天全身心地投身于机翼之下的保障工作，足迹遍布祖国的大江南北。从祖国西部边陲的日喀则、和田，到东部沿海的霞浦、连云港；从北部的工业重镇齐齐哈尔、边陲城市延吉，到南部的海岛明珠海南、南海前哨三沙，都留下了他辛勤忙碌的身影。无论环境多么艰苦，条件多么恶劣，他始终坚定不移地秉持着初心，用执着与坚守诠释着匠心精神，以生命践行着自己的使命。只要祖国的战机发出需要的信号，他总是毫不犹豫地迅速打起背包，奔赴任务地点，为战机提供及时、高效、可靠的保障服务。航空发动机，作为现代工业的核心象征，一直被誉为"皇冠上的明珠"和"工业之花"，其研发与维护技术代表着一个国家工业水平的高度。代德胜深刻明白，为飞机发动机创造新生命、推动航空事业蓬勃发展，这既是 5719 工厂肩负的神圣使命，更是他个人矢志不渝、为之奋斗一生的崇高追求。他的奉献精神和卓越的专业成就，犹如一座巍峨的丰碑，不仅充分体现了个体在航空领域的独特价值，更为中国航空事业的腾飞注入了源源不断的强大动力，成为整个航空行业内备受敬仰的杰出典范，激励着无数后来者奋勇前行。

6. 中电科 29 所方杰

在国防电子信息技术的前沿阵地，中电科 29 所的方杰宛如一位坚毅的开拓者，以其出类拔萃的科研素养和百折不挠的探索精神，成为突破军用复杂曲面共形天线制备技术的核心人物。他带领团队成功填补我国在该领域的技术空白，全方位提升了电子战产品的作战效能，为我国"国之重器"配备了功能卓越的"千里眼"，极大地拓展了探测距离，显著增强了打击精度。

在当代军事电子信息体系中，预警机、北斗导航系统以及航母舰载机等"国之重器"，对天线这一关键装置存在着高度依赖。天线作为电子系统感知外界信息的前沿端口，恰似系统的"眼睛"，其性能的高低直接左右着整个电子系统的综合效能，涵盖探测距离、目标识别精度、电磁隐身特性等关键指标。所以，攻克军用共形天线制造技术，已然成为推动我国军事装备信息化进程、强化国防实力的关键任务。

自 2015 年起，方杰主动扛起带领团队攻克这一技术难题的重任。研究工作刚起步，团队就遭遇了极为严峻的挑战，处于无成熟技术可供参考、无专业设备给予支撑、无专门科研场地开展工作的"三无"艰难处境。更为艰难的是，经过深入调研发现，虽然发达国家早已掌握相关技术与设备，却对我国实施了严格的技术封锁，彻底堵死了技术引进的通道。

在艰难的探索历程中，方杰偶然间发现了激光微熔覆增材布线技术。该技术能够在天线有机基材表面构建曲面电路图形，为团队带来了突破的希望。然而，这一技术存在着图形附着力可靠性欠佳的问题。为了攻克这一难题，方杰带领团队开展了上千次的试验，持续对工艺参数与工艺方法进行优化调整。最终，团队创造性地采用介质表面激光微熔覆增材布线与激光活化前处理相结合的技术，成功破解了曲面电路制备原理以及电路图形附着力不足的难题，搭建起了一套可靠的三维曲面增材布线技术体系。

但技术攻关之路从来都不是坦途。在激光熔覆过程中，有机塑料材料受热会产生横向热影响区，致使电路图形精度难以提高，图形精度欠佳，传输高频信号时损耗较大，无法满足高频传输的严苛要求。面对这一棘手问题，方杰团队开展了大量充分的试验研究，创新性地提出了限位槽法和紫外激光"切割、分离、剥离"三步刻蚀法。通过这一创新性的解决方案，方杰团队彻底攻克了曲面电路图形精度控制的难关。

历经长达 6 年多的不懈努力与艰苦攻关，方杰团队的科研成果——运用该技术制造的共形天线，已经广泛应用于众多军民产品。这一成果不仅填补了我国军用复杂曲面共形天线制备技术的空白，大幅提升了电子战产品的作战性能，还对 5G 通信、汽车电子、可穿戴装备等民用领域的产品形态产生了深刻影响。

方杰在技术研发过程中深切体会到，深耕科研一线，需要始终保持专注和用心，持续不断地思考、实践、尝试、修正，并勇于一次次重新出发。每一次细微的技术改进，都有可能积累成重大的技术突破，进而推动整个行业的进步与发展。方杰及其团队的科研成果，不仅彰显了个体在科技创新中的独特价值，更为我国国防电子信息技术的发展注入了强劲动力，成为行业内的光辉典范，激励着更多科研工作者投身科技创新，为国家科技进步贡献力量。

（三）成都工匠精神的独特内涵：传承与创新的地域化表达

在新时代背景下，成都工匠精神作为中国特色工匠精神的地方性表达，既传承了传统工匠精神的精髓，又融入了时代发展的新要求。通过对四川工匠选树办法和成都工匠评选标准的深入分析，我们可以更加系统地把握当代成都工匠精神的深刻内涵。

在四川工匠选树办法中，对选树条件有详细说明：①具有良好的职业精神，热爱工作，敬业专注，坚持创新，对质量精益求精，对制造一丝不苟，对产品精雕细琢，对完美极致追求；②具有高超的技能技艺，处于行业顶尖水平或具有不可替代、独一无二的地位，能够打造本行业的最优质产品；③具有突出的领军作用，善于运用个人技能、技艺带领工作团队解决技术上的疑难杂症，乐于带动身边职工，传承技能技艺，帮助更多职工成长为技能骨干、技术能手；④做出突出贡献，在推动企业实现新技术、新产业、新业态、新模式的转型升级、先进工艺改造、技术革新、质量攻关、大幅提高生产效率等方面作用突出或取得重要成果。在梳理当代工匠精神内涵的过程中，我们需要明确区分精神内涵与技能要求，即除了第一项以外，其余三项严格来说，都不是工匠精神的要素。

同理，成都工匠也是如此。《"成都工匠"评选管理办法》中，无论是对"成都工匠"的描述，即主要是指在成都重点发展的五大先进制造业和五大新兴服务业中，具有工艺专长、掌握高超技能，技艺精湛、精益求精，严谨细致、专业敬业，长期坚守在生产服务一线岗位，并在本领域、行业内具有较高公认度和示范引领作用的产业工人代表；还是评选标准中的基础条件和技能条件，例如在成都经济社会建设中做出重大贡献的技能人才等，都不全是工匠精神的内涵。具有工艺特长，掌握高超技能，技艺精湛等不是精神层面的描述，只有精益求精、严谨细致、专业敬业可以被认为体现了工匠精神的内涵。再如，基础条件包括拥护中国共产党领导，自觉遵守宪法和法律，热爱祖国，爱岗敬业，善于创新，甘于奉献，具备优良的职业道德和职业操守。技能条件包括：①获得国家、省、市、县级技能荣誉称号；②享受县级以上人民政府特殊津贴；③世界技能大赛获奖选手，全国技能比赛前 20 名，省级技能比赛前 6 名，市级技能比赛前 3 名，县级技能比赛第 1 名；④市级以上技能大师工作室、首席技师工作室、劳模和工匠人才创新工作室、职工创新工作室领军人物；⑤在技术创新、攻克技术难关等方面做出突出贡献，并总结出独特的操作工艺和操作方法，产生重大经济效益或社会效益，具有丰富的实践经验和一定的理论知识，拥有高超绝技，在本单位、本行业、本领域处于领先水平，具有较高的知名度和社会影响力；⑥具有一定的绝技绝活，在挖掘和传承制造工艺上做出重大贡献，擅长带领团队攻坚克难，在职工队伍中具有较高威信，在带徒传技、技能推广等方面发挥示范作用，乐于向职工传授技艺、传播理念、传授经验，引领带动职工队伍共同成长。除了热爱祖国，爱岗敬业，善于创新，甘于奉献，具备优良的职业道德和职业操守等，其余都不是工匠精神层面的描述。

在我国工匠精神的多元版图中，成都工匠精神作为中国工匠精神在巴蜀大地的地域化呈现，既承继了中国工匠精神的核心要义，又凭借巴蜀文化的深厚底蕴与独特的城市发展脉络，孕育出独树一帜的精神内涵与价值体系。这一独具特色的工匠精神，从文化根源、产业结构、时代诉求以及价值理念等多个维度深入延展，彰显出鲜明的地域烙印与时代价值。

1. 根植巴蜀文化的精神底蕴

成都工匠精神深深扎根于巴蜀文化的肥沃土壤，其文化基因中融入了众多具有地域特色的文化元素，这些元素成为成都工匠精神独特魅力的重要来源。

海纳百川的包容精神。自古以来，巴蜀地区便是贯通东西、连接南北的重要交通枢纽与商贸中心，是"物流、人流、文化流"的汇聚之地。成都作为丝绸之路经济带和茶马古道的关键节点，在长期的交流与融合中，形成了开放包容、兼容并蓄的文化特质。这种特质使得成都工匠在技艺传承与创新过程中，能够积极吸收各地优秀工艺的精华，促进不同技艺之间的交流互鉴，为创新提供了丰富的灵感与多元的思路。以蜀锦织造技艺为例，成都工匠巧妙地将江南丝绸工艺的细腻柔美与巴蜀地区独特的色彩文化、图案设计相结合，在保留蜀锦传统风格的同时，赋予其更为丰富的艺术表现力，使其成为中华传统丝织品中的杰出代表。

开拓进取的创新思维。得天独厚的自然条件为巴蜀地区的工匠创新提供了坚实的物质基础。"天府之国"不仅以物产丰饶著称，更以巴蜀人民勇于创新、敢为人先的精神风貌闻名于世。这种精神特质激励着成都工匠在传统工艺的基础上不断探索、勇于突破，构建起具有地域特色的创新模式。例如，成都漆器工艺在传承传统髹饰技法的基础上，积极引入现代审美观念与科技手段，研发出新型的漆器材料和装饰工艺，使古老的成都漆器在保留传统韵味的同时，更贴合现代市场的需求与审美趋势。

精益求精的审美追求。"少不入川，老不出蜀"这句俗语生动地描绘了成都安逸闲适与精致优雅并存的生活方式。这种独特的生活方式深刻影响了成都工匠对产品品质的极致追求，促使他们在制作各类手工艺品时，不仅注重产品的实用性，更在细节之处精雕细琢，追求工艺与艺术的完美融合。成都银花丝工艺便是这一审美追求的典型代表，工匠们凭借精湛的技艺，将银丝编织成各种精美绝伦的图案，其作品造型典雅、工艺繁复，展现出极高的艺术价值。

2. 产业结构影响下的工匠特质

成都工匠精神的形成与发展，与当地独特的产业结构密切相关。产业结构对工匠的素养和技能提出了多样化的要求，进而塑造了成都工匠独特的群体特征。

科技创新引领的先进制造工匠。当前，成都重点发展电子信息、装备制造、医药健康、新型材料和新能源五大先进制造业，这些产业对工匠的科技素养和创新能力提出了较高要求。为适应产业升级和技术创新的需要，成都工匠不断提升自身的科技创新能力，积极探索新技术、新工艺，在芯片制造、电子元器件生产、高端装备研发等关键领域取得了显著成果，推动成都成为国内重要的先进制造业基地。

人文服务导向的现代服务工匠。与此同时，成都的金融服务、现代物流、文创设计、会展经济和数字经济五大新兴服务业蓬勃发展，对工匠的服务意识和人文素养提出了更高要求。在文创设计领域，成都工匠深入挖掘本土文化资源，将传统文化元素与现代设计理念相结合，创作出大量具有地域特色和文化内涵的作品，满足了人们对高品质文化产品的需求。这种复合型的产业结构，使得成都工匠精神呈现出科技创新与人文关怀并重的显著特征，形成了独特的"硬实力"与"软实力"有机统一的发展格局。

3. 时代发展催生的鲜明特征

在建设世界文化名城、国际消费城市和国家中心城市的时代背景下，成都工匠精神被赋予了新的内涵与使命，展现出鲜明的时代特征。

传统与现代融合的创新发展模式。成都工匠在传承传统工艺的同时，积极推动传统工艺与现代科技的深度融合，探索出一条独具特色的创新发展之路。以蜀绣技艺为例，成都工匠们借助数字化设计软件优化图案设计流程，利用先进的刺绣设备提高刺绣效率和质量，在保留传统针法和艺术风格的基础上，实现了蜀绣的规模化生产和创新发展，使蜀绣这一传统技艺在新时代焕发出新的生机与活力。

功能与审美统一的产品价值追求。随着人们生活水平的提高，对产品的需求不再局限于实用功能，更注重产品的文化价值和审美价值。成都工匠敏锐地捕捉到这一市场变化，在产品设计和制作过程中，不仅关注产品的实用性，更注重融入地域文化元素和审美情趣，满足人民对美好生活的向往。在建筑设计领域，成都的建筑工匠在满足建筑基本功能需求的同时，巧妙地融入川西传统建筑元素，如小青瓦、雕花门窗等，使建筑既具有现代实用性，又展现出浓郁的地域文化特色。

本土与国际交融的开放发展视野。在经济全球化的背景下，成都工匠积极拓展国际视野，在扎根本土文化的基础上，广泛吸收国际先进理念和技术，努力提升成都制造的国际竞争力。在家具制造行业，成都工匠借鉴国际先进的设计理念和制造工艺，结合本土优质木材资源和传统榫卯工艺，打造出具有国际水准的家具产品，将成都制造推向世界舞台，展示了成都独特的文化魅力和创新实力。

4. 独具特色的价值理念体系

成都工匠精神蕴含着一套独特的价值理念体系，这套体系深受地域文化和时代精神的影响，是成都工匠行为准则和价值追求的集中体现。

"道法自然"的生态理念。"道法自然"的思想源于道家文化对巴蜀地区的深刻影响，体现了成都工匠对自然规律的尊重和对人与自然和谐共生关系的追求。在竹编工艺中，成都工匠遵循竹子的自然特性，巧妙运用其纹理和韧性，制作出各种精美实用的竹编产品，既实现了对自然资源的合理利用，又展现了人与自然和谐统一的美好意境。

"以人为本"的服务理念。"以人为本"的服务理念体现了成都独特的城市气质，即"慢生活、快服务"的和谐统一。成都工匠在追求产品质量的同时，更加注重服务品质的提升，以满足消费者的个性化需求。在餐饮服务行业，成都的厨师们不仅精心烹制美味佳肴，还注重用餐环境的营造和服务细节的优化，为顾客提供全方位、个性化的优质服务体验。

"传承创新"的发展理念。"传承创新"的发展理念强调在传承传统工艺精髓的基础上，积极推动技艺创新，实现传统与现代的有机结合。成都的传统酿酒工艺便是这一理念的生动实践，工匠们在传承古老酿造技法的同时，引入现代微生物技术和质量检测手段，不断提升酒的品质和口感，使传统美酒在新时代焕发出新的活力。

综上所述，成都工匠精神作为中国工匠精神的地域化表达，在继承中国工匠精神普遍特征的基础上，通过对巴蜀文化特质的深度融入、产业发展特色的深刻塑造、时代发展要求的紧密契合以及价值追求理念的深层积淀，形成了独具特色的内涵体系。这一独特的工匠精神不仅是成都文化软实力的重要组成部分，更是推动成都经济社会高质量发展的强大精神动力。在新时代背景下，深入挖掘和弘扬成都工匠精神，对于传承和发扬中华优秀传统文化、推动产业升级和创新发展、提升城市文化品位和国际影响力具有重要的现实意义。

（四）当代成都工匠精神的传承与培育

随着时代的发展，成都工匠精神在传承传统内涵的基础上实现了创新性转型，形成了富有时代特色的现代表达形式。通过系统化的人才培养机制、创新性的平台搭建以及全方位的宣传推广，成都正在构建起一支具有新时代特征的高素质工匠人才队伍。

第一，成都建立了系统完备的工匠人才培育体系。成都通过创新构建成都工匠信息库和年度考核机制，从创造产值、获得专利、"师带徒"等多维度评估工匠的实践贡献。这种科学的评价体系不仅体现了对工匠精神的新时代诠释，更推动了工匠人才的实践创新。数据显示，截至2022年年底，成都工匠已累计完成实操技能培训14.2万人次，主导完成技术革新、工艺改进等项目1 569个，为企业创造经济效益和节约成本超过3亿元。这些成果生动展现了当代工匠精神与经济发展的深度融合。

第二，成都创新性地搭建了工匠人才发展平台。全国首家平台化运作的成都工匠学院的成立，标志着工匠培养模式的重大突破。通过建立383个工匠实训基地和创新工作室，实施育匠为师、以匠育工、滴灌援企等创新举措，促进了工匠资源的跨界整合与优化配置。特别是推荐163名成都工匠担任职业院校产业导师的做法，实现了工匠精神的有效传承与创新发展。这种平台化、系统化的人才培养模式，为新时代工匠精神的培育提供了有力支撑。

第三，成都注重工匠精神的文化传播与价值引领。《天府工匠》技能挑战融媒体节目的创办，体现了工匠精神传播的创新思维。该节目通过整合产业发展、技能挑战、工匠故事等多元素内容，借助抖音等新媒体平台，实现了工匠精神的精准传播。2022 年完成 10 期外场节目录制和 158 个新媒体短视频的投放，展现了传统工匠精神与现代传播方式的完美结合。同时，成都通过组织成都工匠进企业、进园区、进院校，开展小班制宣讲炫技，自 2019 年以来已举办 2 300 余场活动，形成了立体化的工匠精神传播体系。

展望未来，成都工匠精神的发展将更加注重服务产业建圈强链、推动制造强市建设、构建现代化产业体系。这种发展取向既传承了传统工匠精神的精髓，又赋予了其新的时代内涵。通过不断完善成都工匠全链条工作体系，持续创新工作举措，成都正在培育具有全球影响力的现代工匠精神品牌，为建设国际化现代大都市提供强有力的人才支撑。

在这一过程中，可以清晰地看到成都工匠精神的现代转型：它既保持了传统工匠精神追求卓越的本质，又融入了创新发展的时代特征；既注重个体技艺的精进，又强调团队协作的重要性；既传承历史积淀的文化底蕴，又彰显现代产业发展的新要求。这种传统与现代的有机统一，使成都工匠精神在新时代展现出独特的魅力和强大的生命力。

第五章 工匠精神的传承与培育

第一节 我国工匠精神传承与培育现状

一、时代需要传承和培育工匠精神

（一）工匠精神对于国家产业升级和经济转型的重要性

在深入探究我国工匠精神培育现状的进程中，精准把握工匠精神对国家产业升级与经济转型所蕴含的深远意义，无疑是首要且关键的任务。从国家宏观发展战略的高度审视，培育工匠精神已成为推动中国产业转型升级、迈向高质量发展的必然选择，更是助力我国构建创新型国家的重要路径。

1. 驱动制造业转型升级的精神引擎

在时代的发展浪潮中，工匠精神作为制造业转型升级的精神内核，其重要性不言而喻。回顾工业化进程，机器大生产虽在规模与效率上取代了传统手工作坊，但手工生产时代所孕育的工匠精神，不仅没有被时代的洪流所淹没，反而在制造业的发展中愈发凸显其核心价值。

当下，中国经济正处于从粗放型向集约型、从"中国制造"向"中国智造"的关键转型期，在此背景下，我们必须将工匠精神提升到国家发展战略的高度，以追求卓越、精益求精、求实创新的精神理念，全力打造高品质的中国制造，有效满足市场对优质产品日益增长的需求。

2. 顺应高品质生活需求的时代文化

随着我国社会主要矛盾发生深刻变化，人民对美好生活的向往日益强烈，国民消费结构也逐渐从数量型向质量型转变。在这一时代背景下，传统的标准化、规模化、流水线式工业生产模式，已难以适应新时代的发展需求，甚至在一定程度上被视为落后产能的代表。

与之形成鲜明对比的是，工匠精神以其精雕细琢、追求极致、独具匠心的特质，充分体现了生产者对高品质生产的不懈追求，成为顺应经济高质量发展的时代文化。因此，积极借助工匠精神推动供给侧结构性改革，以高品质产品满足人民群众对高品质生活的向往，已成为当下经济发展的重要方向。

3. 助力劳动者实现自我价值的精神指引

从异化劳动理论的视角出发，工匠精神对于劳动者实现自我价值具有重要的推动作用。工匠精神本质上是对机械性、重复性劳动的一种非功利性超越，它有助于化解工业生产中劳动目的与劳动手段、工具价值与人文价值相互分离的矛盾。

一方面，在流水线式的工业化大生产环境中，劳动者往往如同生产线上一颗普通的"螺丝钉"，长期从事单调乏味、缺乏创造性的工作，容易导致精神上的疲惫与内心的空虚。而培育工匠精神，能够引导劳动者将自身的情感、智慧和想象力融入生产过程，使机械性劳作转化为充满生命力与创造力的活动，从而真正实现劳动的价值。

另一方面，工匠精神所体现的追求真理、崇尚美好、独具匠心的创造性活动，以及与道相融的生命境界，能够帮助劳动者在追求卓越制造的过程中，获得精神上的自由与心灵的解脱，实现自我价值的升华。

（二）工匠精神与时代的诉求相契合，具有强烈的现实针对性

改革开放四十多年来，我国始终坚定不移地践行对外开放政策，不断深化国内改革。这一漫长且伟大的历程，实际上是一次全方位、深层次的社会转型。如今，改革已踏入深水区，我国正面临着错综复杂的利益格局调整，各类社会问题也随之逐渐暴露出来。与此同时，经济全球化的浪潮汹涌澎湃，国际竞争变得愈发激烈。在这样风云变幻的时代背景之下，工匠精神与时代需求高度契合，其现实意义和价值愈发凸显。

1. 驱动产业变革，赋能经济结构优化

在当今时代，培育和弘扬工匠精神，已然成为深入推进供给侧结构性改革、推动产业结构优化升级的核心要素。工匠精神就像一把神奇的钥匙，能够开启劳动者内心深处的潜能宝库，充分激发他们的敬业精神、奉献意识以及创新创造能力。

当劳动者具备了工匠精神，他们会以更加饱满的热情和专注的态度投

入工作，为企业注入源源不断的活力。企业在工匠精神的引领下，对产品质量的把控会更加严格，从原材料的筛选到生产工艺的每一个环节，都力求做到尽善尽美。同时，企业也会积极开拓创新领域，不断探索新技术、新工艺，有效提高全要素生产率。这不仅能够显著增强企业自身的竞争力，还能带动整个产业的竞争力提升，让市场机制更加充分地发挥作用，淘汰那些落后的产能，让生产力得到更大程度的释放。

从供给侧结构性改革的角度来看，我国制造业在过去几十年间取得了飞速发展，积累了庞大的产能。然而，我国制造业当前也面临着产能过剩的困境。要突破这一瓶颈，实现从制造业大国向制造业强国的华丽转身，不仅需要一大批技艺精湛的工匠人才，更离不开追求卓越的工匠精神。工匠精神作为我国发展中高端制造业的关键"软实力"，就像一座灯塔，为产业结构转型指明了突破的方向。培育和弘扬工匠精神，能够有力地推动自主创新与技术进步，提高劳动效率和产品质量，紧紧抓住产业升级的关键环节，促使产业结构向更高层次迈进。

2. 涵养社会风气，提升就业能力与素养

当前，我国改革进入攻坚阶段，经济步入转型时期，社会也进入了矛盾凸显阶段。在经济领域，偷工减料、假冒伪劣等不良现象时有发生，严重影响了市场秩序和消费者权益；在精神层面，人心浮躁、精神懈怠等问题也比较突出，阻碍了个人和社会的发展。在这样的形势下，培育和弘扬工匠精神显得尤为迫切和重要。

工匠精神就像一股清泉，能够荡涤社会的不良风气，营造出良好的社会环境。它能在全社会树立起崇尚劳动的良好风尚，让人们深刻认识到劳动的价值和意义，形成尊重劳动者的浓厚氛围。同时，工匠精神还能弘扬爱岗敬业、诚实守信的职业精神，激励人们通过踏实、认真的劳动去实现自身价值，让认真负责的工作态度和精益求精的品质意识，像春风化雨般渗透进各个行业，成为每一个从业者的行为准则。

另外，工匠精神对于劳动者自身的发展也有着重要的推动作用。它能够引导广大劳动者专注于本职工作，把每一个任务都当作是一次创造精品的机会，严格把控产品质量。同时，劳动者会主动提升自己的专业技能和综合素质，不断学习新知识、新技能，增强自身的从业能力和创业能力。在这个过程中，劳动者还会培养出奉献精神，愿意为了社会的进步与发展贡献自己的力量。可以说，工匠精神不仅仅是对产品质量的执着追求，更是一种专注、创新和追求卓越的职业态度。在全球化和知识经济蓬勃发展的今天，培养具备工匠精神的人才已经成为中国高等职业教育的重要使命和目标，这对于提升我国整体的人力资源素质和竞争力具有深远意义。

二、我国工匠精神传承和培育的现状

工匠精神作为一种根植于民族文化的精神财富，其发展历程与中国悠久的历史紧密相连。从古至今，工匠精神在中国社会的发展和演变中扮演着举足轻重的角色。

早在先秦时期，中国的"士农工商"四民体系中，工匠的地位已然确立，其通过卓越的技艺与创造力，为社会提供了从日常生活用品到礼仪用品等各类产品。这些工匠不仅是技艺的传承者，也是文化的传播者，他们的工作不仅仅是生产活动，更是对美学与工艺的一种追求与实践。

进入汉唐时期，随着社会的稳定与经济的发展，工匠的地位与日俱增，工匠精神也被进一步重视。特别是在唐代，随着丝绸之路的开通，中国的丝绸、瓷器、茶叶等商品远销海外，中国的工匠精神也随之传播至世界各地，其精湛的技艺和对产品质量的坚持，成为中国古代文明对外交流的重要载体。

然而，随着宋代以后，特别是到了清末，由于机械工业的兴起和清末的闭关自守政策，中国的工匠精神似乎遭遇到了前所未有的挑战。机械化、标准化生产的兴起，让工匠的手工技艺逐渐失去了用武之地，工匠的地位也随之降低，工匠精神的传承与发展也面临着巨大的挑战。

进入 20 世纪，特别是改革开放以来，中国的工匠精神在新时代的语境下得到了新的诠释与发展。国家对制造业的重视，对技术创新与产品质量的强调，为工匠精神的传承与创新提供了新的土壤。工匠精神不仅体现在传统意义上的手工技艺，更多的是体现在对工作的态度、对创新的追求、对质量的坚持上。

然而，即便在今天这个时代，中国的工匠精神仍然面临着传承与发展的双重挑战。现代生活节奏的加快、市场经济快速变化的冲击、教育体制的转型等因素，都在一定程度上影响了新一代工匠精神的培育与发展。

（一）我国工匠精神传承的现状

在当今全球化与信息化深度交融的复杂社会格局下，中国工匠精神的传承状况呈现出极为复杂且多元的态势。随着时代车轮的高速运转，传统手工技艺遭遇了前所未有的巨大冲击，与此同时，现代工艺以日新月异的速度不断迭代，也为工匠精神的传承提出了极具时代特色的全新命题。

1. 传统技艺式微：传承根基的动摇

传统技艺的逐步式微，成为横亘在中国工匠精神传承道路上的首要难题。在工业化与信息化浪潮的强力冲击下，机械化、自动化生产模式凭借其无可比拟的高效性与低成本优势，迅速在众多生产领域取代了传统手工生产方式。这一变革过程，远不止是生产工具和生产形式的简单更替，其深层次的影响在于对工匠精神所承载的追求极致工艺、专注细节品质以及传承深厚文化内涵这一价值体系的强烈冲击。

传统手工艺人的生存空间被持续压缩，致使大量传统技艺岌岌可危，濒临断代的边缘，这无疑对工匠精神的传承产生了直接且严重的负面影响。在现代社会，手工制陶、木雕、织锦等传统工艺的衰落现象屡见不鲜。这些技艺曾经是社会文化中极为重要的组成部分，不仅淋漓尽致地展现了匠人们炉火纯青的高超技艺，更深深烙印着厚重的历史文化价值。然而，随着大规模生产技术的广泛普及，手工艺品逐渐被千篇一律的机器制品所替代。以手工制陶为例，其独一无二的精细程度与独特韵味，在现代陶瓷工厂的流水线生产中已难寻踪迹。机器能够在短时间内快速生产出大量外观高度一致的陶瓷产品，且成本远远低于手工制作。传统技艺的消逝，不仅意味着一种生产方式的终结，更象征着文化传承脉络的断裂。许多传统工艺背后所蕴含的世代相传的智慧与经验，一旦无法得到有效的保存与传承，将会造成难以估量的文化损失。例如，中国丝绸制作工艺，它不仅仅是一种商品的生产流程，更是中国数千年悠久历史文化的生动象征。但随着现代纺织技术的飞速发展，传统丝绸工艺的传承者数量日益减少，这一珍贵的文化遗产正面临着失传的严峻风险。

此外，传统技艺的消失还对社会经济结构造成了不可忽视的负面影响。许多依靠传统工艺为生的工匠，生计受到了严重威胁。在一些偏远地区，手工艺是当地居民的主要经济来源，一旦这些技艺失传，不仅会对个人和家庭的生活造成冲击，还可能对整个社区的经济发展产生连锁反应。比如非洲的部分部落，长期以来以编织草帽和制作手工艺品为生，这些具有浓郁民族特色的产品在国际市场上曾具有一定的吸引力。但随着全球化进程的加速，其手工艺品市场逐渐被廉价的工业产品所侵占，导致当地工匠收入锐减，部分工匠不得不放弃传统技艺，转而寻求其他生计方式。为了应对这一严峻挑战，许多国家和地区纷纷积极行动起来，采取一系列措施保护和振兴传统技艺。例如，设立专门的文化遗产保护项目，为那些依然坚守传统工艺的工匠提供资金支持；开展丰富多样的传统技艺教育与培训课程，吸引更多年轻人投身到传统技艺的学习与传承中来。这些积极举措旨在为工匠精神的传承营造更为有利的环境，让珍贵的文化遗产得以存续并不断发扬光大。

2. 现代工艺冲击：传承与创新的困境

现代工艺的快速更新同样给工匠精神的传承带来了严峻挑战。在现代社会，产品需求日益朝着高效率和标准化的方向发展，这在一定程度上导致工匠精神被逐渐边缘化。在这样的时代背景下，工匠精神的传承不仅需要技艺的延续，更要求工匠们在传承过程中勇于创新，将现代技术与传统工艺有机融合，创造出既具有鲜明传统特色又高度符合现代需求的产品。然而，要实现创新与传承之间的平衡并非易事，这对工匠们提出了极高的要求，他们既需要具备扎实深厚的传统技艺功底，又要拥有勇于创新的精神和开放包容的心态。

随着科技的迅猛发展，新的生产技术和方法如雨后春笋般层出不穷，传统工艺面临着前所未有的巨大压力。在与大规模生产的工业产品竞争时，传统手工艺者往往处于劣势，生存空间不断被压缩。例如，一些富有创新精神的陶瓷艺术家开始运用 3D 打印技术设计模具，这一创新举措不仅大幅提高了生产效率，还使得传统陶瓷作品的形态更加丰富多样。又如，木工师傅在利用数控机床加工木材的同时，坚持手工打磨和上漆，巧妙地保留了产品的独特质感和温度。但这种传统与现代的融合过程，既是对工匠精神的巨大挑战，也是对其内涵的丰富与发展。

此外，工匠精神的传承离不开良好社会环境的支持。政府及相关机构应充分发挥引导作用，制定切实可行的政策，鼓励和支持传统工艺的发展，为工匠们搭建展示与交流的优质平台。教育体系也应高度重视传统工艺教育，将其有机纳入课程设置，从小培养年轻一代对传统工艺的兴趣与尊重。这些全方位的措施可以为工匠精神的传承营造良好的社会环境，让传统工艺在现代社会中重焕生机与活力。

3. 社会认知偏差：传承氛围的缺失

社会认知度和价值观的转变是影响工匠精神传承的关键因素。长期以来，社会对工匠的认知大多停留在"传统""落后"的刻板印象中，这与当前社会高度重视效率和成本的价值取向密切相关。人们常常将"现代"与"高效"简单等同，将"传统"与"低效"片面关联，这种根深蒂固的观念使得工匠及其所代表的工匠精神难以获得应有的尊重与支持，进而严重阻碍了工匠精神的传承与发展。

在现代工业生产中，机器的广泛应用极大地提升了生产效率，降低了产品成本。这种生产模式的巨大转变，使得手工制作产品在价格和产量上难以与机器生产的产品相抗衡，许多传统手工艺逐渐被边缘化，甚至面临失传的危机。在这样的市场环境下，工匠们难以获得足够的经济回报，这直接导致年轻一代对从事传统手工艺兴趣索然，纷纷转而追求那些看似更具发展前景的现代职业。

随着全球化和市场经济的深入发展，消费者对产品更新换代速度的要求越来越高，快速消费观念已深入人心。人们更倾向于购买价格低廉、更新换代快的商品，而对于那些需要长时间使用和精心维护的高质量手工艺品则关注度较低。这种消费观念的转变，进一步削弱了工匠精神在现代社会中的地位。

综上所述，在当前复杂的社会环境下，中国工匠精神的传承面临着传统技艺消失、现代工艺冲击以及社会认知偏差等多方面的严峻挑战。这些问题真实地反映了工匠精神传承的现状。要想有效解决这些问题，我们需要从政策支持、教育培训、社会认知等多个维度入手，全方位为工匠精神的传承营造良好的外部环境。同时，积极激励工匠们在传承中创新，在创新中传承，让工匠精神在新时代的浪潮中得以延续和弘扬，绽放出更加璀璨的光芒。

（二）我国工匠精神培育的现状

在当代中国社会的大背景下，工匠精神作为一种执着追求高质量、严守高标准与卓越品质的工作态度和精神理念，被赋予了极为重要的价值。国家和社会对工匠精神的重视程度日益提升，然而，在工匠精神的实际培育过程中，仍存在着诸多亟待解决的难题与不足。

1. 培育体系尚待健全

从培育机制的角度深入分析，我国工匠精神培育体系目前仍处于发展阶段，存在着许多尚需完善的地方。尽管国家在政策层面给予了大力支持，比如大国工匠评选活动的开展以及各类对工匠精神的广泛宣传，营造出了积极的舆论氛围，但在具体的教育与培养机制方面，依旧缺乏一套成熟、系统且行之有效的工匠精神培育模式。

在教育体系中，校企合作机制不够完善，高等教育与职业教育之间的衔接存在明显的薄弱环节。这导致学生从校园迈向企业的转型过程中出现脱节现象，学生的实践能力以及工匠精神的培养无法得到有效的延续与强化。当前教育体系中，理论教学与实际操作之间存在较大差距。学生在课堂上主要学习抽象的理论知识，却严重缺乏将这些知识运用到实际工作中的机会。与此同时，部分企业参与教育培养的积极性不高，他们更倾向于招聘经验丰富的员工，而不愿意投入资源培养新人，这进一步加剧了教育与产业需求之间的不协调。

此外，我国对于工匠精神内涵的理解和传播还存在一定的欠缺。工匠精神并非仅仅意味着精湛的技能，更是一种对工作发自内心的热爱、对品质的执着坚守以及对细节的高度关注。工匠精神的培育需要长时间的文化熏陶和实践锻炼，绝非短期的技能培训就能实现。因此，有必要在教育体系中融入更多与工匠精神相关的课程和实践活动，帮助学生在学习过程中逐步理解并将这种精神内化为自身的价值观。

社会对工匠的尊重和认可程度也有待提升。在许多情况下，社会普遍认为从事技术工作不如管理或金融工作更具发展前景，这种观念使得工匠精神被逐渐边缘化。为了改变这一现状，我们需要借助媒体宣传、公共教育等多种手段，提高社会对工匠职业的认同感和尊重度，营造出有利于工匠精神发展的良好社会环境。

虽然政策支持在不断增加，但其精准度和有效性仍需进一步提高。政策制定者应当深入剖析工匠精神培育过程中的瓶颈和实际需求，制定出更具针对性和可操作性的措施。例如，设立专项基金支持校企合作项目，鼓励企业积极参与人才培养；为有志于投身传统工艺和手工艺的年轻人提供奖学金和创业支持。通过这些具体且有力的举措，逐步构建起一个全方位、多层次的工匠精神培育体系。

2. 实施环节困境凸显

在工匠精神培育的实施层面，师资力量不足成为一个关键的制约因素。高质量的工匠精神教育离不开高水平教师的言传身教，但当前不少职业院校的教师在实践经验和技术水平方面与企业的实际需求存在较大差距，这极大地限制了他们在教学过程中对学生进行有效的工匠精神教育。许多教师虽然理论知识扎实，但对实际操作和行业最新技术却缺乏足够的了解和经验。以机械制造领域为例，教师可能对传统机床的操作了如指掌，但对于现代数控机床的编程与操作却知之甚少。这种知识与技能的脱节，使得教师难以将最新的行业标准和工艺流程传授给学生，进而影响了学生对工匠精神的理解和实践。

同时，教师的继续教育和专业发展支持不足，导致他们的教学水平和实践指导能力难以跟上时代发展的步伐。在快速发展的工业与技术领域，新的工具、材料和生产方法不断涌现。教师如果缺乏定期的培训和进修机会，就很难掌握这些新知识和技能。随着工业4.0和智能制造的兴起，教师需要了解物联网、大数据分析和人工智能等前沿技术，以便为学生提供与时俱进的教学内容。然而，由于专业发展机会的匮乏，许多教师在这些新兴领域的知识储备严重不足，难以激发学生对新技术的兴趣和探索欲望。

此外，职业院校教师与企业紧密合作的机会较少，这进一步拉大了理论与实践之间的差距。企业是工匠精神的最佳实践场所，教师如果不能定期深入企业实践和学习，就很难将企业的真实需求和工作环境融入课堂教学。例如，教师若没有参与企业项目，就难以理解项目管理、团队协作和质量控制等实际工作中的关键要素，而这些要素对于培养学生的工匠精神至关重要。

3. 学生观念亟须转变

工匠精神在培育过程中，还面临着学生观念和认识的局限性问题。由于长期受到"重文轻武"传统教育观念的影响，部分学生对技能型、实践型学习缺乏足够的重视和热情，再加上对工匠精神内涵的认识不足，导致在具体的学习和实践活动中，学生的工匠精神难以得到有效的激发和培育。

"重文轻武"的教育观念根深蒂固，使得许多学生从小就被灌输重视理论知识、轻视动手能力的思想。在课堂上，他们更倾向于死记硬背书本上的公式和概念，而不是通过实验和操作来深入理解知识。在考试和升学压力的影响下，这种倾向愈发明显，因为标准化考试往往更侧重于考查学生的理论知识掌握程度，而非实际操作能力。此外，社会对"白领"工作的过度追捧也加剧了这一问题。许多家长和学生认为，只有从事办公室工作才是成功的标志，而那些需要动手能力的工作则被视为低人一等。这种观念导致了对技能型工作的误解和偏见，导致学生不愿意投身于需要长期学习和实践才能掌握的工艺和技能领域。然而，工匠精神的培育恰恰需要学生重视技能型、实践型学习。以木工师傅制作家具为例，精心挑选木材、精确测量切割、追求接缝严丝合缝与装饰精雕细琢，这种对完美的追求和对工艺的尊重，正是工匠精神的生动体现。

4. 评价激励机制亟待构建

评价激励机制的缺失，在很大程度上阻碍了工匠精神的培育。工匠精神体现为对工作专注、精益求精的态度，不仅在于技艺的精湛，更在于对工作的热爱和对品质的不懈追求。然而，如果社会对这种精神的认可度不足，或者缺乏相应的奖励和激励机制，工匠精神在实际工作环境和职业发展中就难以得到应有的重视和体现。

例如，技艺高超的工匠在日常工作中可能默默无闻，他们的努力和付出鲜为人知，更难以获得相应的物质和精神奖励。在这样的环境下，工匠们很难感受到自己的工作价值被社会认可，这必然会打击他们的积极性和创造力，长此以往，将严重影响工匠精神的传承与发展。

缺乏激励机制还会降低工匠精神在年轻一代中的吸引力。年轻人在选择职业道路时，通常希望自己的努力能够得到合理的回报和认可。如果社会无法提供足够的激励，如职业晋升机会、经济奖励、社会地位提升等，年轻人可能对从事需要长期积累和精湛技艺的工作失去兴趣，进而导致工匠精神传承链的断裂，难以持续发展。

综上所述，我国工匠精神培育面临着培育体系不完善、实施层面困境重重、学生观念存在局限以及评价激励机制缺失等多方面的挑战。为了有效解决这些问题，需要从完善培育机制、强化师资队伍建设、转变学生观念以及构建合理评价激励机制等多个维度入手，全方位推动工匠精神培育，使其在新时代得到传承和弘扬，为中国经济社会的高质量发展提供强大的精神动力。

（三）我国工匠精神传承和培育存在问题的原因

1. 传统观念与现代社会发展的矛盾

在中国传统文化中，工匠精神一直占据着重要的地位。它不仅体现了个体的精湛技艺和职业操守，而且承载着对职业的尊重和对技艺的传承。然而，随着现代化进程的加速，传统观念与现代社会发展之间的矛盾日益显现，这在工匠精神的传承和发展过程中表现得尤为明显。

首先，传统观念中对工匠的认知存在着一定的局限性。在"学而优则仕"的社会价值观念影响下，工匠往往被视为"匠人"，是技术和体力劳动者的代名词，而非受人尊敬的工匠。这种对工匠的社会地位的低估和职业价值的忽视，直接导致了工匠精神传承的社会基础薄弱。在这种背景下，工匠的社会认可度低，难以为子女选择成为工匠职业提供舆论支持，也影响了新一代年轻人对于工匠职业的选择。

其次，现代社会的快速发展对传统工匠精神的传承构成了挑战。工业化和自动化的普及，降低了生产成本，提高了效率，但也在一定程度上冲击着传统手工艺的生存空间。传统手工艺人的生存环境和工作条件面临着严峻的考验，传统工匠的技艺传承面临着断层的风险。市场对于量产的需求与工匠精神的个性化、多样性相背离，工匠精神的市场需求和社会地位也因此受限。

再次，现代社会的快速变化也对工匠精神的培养提出了更高要求。传统的工匠培养模式，注重技能的传授和模仿，而现代社会对创新的要求使得工匠不仅需传承技艺，还需不断创新，适应市场的新需求。这就要求工匠必须拥有更开放的心态和更广阔的视野，以及对创新的持续追求。这种转变对于传统教育和培训体系的挑战是显而易见的。

最后，传统观念与现代社会的经济发展模式也存在冲突。现代社会的生产与消费模式更趋理性化、效率化，而工匠精神的独特性和个性化的产品往往需要更高的成本和更长时间的研制。在此背景下，工匠精神的市场驱动力相对弱化，这也在一定程度上影响了工匠精神的传承和发展。

传统观念与现代社会发展的矛盾对工匠精神的传承和发展造成了多重制约。要想解决这些问题，我们需要从社会认知、教育培训、市场机制等方面入手，既要尊重和振兴传统手工艺，也要为工匠的发展创造更广阔的空间。只有这样，才能让这一传统美德在现代社会中焕发新的活力。

2. 教育资源与实践经验的失衡

在当下中国的教育体系中，工匠精神的传承和培育面临着诸多挑战。其中，教育资源与实践经验的失衡是影响工匠精神培育质量的关键因素之一。这种失衡主要表现在以下几个方面：

首先，教育资源的配置往往向普通教育倾斜。在社会普遍的价值观念中，普通教育被视为更为重要和有前途的教育形式，而职业教育则被认为是"二流"的选择。这种偏见导致了职业教育资源的分配相对较少，包括师资力量、教学设施以及科研项目等各方面的资源都相对有限。

其次，实践经验的获取在职业教育中受到了限制。由于教育资源的不足，很多职业院校的实践教学设备和实践平台建设不完善，这直接限制了学生通过实践来培养工匠精神的机会。学生的实践活动多局限于理论学习的延伸，缺乏与产业实际需求紧密结合的深度。

再次，教师的实践经验亦是影响工匠精神培育的重要因素。部分高职院校的教师虽然具备较高的理论水平，但在实际的一线生产和技术服务方面的经验不足，这使得他们在教学过程中难以提供高质量的实践指导，影响了学生工匠精神的培养。

最后，职业院校的社会认可度相对较低，这不仅影响了学生和家长对职业教育的选择，也影响了教师的职业发展和资源的获取。这种社会认知的偏差进一步加剧了教育资源与实践经验的失衡。

教育资源与实践经验的失衡不仅影响了工匠精神的培育质量，而且影响了整个职业教育体系的可持续发展。

3. 政策支持与实际执行的脱节

工匠精神的传承与培育是提升产品质量、增强文化软实力的关键因素，同时也是提升经济效益的重要途径。然而，当前工匠精神的传承与培育面临着一系列挑战，其中之一便是政策支持与实际执行之间的脱节问题。

政策支持是促进工匠精神发展的重要手段，但在实际执行层面却存在诸多难题。首先，政策的系统性和连续性不足，导致工匠精神的培养和传承缺乏长远规划和稳定支持。例如，对于工匠的教育、培训、待遇、评价等方面的政策散见于不同的法律法规中，缺乏一套完整、系统的政策体系来统筹推进。

其次，政策的操作性不强，这可能源于政策制定时对实际操作层面考虑不足，或者是在政策实施过程中的具体措施不够明确，导致在执行时出现偏差。例如，关于提高工匠待遇的政策，若未明确具体的待遇标准和实施细则，就很难具体执行，也难以评估政策效果。

最后，政策执行的监管和动态调整机制不健全。在实际操作中，可能因为监管不力，导致政策执行的力度和深度不足。同时，由于缺乏对政策执行效果的定期评估和反馈调整机制，政策的调整和优化变得缓慢。

这些问题的存在，不仅影响了工匠精神的培育和传承，也影响了政策的实施效果。

第二节　成都工匠精神传承与培育路径

一、成都工匠精神传承与培育现状

2016 年 3 月 5 日，政府工作报告提出要"培育精益求精的工匠精神"，将其与企业个性化定制、柔性化生产等现代制造理念紧密关联。这一提法立即在全社会引发广泛共鸣，迅速超越了制造业的范畴，成为衡量各行各业职业操守和专业素养的重要标准。工匠精神的内涵随着时代发展不断丰富。从最初制造业领域对精工细作的追求，逐步延伸至各个领域对卓越品质的不懈追求。这种"精益求精，力求完美"的职业态度，成为新时代职业素养的典范。这一概念的影响力之大，使其入选《咬文嚼字》2016 年度十大流行语，反映出工匠精神已深深植根于中国社会的价值观念中。2021 年 9 月，工匠精神的地位得到进一步提升。党中央将其正式纳入中国共产党人精神谱系的第一批伟大精神，这标志着工匠精神已从一个行业理念上升为民族精神的重要组成部分。这一决策充分体现了党中央对劳动价值的崇尚，对职业精神的尊重，以及对高质量发展的坚定追求。从政府工作报告中的新词，到行业发展的指导理念，再到民族精神的重要内涵，工匠精神的发展历程本身就是中国制造向中国创造转型的缩影，彰显了国家对高质量发展道路的坚定选择。

2017 年，成都市总工会根据中华全国总工会和中共成都市委关于工匠人才培养的决策部署，针对市级技能人才政策的空白，借鉴上海、重庆、杭州、武汉等城市在工匠人才培养方面的经验，与中国劳动关系学院合作开展专题调研，并撰写了调研报告。基于此，成都市总工会与成都市委组织部（市人才办）共同研究制定了《关于实施"成都工匠"培育五年计划的意见》（以下简称《意见》），通过座谈会、书面形式广泛征求了劳动模范、工匠代表以及各区（市、县）、市级各部门的意见，并经过市委办公厅、市政府法制办的合法性审查。经过多次修改和完善，《意见》最终通过市委常委会、市政府常务会的审议，并于 2018 年 8 月 30 日正式以成委办〔2018〕32 号文件印发。《意见》旨在至 2022 年，培养并评选出成都市级工匠 3 000 名、区（市）县级工匠 7 000 名，以促进技能人才特别是高技能人才的高质量、规模化增长，构建起一支能够支撑和引领成都现代产业发展的工匠人才队伍，将成都打造成为具有国际竞争力和区域带动力的工匠人才聚集高地。

由此可以看出，成都在弘扬和传承工匠精神方面起步较早，从政府层面牵头评选成都工匠，在全社会树立尊重劳动、尊重知识、尊重人才、尊重创造的意识，成效明显。但是也还有几个需要进一步提升的方面。一是虽然提出了成都工匠，也评选出了几千名成都工匠，但没有提出具有成都地域特色或者说是具有成都特质的成都工匠精神，这不利于在全社会宣传，尤其是培育工匠精神。二是针对成都工匠的奖励和优待政策虽然落地，但对于成都工匠及成都工匠精神的宣传不足，还没有产生较大的社会影响。三是在成都域内教育领域，包括大中小学一体化推进工匠精神的传承和培育不足。职业院校虽然作为传承和培育工匠精神的主渠道，但并非只是职业院校才需要传承和培育工匠精神，劳动教育、精益求精的品质教育，在各个教育阶段都应该得到重视。

二、成都工匠精神传承与培育路径

工匠精神不仅是提升产品质量的关键，也是推动社会经济发展的重要力量。因此，构建一个有效的工匠精神培育路径，需要政府、教育、企业和社会等多个层面的共同努力。

（一）政府层面

在当下，培育与传承工匠精神，已然成为推动社会进步、促进经济高质量发展以及弘扬中华民族优秀文化的关键力量。在这一影响深远的进程中，政府凭借其独特的资源调配能力和政策引导职能，发挥着无可替代的关键作用。政府主要通过政策引导与制度保障两大核心策略，就像在肥沃的土壤中播撒希望的种子，让工匠精神在社会的各个角落落地生根，茁壮成长。

在经济全球化浪潮和国内产业结构深度调整的时代背景下，为有效培育和传承工匠精神，政府需要全方位、系统性地制定一系列相关政策法规。这些政策法规并非空泛的口号，而是要将工匠精神置于人才培养体系与技能提升战略的核心位置。只有这样，才能充分调动传统制造业、新兴科技产业以及文化艺术等各行各业的积极性，使它们踊跃参与到工匠教育培训实践中。如此一来，便能从多个维度推动工匠精神的广泛传播与深度发展。政府的这些积极举措，犹如一场及时雨，不但能够显著提升工匠的社会地位，打破长期以来社会对工匠职业的刻板印象，让工匠成为备受敬重的职业，还能为经济的可持续发展注入强劲动力，助力国家在复杂多变的全球竞争中抢占优势地位。

1. 构建专项支持与专业培育体系

政府可设立专项基金，这一基金如同精准的灌溉系统，专门用于工匠精神的研究、推广以及相关教育培训。稳定的资金支持，是工匠精神研究得以深入开展的重要保障。有了充足的资金，科研人员能够深入探究工匠精神的内涵、历史渊源以及在不同时代的演变历程。通过实地调研、典型案例分析、高端学术研讨等多种方式，开展深度研究，产出具有重要理论价值和实践指导意义的成果。这些成果既可以是严谨的学术著作、翔实的研究报告，也可以是便于操作的实践指南，为工匠精神培育提供坚实的理论基础与切实可行的实践指导。

在人才培养方面，政府既可以自行设立专门的培训机构。这些机构配备专业的师资队伍，他们不仅具备扎实的理论知识，还拥有丰富的实践经验。课程设置紧密围绕工匠精神的核心要素，涵盖专业技能培训、职业素养提升、创新思维激发等多个方面。政府也可以与现有的职业院校、高等院校等教育机构展开深度合作，借助这些教育机构已有的教学资源和平台，开设专业的工匠教育培训课程。例如，在职业院校中增设与工匠精神紧密相关的特色专业，在高等院校中开展跨学科的工匠精神研究项目。通过这些举措，确保工匠人才培养的系统性与专业性，构建起一个全面、完善的工匠教育培训体系。如此一来，便能培育出更多具备高技能和创新精神的优秀工匠，为各行各业输送新鲜血液。

2. 激励企业参与并深化校企合作

政府可以运用税收优惠、补贴等多元化激励手段，鼓励企业加大对技能人才培养的投入力度。税收优惠政策能够降低企业在人才培养方面的成本支出，比如对积极参与工匠人才培养的企业给予一定比例的税收减免，或者提供专项税收抵扣额度。补贴政策则可以直接为企业提供资金支持，如根据企业培养的工匠人才数量给予相应的补贴。这些措施能够切实减轻企业在技能人才培养方面的成本压力，促使企业从单纯追求短期经济效益的思维模式中转变过来，引导企业从长远发展角度出发，将人才培养视为企业发展的核心竞争力之一，积极开展人力资源开发。当企业重视人才培养后，员工的技能水平和职业素养得到提升，进而提升企业的核心竞争力。

与此同时，政府还应出台一系列具有针对性和可操作性的政策，鼓励企业与职业院校合作，建立紧密的校企合作机制。在这一机制下，企业技术骨干可以走进校园，为学生传授实际工作中的经验和技能，分享行业最新动态和发展趋势。职业院校的教师也可以定期到企业进行实践锻炼，了解企业的实际生产流程和技术需求。通过这种双向互动，可以实现理论知识与实践操作的深度融合，显著提高技能人才的培养质量。这种校企合作模式还能够确保教育内容精准对接市场需求，企业根据自身的实际需求向学校反馈人才培养方向，学校则根据企业需求调整教学内容和课程设置，为社会源源不断地输送符合实际需要的高技能人才。

3. 强化国际交流与合作

在全球化的大趋势下，政府应当积极主动地开展国际交流与合作，秉持开放包容的态度，主动学习借鉴国际先进经验与做法。具体而言，可通过组织国际交流活动，如举办国际工匠精神论坛，邀请各国专家学者、工匠大师齐聚一堂，分享各自国家在工匠精神培育方面的经验和成果。参与国际会议和研讨会，及时掌握国际上最新的工匠精神研究动态和实践案例。通过这些形式，可以促进不同国家和地区在工匠精神培养方面的经验交流与思想碰撞，拓宽本国在工匠精神培育领域的视野。

在此过程中，政府还应引入国外先进的教育理念和技术。例如，学习德国双元制职业教育模式中对实践技能培养的重视，以及日本在工匠文化传承中对细节和品质的极致追求，然后结合本国国情进行本土化改造，将国外先进经验与中国的文化传统、产业结构、教育体系等有机结合，形成具有中国特色的工匠精神培育体系。这种基于国际视野的合作与交流，能够有效提升国内工匠精神培育的国际竞争力，让中国的工匠精神在世界舞台上绽放独特光彩。

4. 完善评价与激励机制

政府还需建立健全科学合理的评价体系和激励机制，切实提升工匠的社会地位和待遇。在薪酬待遇方面，通过深入的行业调研和全面的数据分析，制定合理的工匠薪酬标准，确保他们的辛勤付出得到合理回报。在一些制造业发达的地区，可以设立工匠薪酬补贴制度，对达到一定技能水平和职业贡献的工匠给予额外的补贴。

同时，政府还应通过立法等方式保护工匠的合法权益。政府应制定专门的法律法规，明确工匠在工作中的权利和义务，保障他们在劳动安全、知识产权、职业发展等方面的合法权益，让他们能够全身心投入工作，无后顾之忧。

此外，政府还可以设立工匠荣誉奖项，如"大国工匠"荣誉称号等，对在各个领域表现卓越的工匠进行表彰和奖励。举办工匠技能大赛，为工匠们提供展示技能的平台，对大赛中的优秀选手给予物质奖励和精神鼓励。通过这些措施，提高工匠的社会认可度和影响力，在全社会营造尊重技能、崇尚工匠的良好氛围，激发全社会对工匠精神的重视与尊重。

综上所述，政府在工匠精神的培育与传承中发挥着关键引领作用。通过政策引导和制度保障，政府不仅为工匠精神的发展提供了有力支持，还为经济可持续发展培育了大量高技能人才，助力国家在全球化竞争环境中脱颖而出。这些举措能够激发全社会对工匠精神的重视与尊重，形成崇尚技能、尊重工匠的良好社会风尚，为国家的长远发展奠定坚实基础。工匠精神的培育与传承，不仅关乎国家经济发展，更是文化传承和民族精神的重要体现。

（二）教育层面

1. 加强教育精神与工匠精神的融合

教育精神，作为引领教育行动实践的核心准则与目标导向，与工匠精神的教育维度深度融合，是当下教育发展的关键趋势。这种融合绝非表面的拼凑，而是一种深度的交融渗透，旨在赋予教育行动以"专注执着""传承坚守""创新突破"与"追求卓越"的精神内核，从而为教育活动明确清晰且有力的行动方向。

工匠精神具备螺旋式上升的显著特征，这就要求我们在理念构建与思想指引层面，将其全方位融入教育的各个关键环节。这种融入，不仅体现在技能大师们对行业领域的矢志坚守与技艺的代代相传，更体现在对创新思维与卓越品质的不懈追求。创新，能够推动技艺不断突破传统边界，实现质的飞跃；卓越，则促使成果达到行业顶尖水平，树立起品质标杆。正是这两大关键要素，助力技能大师们在众多从业者中崭露头角，成为行业的典范与社会的精英。

随着社会的快速发展，人们对工匠精神中"创新"与"卓越"这两个维度的认知不断深入。基于此，在教育实践过程中，我们务必给予这两个维度更多的关注与重视，积极培育受教育者追求创新发展与卓越成就的内在品质。这一转变，既是教育精神自我革新、紧跟时代步伐的内在需求，也是社会发展对教育体系提出的迫切任务。教育作为培养人才的关键摇篮，只有持续适应社会需求的变化，才能为社会源源不断地输送具备更强竞争力的优秀人才。

在培育工匠精神的过程中，教育体系一方面需要不断强化在知识传授、技能培养以及态度塑造等方面的专注实践与传承精神；另一方面，更要积极探索切实有效的方法，激发受教育者的创新潜能与追求卓越的内生动力。在新时代的大背景下，教育与社会的协同发展已成为不可阻挡的趋势，二者相互促进、共同进步，形成螺旋式上升的良好态势。教育为社会培养高素质人才，推动社会向前发展；而社会的进步又对教育提出更高的要求，促使教育不断进行改革创新。

在探索工匠精神的培养路径时，必须对从教育理念到教学实践的各个阶段进行系统整合。将工匠精神的培养内容全面融入教育与教学的每一个环节，我们可以从第一课堂与第二课堂这两个维度展开深入探讨。

在第一课堂中，针对职业素养的培育，要依据不同课程和专业的特点，制定精准且具有针对性的策略。在思政课程里，通过开设专题讲座，深入阐释工匠精神的内涵，并组织学生学习先进人物的事迹，让学生从榜样身上汲取强大的精神力量；在专业课程中，将行业内的优秀典型与专业技能教学紧密结合，在传授专业技能的同时，传递工匠精神的深刻内涵；在实践课程中，让学生直接接触真实的作品，亲身感受工匠文化与职业精神的魅力，进而增强学生的岗位责任感以及对社会建设的使命感。

在第二课堂中培养学生的工匠精神，需要充分考量当代学生的特点，采用多元化的方式逐步提升其职业素养。一方面，将工匠精神纳入日常教育体系，运用"每周一学"的模式，结合班会活动，将工匠精神的核心理念巧妙地融入学生的日常生活，让学生在不知不觉中受到熏陶；另一方面，将工匠精神与学生的生活习惯养成相结合，引导学生养成良好的生活习惯，树立崇高的精神追求，从而提升学生的世界观、人生观和价值观。通过第二课堂的有力补充，可以使学生在课堂之外也能持续受到工匠精神的滋养，实现自身素养的全方位提升。

2. 重视和发挥职业教育的作用

2019 年年初，国务院颁布《国家职业教育改革实施方案》，该方案强调了职教与普教虽属不同类别，但均具同等价值。改革开放至今，职业教育为国家经济建设与社会进步贡献了大量优秀人才和智慧力量。当前，我国已构建起完整的现代职教体系框架，其对经济社会的支撑作用持续增强，同时也获得了越来越多的社会认可，为实现职业教育现代化奠定了坚实基础，创造了有利条件。

伴随我国迈入新发展阶段，经济转型升级步伐加速，各界对专业技能人才的渴求日益迫切，凸显了职业教育的战略价值。如今，工匠精神已跃升为社会倡导的核心理念，在诸多领域引发广泛共鸣。

然而，职业院校单打独斗难以有效推进工匠精神的培育，唯有通过产教深度融合、校企紧密协作，才能开创职业教育发展新局。当前，我国在校企协同方面尚处于摸索阶段，配套政策与运行机制仍需进一步健全。

基于此，职业院校必须主动拓展社会资源，尤其要深化与制造业企业的战略伙伴关系，借此增强学生的实战能力。通过实践环节培养他们的工匠品格，使工匠精神真正内化为学生的个人素养。同时，职业院校要转变教育理念，让教育过程更加精细、深入，不能仅仅局限于为了就业而开展实践。

在实际情况中，一些企业过于追求经济效益，导致学生刚熟悉企业环境就不得不投入工作。因此，在实践学习中，应更加关注学生如何在实践中适应、学习和领会。在实践育人过程中，职业院校要将工匠精神的培育与实践有效结合，充分展现"学徒制"的教育特点，让学生学有所长、学有所成，增强他们的体验感和获得感，培养出合格的准职业人。在深刻认识到工匠精神重要性的基础上，职业教育需要进行顶层设计，保证在思想政治教育、专业教育、实践教育以及校园文化建设等育人环节中，全面融入工匠精神。

（1）开展以工匠精神为内容的德育教育。

教育作为国家和民族发展的基石，肩负着培育新时代人才、传承优秀文明的历史使命，其核心就在于立德树人。在当今时代，将社会主义核心价值观与工匠精神紧密融合，具有极为深远的意义。这两者的有机结合，恰似为学生照亮前行道路的灯塔，引领他们坚定地树立起以德为先的价值理念，筑牢立身行事的根基。工匠精神，远不止是一种技能的展现，它更是职业道德教育的核心所在，以润物细无声的方式，在学生成长过程中，塑造着他们正确的人生观和价值观，发挥着无可替代的关键作用。

为了真正实现以工匠精神为核心的德育教育目标，我们必须探索多样化且切实有效的教育途径。在课程体系构建上，应精心设计与工匠精神紧密相关的特色课程。通过这些课程，从理论层面深度剖析工匠精神在不同行业的具体表现和发展轨迹。例如，在机械制造专业课程中，可以引入航空发动机制造领域工匠们对零部件精度的严苛要求案例。航空发动机被誉为"工业皇冠上的明珠"，其零部件的加工精度关乎发动机的性能与安全，工匠们为了达到极其微小的公差范围，常常要经过成千上万次的调试与打磨，这让学生深刻领悟专注和执着对于技能提升的重要性。在艺术设计课程中，教师讲述苏绣传承者们坚守古老针法，为了一幅作品耗费数年心血，不断钻研创新，只为呈现出最精美的艺术效果，引导学生体会对艺术的热爱与执着匠心。

举办专题讲座也是至关重要的一环。职业院校应邀请行业内声名远扬的大国工匠走进校园，他们以自己真实的奋斗经历为蓝本，讲述在职业生涯中如何秉持工匠精神，冲破重重阻碍，实现技术与工艺的突破。就像"大国工匠"徐立平，他从事导弹固体燃料发动机的火药微整形工作，这是一项极其危险的任务，稍有不慎便会引发爆炸。但他凭借着精湛的技艺、过人的胆识和高度的责任感，在这个岗位上默默耕耘，为我国航天事业的发展立下赫赫战功。他的故事，能够让学生真切感受到工匠精神蕴含的强大力量，激发他们内心对工匠精神的敬仰与追求。

组织深度研讨活动同样不可或缺。职业院校可以围绕"人工智能时代下工匠精神的新内涵与价值""如何在日常学习和未来职业规划中践行工匠精神"等紧贴时代发展的话题展开讨论，鼓励学生积极发言，分享自己的见解和思考，在思想的碰撞与交流中，深入理解工匠精神的内涵与外延。通过这些精心策划的教育活动，可以让学生从心底真正认同工匠精神，并将其融入日常生活和学习的每一个细节，成为指导自己行为的准则。

实践是检验真理的唯一标准，也是培育工匠精神的关键环节。职业院校应组织学生参观各类现代化工厂和传统手工艺企业，让他们近距离感受工匠精神。在参观高端数控机床生产工厂时，学生可以看到精密的设备在工人的操作下，精准地切割、打磨零部件，每一道工序都严格遵循国际顶尖标准，公差控制在极小的范围内。这背后是工程师和技术工人对工艺的极致追求和对品质的坚守。安排学生与资深工匠面对面交流，更是让他们有机会亲耳聆听工匠们的成长故事和心路历程。一位从事传统陶瓷制作的老工匠，可能会讲述自己从十几岁开始学艺，几十年如一日地在窑炉边坚守，不断尝试新的泥料、釉色和烧制工艺，历经无数次失败却从未放弃，只为烧制出完美的瓷器。

这些实践活动，让学生亲身感受工匠精神在实际工作中的生动体现，不仅能加深他们对工匠精神的理解与认同，还能在实际操作中有效提升他们的实践能力。当学生亲自参与到产品制作、工艺改进等环节中时，他们会更加深刻地领悟工匠精神的真谛。这样，在未来的职业生涯中，他们便能将工匠精神传承下去，发扬光大，为推动社会的进步与发展贡献自己的智慧和力量。

（2）推动人才培养模式改革。

在当今高速发展、科技日新月异的时代，人才培育模式的创新已成为推动社会进步与经济发展的关键动力。而在这一进程中，工匠精神的培育犹如基石，稳稳地支撑起高质量人才培养的大厦，其作用举足轻重、不可或缺。随着新经济形态的不断涌现，职业院校所处的外部环境发生了巨大变革。此时，职业院校需具备敏锐的洞察力，充分挖掘并巧妙借助区域经济发展所带来的独特优势。例如，在一些高新技术产业聚集区，职业院校可紧密结合当地产业特色，顺势开设如人工智能应用开发、新能源汽车技术服务等契合新行业、新业态以及新技术需求的新兴专业。同时，大胆突破传统思维的束缚，大刀阔斧地创新人才培养模式，以积极主动的姿态适应社会发展涌现出的全新需求，为学生的未来职业发展筑牢根基。

其一，探索并构建"政校企行联动，课岗证证融通，做学教赛一体"的人才培养模式，这无疑是培育具备工匠精神的高素质技术技能人才的关键路径。在这一模式下，政府、学校、企业和行业四方紧密协作，如同紧密咬合的齿轮，共同推动人才培养的高效运转。政府凭借其宏观调控的职能，发挥政策引导与资源协调作用，通过制定一系列鼓励职业教育发展、促进产教融合的政策法规，为人才培养营造良好的政策环境，还能协调各方资源，保障教育资源的合理分配。学校则应专注于教学与人才培养，利用自身专业的师资队伍和教学设施，将理论知识传授给学生。企业作为实践的前沿阵地，提供真实的实践平台与岗位需求反馈，让学生在实习过程中了解企业的实际运作流程和岗位技能要求。行业协会则凭借其对行业的深刻理解，把控专业标准与发展方向，确保人才培养与行业发展趋势相契合。通过这种紧密联动，课程内容得以精准对接岗位实际需求，将各类技能证书，如职业资格证书、行业技能等级证书等的考核要点以及行业通行标准深度融入教学过程。例如在机电一体化专业，将电工证、钳工证等相关证书的考核内容纳入课程体系，让学生在学习过程中不仅掌握理论知识，还能通过实践操作满足证书考核要求，真正实现学习与实践的无缝对接，让学生在学习过程中就能接触到实际工作场景，为未来就业做好充分准备。而且，通过举办各类技能竞赛，还能激发学生的学习积极性和创新精神，以赛促学、以赛促教，提升学生的综合能力。

其二，依据全新的人才培养目标，对人才培养方案展开全面且深入的修订迫在眉睫。在方案修订过程中，职业院校应巧妙融入工匠精神的培育指标，将工匠精神的深刻内涵渗透至课程体系的每一个角落，确保学生从踏入校园的那一刻起，便逐步将工匠精神内化于心。在专业教育领域，要对教学框架进行重新构建，精心修订人才培养方案，实现从以往单纯重视数量增长向如今高度重视质量提升的重大转变。以工匠精神为核心导向，着重强调学生品德与才能的均衡发展，促进其综合素质的全面提升。这就要求职业教育不能仅仅局限于专业技能的传授，更要高度重视学生职业道德和人文素养的培育。为达成这一目标，可以增设更多实践课程与项目，比如在旅游管理专业，安排学生到知名酒店、旅行社进行实地实习，让学生在实际操作中锤炼技能，积累丰富的实践经验。同时，借助案例分析、角色扮演等多元化教学方法，着力培养学生的团队合作精神以及解决实际问题的能力。在市场营销课程中，通过分析经典营销案例，让学生分组讨论并提出解决方案，培养学生的分析能力和团队协作能力；在酒店管理课程中，开展角色扮演活动，模拟酒店前台接待、客房服务等场景，提升学生的应变能力和服务意识。此外，不断改进教学方法与手段，依据工匠精神的要求进行专业建设规划，优化课程设计，大幅提升工匠精神与专业技能的契合度。职业教育的专业设置应追求全面性与实用性的完美结合，课程设置务必精细入微，深入到各个专业细分领域，淋漓尽致地体现工匠精神中的专注执着与精益求精。比如在服装设计专业，不仅要设置服装制版、裁剪等基础课程，还要针对不同风格、不同市场定位的服装细分领域，开设如高级定制服装设计、运动服装设计等特色课程，满足市场多样化的需求。

其三，持续深化教学改革，始终坚持与最新的职业标准、行业标准以及岗位规范保持高度一致，紧密贴合岗位实际工作流程，灵活调整课程结构，及时更新课程内容。随着科技的飞速发展和行业的不断变革，职业标准和行业规范也在持续更新。以制造业为例，智能制造技术的兴起使得传统的生产工艺和操作规范发生了巨大变化，职业院校的课程内容也需随之更新，引入工业互联网、数字化设计与制造等新兴知识模块。职业院校应以严苛的职业标准为准则，磨砺学生的专业技能，在这一过程中潜移默化地培育工匠精神。在汽车维修专业课堂上，授课教师深入阐释车辆故障诊断与维修技术的每一环节，详解各步骤背后的专业理论依据及行业规范要求，帮助学员充分认识规范作业的必要性，培养他们精益求精、追求完美的专业素养。与此同时，职业院校还应积极引导学生投身企业实践项目，在真实工作环境中持续提升专业技能与职业修养。

此外，职业院校还应将工匠精神系统融入教育全过程，贯穿公共课程、专业教学、实习实训、就业指导及考核评估等各个环节。例如，在思政课堂上，通过分享杰出技术工人的成长历程，激励学生对卓越工艺的向往；在语文教学中，精选文学作品中蕴含工匠情怀的优美篇章，引导学生在审美体验中加深对工匠精神的感悟。在专业教学中，教师以身作则，在传授专业知识和技能的过程中，展现出严谨的治学态度和对专业的热爱。在实习实训环节，安排学生到具有工匠精神传承的企业实习，让学生亲身感受企业的文化氛围和工匠们的工作态度。在就业指导中，向学生强调工匠精神在职业发展中的重要性，帮助学生树立正确的职业观。在考核鉴定中，不仅考核学生的专业技能，还将职业道德、职业素养等纳入考核范围，强化对"匠德"的训练与考核。职业院校应彻底改变以往只注重技术层面而忽视学生内在品质培养的传统育人模式，让学生在日常学习生活中，通过耳濡目染、潜移默化的方式真切体验工匠精神，进而追求精益求精的学习成果。职业院校应通过丰富多样的课程教学、深入扎实的实习实践等有效手段，让学生深入认识工匠及其所秉持的精神，深刻理解工匠精神对于经济建设和社会发展的重要意义。职业院校应通过系统传授完整的产业链知识与精湛技艺，让学生全面了解产品革新和产业发展趋势，亲身感受工艺形成背后深厚的历史文化底蕴，充分认识到工艺的价值以及工匠在社会发展中的重要地位，从而增强文化自信，激发学生立志成为大国工匠的远大志向。例如在传统手工艺专业，教师带领学生深入研究传统工艺的历史渊源、文化内涵和制作工艺，让学生在学习过程中感受到传统文化的魅力，增强对民族文化的认同感和自豪感，激发学生传承和创新传统工艺的热情。

（3）抓好专业课程教学。

敬业精神的根基是热爱自己的事业，要让学生对所学专业满怀热忱，搭建系统化的专业认知教育体系至关重要。在新生入学之际，职业院校可开设专业导论课程，邀请深耕行业多年、经验丰富的资深教授授课。这些教授凭借深厚的专业知识和丰富的实践经验，为学生全方位剖析专业的发展轨迹、当下前沿动态以及未来广阔的就业前景。这些教授还可以通过展示行业内领先的技术成果，如新能源汽车的创新电池技术、人工智能领域的突破性算法，以及成功的商业案例，像某知名科技企业凭借独特的产品设计和精湛工艺迅速占领市场份额，让学生对专业形成全面且宏观的认知，在他们心中播下好奇与探索的种子，激发学生对专业的浓厚兴趣。

丰富多样的校园文化活动是培育工匠精神的优质土壤。职业院校可以打造别具一格的工业文化长廊，以时间为脉络，展示不同行业从古至今的发展历程。从传统手工匠人的精湛技艺，如苏绣的细腻针法、景德镇陶瓷的精美制作工艺，到现代工业的智能化生产场景，如自动化汽车生产线、无人化工厂的高效运作，通过生动的图片、翔实的文字以及实物模型，让学生穿越时空，直观领略工业文化的独特魅力，实现校园文化与工业文化的深度融合。此外，职业院校还可以定期举办工业文化节，邀请各行业的领军企业参与，展示最新产品和前沿技术，如智能家居系统、虚拟现实设备等，让学生近距离接触行业最前沿的发展成果。在这样浓厚的文化氛围熏陶下，学生的职业素养与职业理想得以有效培育，学校自然而然地成为传播工匠精神的关键场所，学生们的主观能动性被充分激发，他们将传播工匠精神视为实习实践的重要内容。在课堂学习、社团活动以及实习过程中，学生不断深入理解工匠精神的内涵，从对产品细节的精雕细琢，到面对科研难题时的持之以恒，再到对技术创新的不懈努力。当他们领悟到这些精髓后，会将工匠精神传递给身边的人，在未来的工作岗位上，进一步将其传播到社会的各个角落。

在具体实践中，举办各类精彩纷呈的技能竞赛是激发学生积极性的有效方式。以机械制造专业的零部件加工技能竞赛为例，学生需要在规定时间内，依据高精度图纸要求，完成零部件的加工制作。从原材料的精心挑选，到每一道切削、打磨工序的精细操作，都极大地考验着学生的技术水平和耐心。在这一过程中，学生深刻体会到任何一个细微的操作失误都可能致使产品质量大打折扣，进而明白严谨对待每一个操作步骤的重要性，追求卓越的成果成为他们内心的追求，这一过程极大地激发了他们对专业的热爱以及对未来工作的敬业精神。

富有创意的创新项目同样不可或缺。例如，在电子信息专业，职业院校可以组织学生参与智能家居系统的创新设计项目，学生需要综合运用所学的电子电路、编程、传感器等知识，设计并制作出具有创新性的智能家居产品。在项目实施过程中，学生会遭遇各种技术难题和挑战，如信号干扰、程序漏洞等，这就需要他们不断查阅资料、尝试新方法，团队成员之间密切协作、共同攻克难关。这种创新实践不仅提升了学生的专业技能，更培养了他们勇于创新、敢于突破的精神，这正是新时代工匠精神的重要体现。

互动性强的工作坊为学生提供了交流与学习的平台。比如，职业院校可以开设 3D 打印工作坊，邀请行业专家现场指导。学生在专家的带领下，深入了解 3D 打印技术的原理、广泛的应用领域以及具体的操作技巧。在亲手操作 3D 打印机的过程中，学生将自己的创意转化为实际产品，从设计模型到打印成型，每一个环节都充满探索与乐趣。同时，学生们还可以在工作坊中交流经验、分享创意，碰撞出更多灵感的火花。

与此同时，邀请行业专家、优秀工匠走进校园举办讲座并开展交流活动，是让学生近距离感受工匠精神独特魅力的重要途径。专家凭借丰富的行业经验，分享行业的最新趋势、技术难题以及解决方案。优秀工匠则讲述自己从普通学徒成长为行业翘楚的艰辛历程，他们在工作中面对复杂工艺时的反复钻研，为追求完美而不断尝试的执着精神，都深深触动着学生。在交流环节，学生们积极提问，与专家和工匠深入互动，在聆听与交流中，潜移默化地受到熏陶，逐步培养起自身的职业素养和职业理想。

（4）将工匠精神培育融入"三全育人"。

在新时代教育体系中，实现工匠精神与全过程育人的深度融合，已成为培育高素质技能人才、契合社会发展需求的关键之举。而这一融合的核心要义，在于精准洞察学生在不同学习阶段的独特特质，同时全力加强教育各阶段之间的连贯性与衔接性，让整个教育进程如同精密齿轮般，紧密咬合、层层递进。

新生入学前，需展开深度谋划。职业院校应紧密围绕行业的最新需求，诸如智能制造行业对高精度技术人才的渴求，或是新兴文创产业对复合型创意人才的期待；结合区域经济社会的发展走向，像沿海经济发达地区对国际化商贸人才的青睐，以及内陆地区对特色产业技能人才的倚重；再兼顾学生教育管理的特殊需求，针对不同专业、不同背景学生的个性化培养要点，展开全面深入的顶层设计与科学规划。如此，方能确保工匠精神深度融入专业人才培养方案以及转型养成教育规划，从学生踏入校园的源头起，就将工匠精神的种子深植于其成长的土壤，为后续的教育教学活动筑牢根基，赋予学生在专业学习中追求卓越的精神内核。

职业院校在大力推行"三全育人"的教育实践中，应巧妙地将工匠精神融入职业素养教育。通过组织各类职业素养讲座、小组研讨活动，引导学生主动反思与探索自我，不断进行自我完善与提升。这种融合不仅能助力学生塑造正确的世界观、人生观和价值观，更能点燃他们内心的火焰，激励他们立志成为拥有精益求精、专业敬业、专注执着、求实创新等"大国工匠"品质的杰出人才。比如，通过讲述大国工匠徐立平为导弹固体燃料发动机的火药进行微整形，几十年如一日坚守岗位、追求极致的事迹，让学生深刻领悟工匠精神的内涵，为他们未来的职业发展奠定坚实的思想基础。

针对大一和大二的学生，教学实践活动是培育其实践能力与工匠精神的关键阵地。在此阶段，重点在于把工匠精神全方位融入课程教学与实践育人环节。一方面，积极创新，构建产教融合、校企合作的育人新模式。例如，与知名企业共建实习实训基地，让学生参与真实项目的研发与生产，在实践中感受企业对产品品质的严苛要求，领悟工匠精神的精髓。另一方面，强化实验实训教学环节，鼓励学生积极参与各类技能竞赛、创新创业项目，在实践中不断深化对工匠精神的领悟，提升实践素养。学生在参与机械零件加工实训时，通过反复打磨零件，追求零误差的精度，切实体会到工匠精神中对细节的极致追求，从而有效提高自身的专业技能与职业素养。在实践中，培养学生的工匠精神需从日常事务入手，实现知识与行动的统一。例如，通过学生在教室清洁和宿舍整理中的态度和成效，评估其是否认真对待任务，能否总结经验、发现技巧以提升效率。教学活动应与这些实际情景相结合，以深化对工匠精神的理解；实习阶段更是培养和实践工匠精神的良机。对加工精度、工作质量、工作成果的不懈追求是工匠精神的具体表现，实施"7S"管理原则，爱护和保养设备、规范使用工具和量具，注重文明、安全、节约生产，以及场地卫生和产品规范摆放，均体现了工匠精神的要求。教师应把握这些教育时机，加强引导和教育，帮助学生深化对工匠精神的理解，并通过身体力行，长期坚持，形成习惯。

对于大二和大三的学生，他们面临着即将步入社会、开启职业生涯的关键节点。此时，职业院校应积极推动工匠精神融入"双创"教育显得尤为重要。通过开展全面系统的职业生涯规划课程，邀请行业专家分享职场经验，以及深入的职业道德教育，帮助学生树立爱岗敬业、专注执着的职业精神。例如，在职业生涯规划课程中，引导学生分析自身优势与职业兴趣，结合工匠精神的要求，明确未来的职业发展方向；在职业道德教育中，强调诚实守信、对工作高度负责等职业操守，让学生深刻理解工匠精神在职业发展中的重要性。通过这些举措，职业院校可以引导学生找准正确的创业就业方向，为未来的职业道路做好充分准备。

这四个阶段犹如一条紧密相连的育人链条，依序渐进，每个阶段都精准聚焦学生的成长需求，目标明确、重点突出。通过这种循序渐进、有的放矢的推进方式，能够持续提升全过程育人的精准度与实效性，真正实现工匠精神在学生成长过程中的全方位渗透。

为进一步强化高职院校对学生工匠精神的培育力度，必须从根源上转变教育观念。传统教育理念在评价体系、教学方法等方面存在一定的局限性，难以充分满足新时代对创新型、实践型人才培养的迫切需求。因此，职业院校要树立严谨且富有时代内涵的工匠精神教育理念，在深度传承中华优秀传统文化，如古代工匠对技艺的世代坚守、对品质的不懈追求等精神的基础上，将工匠精神全方位、持续性地渗透到学生教育的各个环节，从课程设置、师资建设到校园文化营造，确立以工匠精神为核心的全新教育理念。唯有如此，才能培育出更多具备工匠素质的高素质人才，为社会经济的蓬勃发展提供源源不断的强大人才支撑。

（5）校企合作协同推进工匠精神培育。

工匠精神的培育需要院校与企业的通力合作。尽管学生在校期间能够系统掌握理论基础，但若缺乏实践历练，这些知识往往难以转化为实际能力。因此，职业院校要引导学生深入企业一线，亲身体验其文化氛围，并将专业知识融入日常操作。企业技术骨干在指导过程中应以实际行动示范，潜移默化地引导学生树立追求完美的职业操守。

职业院校要深化产教协同，构建多元化的人才培养体系，采用以合作共赢为导向的集团化办学、以校企互融为特色的现代学徒制、以生产实践为核心的车间课堂模式，借助技能竞赛推动高端人才成长的创新机制。职业院校还应通过搭建产教融合新平台，促进与企业深度对接，实现从知识技能到职业素养的全方位提升，切实推进工匠精神的培育工作。

立足工匠精神的本质内涵，我们的目标不仅在于培养学生掌握精湛技艺，更要着力培育他们对职业的深厚情怀——包括专注细致的工作作风、精益求精的职业理念，以及对行业的认同感与使命担当。当前需要扭转"重技轻人"的偏颇观念。正如《论语》所言："知之者不如好之者，好之者不如乐之者"——这句话恰如其分地道出了匠人的真谛。目前，我国职业教育过分侧重技能传授，而对学生整体素养的培育关注不足，容易将学习者简化为技术的载体，导致培养出的人才虽具备实用技能，却往往缺乏工匠精神的引领，难以在产业高端领域有所建树。

（6）提升教师素养促进工匠精神培育。

在当今积极弘扬工匠精神的时代浪潮之下，全方位提升教师的职业素养已然成为教育领域的重中之重。教师作为学生成长道路上的引路人，唯有自身深植浓厚的匠人精神，才能在教育教学的每一个环节，以润物细无声的方式感染和激励学生，让工匠精神在学生心底深深扎根、苗壮成长。

职业教育在培育工匠精神的征程中占据着不可或缺的关键地位，然而目前师资队伍却暴露出一系列亟待攻克的突出难题。现阶段，大多数职业教育教师毕业于普通高等院校，学历水平虽然比较突出，但是，他们既缺乏在专业领域进行实操示范的能力，又在实践经验的积累上存在严重不足。入职后，其教学活动往往局限于传统的课堂讲授，难以将抽象的理论知识与鲜活的实际操作有机融合，这无疑难以契合职业院校对实践教学的高标准、严要求。

再者，随着高校扩招规模的不断扩大，职业教育的师资准入门槛有所降低。这一现象致使部分教师对职业学校的学生产生了先入为主的偏见。在日常教学过程中，这些教师表现出教学态度敷衍、育人意识淡薄以及敬业精神严重缺失等不良行为，这不仅极大地拉低了教学质量，还对学生的全面成长与发展造成了负面影响。在这样的教学环境下，想要培育学生的工匠精神，无疑是天方夜谭。

为切实有效地突破师资困境，我们可以从以下两条关键路径着力：

其一，大刀阔斧地改革职业学校的人事招聘制度，进一步拓宽人才引入的渠道。职业院校应积极主动地从企业中聘请那些经验丰富、技艺精湛的工匠和技师担任教师，大力传承古代"学徒制"的优秀教育传统。他们凭借心传身授的独特教学方法，能够让学生在实际操作中反复锤炼技艺。比如在机械制造专业的教学中，企业工匠亲自指导学生进行零部件加工，将实际生产过程中的工艺技巧、操作要点毫无保留地传授给学生。学生在这样的亲身实践中，能够真切地感受到工匠精神的精髓，逐渐养成精益求精、严谨专注的职业精神。

其二，高度重视并着重加强对专任教师的在职培训，尤其是强化对教师职业素养的全方位培育。教师的使命远不止于知识和技能的传授，更在于道德观念与职业精神的传承。作为身负"传道"重任的特殊群体，教师自身必须接受系统、专业的工匠精神培训，以此提升自身的职业素养。只有教师自身具备了深厚的工匠精神底蕴，才能在教学过程中更好地引导学生、激发学生对工匠精神的向往与追求。例如，职业院校应定期组织教师深入企业参与实践活动，让他们亲身了解行业的最新发展动态、前沿技术以及当下对职业精神的具体要求，并将这些宝贵的经验融入日常的教学内容，使教学更具针对性和实用性。

（三）企业层面

1. 企业应树立工匠精神培育理念

在技能型人才培养方面，职业院校的作用固然重要，但企业亦承担着不可或缺的角色。当前，企业应将工匠精神视为企业发展的核心理念，并将其深植于研发、生产等经营管理的各个层面，以期转化为显著的物质力量，进而生产出具备市场竞争力的产品。工匠精神作为工匠文化的核心与精髓，不仅确保了工匠文化的传承，而且在企业中具有多维度的价值。通过工匠精神引领企业研发与创新，企业能够创新工艺、创造新技术，从而确保企业的长期稳定发展，推动企业不断前进。将工匠精神融入产品质量管理，制定严格的产品质量标准和建立有效的质量监督机制，能够促进员工追求卓越品质的文化形成，进而提升产品知名度，促进企业的发展。此外，工匠精神亦可融入企业文化建设，激发员工的创造性和积极性，成为企业潜在的生产力，助力实现企业发展战略目标。显而易见，工匠精神在企业中并非仅是一句空洞的口号，而是企业发展的精神支柱，对企业成长具有决定性影响，并将在企业未来的成长过程中发挥更为显著和高效的作用。

企业作为工匠精神培育的核心阵地，其在工匠精神的培养过程中扮演着至关重要的角色。作为生产成果的直接受益者和工匠的直接管理者，企业必须强化其在工匠精神培育中的主体地位，以确保制造业工匠精神培育的有效性。制造企业应树立精益求精的战略理念，营造追求卓越的企业文化氛围，并制定相应的工匠精神培育制度，完善工匠培养、绩效考核和薪酬激励体系。企业的管理者应充分认识到工匠精神在企业发展中的重要性，意识到仅依赖国家政策和学校教育无法有效提升企业内部工匠精神的传承。

在制造业领域，制造企业要想实现长远发展，需全方位融入工匠精神，从企业发展的各个阶段，到组织机构的每一个岗位，都要渗透工匠精神的内涵，以此从根本上提升产品生产效率与质量。特别是在一线岗位，制造企业要积极倡导精细、精心、精制的生产理念，开展工匠标兵评选活动，充分发挥标兵的模范带头作用，通过实际行动，在日常工作中逐渐培育一线工人的工匠精神。当企业在匠心、匠艺、匠道方面取得成功实践后，便能带动整个制造业的繁荣发展。此外，企业文化建设要以市场化需求和客户价值创造为指引，把工匠精神的培育作为企业文化建设的重要组成部分。通过营造浓厚的文化氛围，使工匠精神成为全体员工共同的价值追求，从而推动企业在激烈的市场竞争中不断前行，实现可持续发展。

2. 工匠精神培育关键在培养员工

培育工匠精神绝非一蹴而就，而是一项长期且复杂的系统性工程，需要企业各层面全方位协同合作。首先，为员工树立正确的工作观和价值观是培育工匠精神的基石。只有从思想根源上让员工领会工匠精神的核心要义，他们才有可能在实际工作中践行。

在整个培育进程中，促进经营者与员工共同成长至关重要。企业应积极构建学习型组织，搭建一套行之有效的工匠精神培育机制，并营造浓厚的学习氛围。把工作当作一场自我提升的修行，鼓励员工在日常工作实践中不断磨炼心性、提升技能，从而逐步将工匠精神内化为自身的职业素养。例如，企业可以采用多样化的培育方法培育员工的工匠精神。常用的培育方法包括以下几种。

OJT 法（在职培训）：让员工在实际工作岗位上，通过执行任务、解决问题，直接获取经验和技能，实现边工作边学习。

OFFJT 法（脱产培训或向外部学习）：员工暂时脱离工作岗位，参加专业培训课程、学术研讨会或到行业标杆企业学习，接受更系统、前沿的知识与理念。

早会晨读：利用每天清晨的黄金时间，组织员工诵读与工匠精神、职业素养相关的经典文章、案例故事，强化员工的精神认知，为新一天的工作注入积极动力。

师傅带徒弟培养制：充分发挥经验丰富的老员工的传帮带作用，通过一对一的指导，将精湛技艺和宝贵的职业精神代代相传。

QCC（品管圈）：鼓励员工围绕质量控制自发组建小组，共同探讨、分析和解决工作中的质量问题，激发员工的创新思维和团队协作能力。

自主管理：给予员工一定的自主权，让他们自主规划工作、设定目标、监督执行，培养员工的自我管理和自我提升意识。

完善的激励制度是推动工匠精神落地生根的重要保障，它涵盖物质激励和精神激励两个维度。企业应建立一套科学、合理且具有可持续性的物质激励体系，通过奖金、福利、晋升机会等方式，激发和引导员工追求工作的精准度与卓越性。同时，注重精神激励的力量，借助讲述工匠故事、举办表彰仪式等方式，对那些在岗位上精益求精、持续优化工作流程、产品质量或服务水平的员工进行大力宣传和表彰，树立起先进典型，在企业内部营造出崇尚工匠精神的良好风气，唤起全体员工对工匠精神的重视与追求。

从人力资源的角度来看，我国作为农业大国，人口基数庞大，农业人口在总人口中占比极高。随着城镇化建设和农业现代化进程的高速推进，农村劳动力向城镇转移的规模持续扩大。在这一历史进程中，企业作为市场主体，自然而然地成为农村劳动力转化为社会生产力的关键枢纽。企业具备丰富的经济资源和物料资源，能够为工匠培育提供坚实的物质基础；拥有完善的人才成长渠道资源，助力农村劳动力实现从普通劳动者向专业工匠的蜕变；还掌握着广阔的市场资源，让成长中的工匠能够在真实的市场环境中接受考验、积累经验。基于这些得天独厚的优势，企业无疑是培育工匠精神并使其充分发挥价值的核心平台。

工匠精神的培养主要涵盖入职前的培育阶段和就职中的养成阶段。在入职前的培育阶段，重点在于为入职后的养成阶段打下坚实的基础。该阶段时间较短，多数在校学生尚未达到工匠精神的实践要求，其对工匠精神的理解多停留在理论层面，尚未能内化为世界观。相对而言，入职后的养成阶段时间跨度长，贯穿整个职业生涯。因此，必须明确企业是培育工匠精神的主要场所。

在产教融合的背景下，企业作为工匠精神培育的重要基地，应该全力配合工匠精神的弘扬与传承。在构筑企业文化的同时，融入精益求精的匠人精神，采用现代科学技术设备的同时，尽可能地保护好传统技艺，使失传的技能能够在新时代发挥它应有的作用。同时，企业也应加强企业与本国企业、企业与国际企业间的合作，学习先进技术的同时，尽可能保留传统工艺的精髓。在企业中注重工匠技师的培养，优化企业创新机制的同时，在企业中营造浓厚的创新文化环境，才能使企业接受竞争日益激烈的市场考验。企业应加强创新力度，在技术融合的道路上，实施走出去引进来政策，努力实现再创新。

3. 企业应建立弘扬工匠精神的企业文化

企业的高级管理层必须重视并逐步构建积极向上的企业文化，此乃企业战略决策之关键。全球知名企业在企业文化建设方面均表现出高度重视。企业文化的核心在于价值观，而价值观可被诠释为诸多体现美德的术语，其本质则体现为公正与关爱。诚信亦是对公正与关爱的另一种表述。企业文化同样离不开追求卓越的精神。基于公正、关爱、诚信及追求卓越所构建的企业文化，无疑能够孕育出积极向上的企业文化，这是企业实现持续成功之根本要素。华为的企业文化可归纳为两个核心理念：其一，以奋斗者为本，其二，强调"以人为本"的人性化管理，即在经营管理过程中尊重人的基本权利，避免将人视作无生命的机器。而"以奋斗者为本"的理念则强调企业需依赖勤奋、认真、勇于付出的个体，将他们作为标杆，视之为企业生存之基石。在用人和利益分配中强调公平正义，确保不使雷锋式的人物吃亏。

现代企业需要创新管理思维，突破传统体系局限，将精工制造的理念深植于人才发展战略中，实现管理模式与工匠精神的双向赋能。要达成这一目标，首要任务是将精工品质的追求融入企业文化基因，形成尊重技艺、崇尚匠心、珍视一线工匠的良好生态。同时，企业需依据行业、岗位、技能等不同层级与要求，实施具有针对性的职业教育培训。管理者应身体力行、率先垂范，以自身行为潜移默化地影响员工；应着力培养、树立并宣传技术典型，为员工提供可资效仿之具体榜样，营造积极向上之环境氛围；应借助重大事件之成功处理，增强员工对匠人精神价值观与行为准则之认同；最终，通过文化之引导与制度之保障，将工匠精神切实落实到每位员工的实际行动中。

企业作为群体组织，其发展壮大离不开内部所有个体之共同努力与高度认同。个体技能水平的高低、对企业文化的认同程度等因素，均直接关乎企业未来的长远发展。工匠精神的培育，不仅局限于技能层面的提升，更需重视从业人才职业态度与精神品质的培育。因此，受教育者接受工匠精神养成教育的过程，实则也是接受行业文化熏陶的过程。频繁接受职业精神方面的教育，有助于从业者对企业文化产生好感，对企业文化内涵形成更深层次的理解，进而在此基础上产生高度认同，愿意全身心投入并为之奋斗。基于此，企业能够产生更大的向心力与凝聚力，吸引更多优秀人才加入，推动企业实现更高质量之发展。

现代企业需要完善人才发展机制，构建以产品质量为导向的绩效评估体系。应当扩大技术专才的自主权限，强调以人为本的管理理念，避免过度强调竞争或简单地用业绩衡量薪酬。从制度层面引导全体员工专注于提升产品品质，确保那些恪守精工严谨、追求卓越的技术人才获得合理回报与充分肯定。在企业中培育工匠精神，首要任务是确保工匠得到应有的尊重和特别的荣耀，这将为他们提供信念与力量。必须确保工匠在岗位上的价值得到充分体现，并为那些具备工匠精神的员工提供一个展示其才能的平台，从而激发他们的责任感和使命感。只有这样，员工才能形成强烈的归属感，引导他们专注于本职工作，将工作视为人生事业来精心打造。

4. 提高管理水平促进工匠精神培育

在社会经济的蓬勃发展进程中，企业是推动社会经济前行的中流砥柱。而树立正确的价值观，恰是企业驶向健康、可持续发展航道的关键航标，直接关乎企业在激烈市场竞争中的兴衰成败。为了让企业在市场浪潮中始终保持领先优势，持续强化核心竞争力，全方位提升企业管理的精细化程度与效能，人力资源管理部门肩负着重要使命，在开展员工管理工作时，应将工匠精神深度融入企业核心价值观体系，通过多元途径进行大力推广与广泛普及，让工匠精神在企业的每一个角落落地生根。

首先，打造卓越的工作环境是弘扬工匠精神的基石。企业需通过多种方式，让全体员工发自内心地认同劳动最光荣的理念，将劳动视为实现个人价值与社会价值的重要途径。同时，引导员工注重自我品德修养的塑造，培养坚韧不拔、敬业奉献的职业操守。在工作技艺上，鼓励员工不断突破自我，追求卓越，勇于挑战技术难题，努力打造出一个积极向上、团结协作、奋勇争先的和谐工作氛围。这样的环境不仅能激发员工的工作热情，更为工匠精神的融入搭建起了坚实的平台。除此之外，企业还应定期开展丰富多彩的员工人文关怀活动，如组织轻松愉悦的座谈会，让员工畅所欲言，增进彼此的了解与信任；策划温馨有趣的旅游活动，让员工在放松身心的同时，增强团队凝聚力。在这些活动中，企业应巧妙地融入工匠精神的元素，以润物细无声的方式传播工匠精神，让员工在不知不觉中受到熏陶。

其次，人力资源管理人员要充分认识到宣传工作的重要性，进一步加大在企业内部宣传工匠精神的力度。深入挖掘企业内部工匠楷模的典型事迹，通过企业内部刊物、宣传栏、线上学习平台等多种渠道，广泛传播他们的故事。这些工匠楷模或许是在平凡岗位上默默坚守、几十年如一日钻研技术的老员工，或许是勇于创新、敢于突破传统的年轻技术骨干。他们的事迹真实、生动，具有强大的感染力与号召力。以这些榜样为引领，开展系统、有效的思想教育活动，如举办工匠精神主题讲座、组织员工观看相关纪录片等，让每一位员工都能在工匠精神的浸润下，不断反思自我、提升自我，实现个人职业素养与技能水平的双提升。当优秀员工的示范效应得到充分发挥，他们便能成为一面面旗帜，引领其他员工积极进取，挖掘自身的无限潜力。如此一来，企业员工的凝聚力将得到极大增强，为企业的稳健发展奠定坚实的人才基础。

最后，表彰激励机制是弘扬工匠精神的重要抓手。对于那些在实际工作中积极践行工匠精神，以严谨的态度对待每一个工作环节，以追求完美的精神打磨产品与服务的优秀员工，企业要给予隆重的表彰。通过颁发荣誉证书、奖金、晋升机会等多种方式，让员工切实感受到自身在企业中所创造的价值得到了高度认可，从而产生强烈的职业自豪感。这种自豪感会进一步转化为员工对工匠精神的深度认同，让他们切实体会到工匠精神不仅能带来工作上的成就感，还能赢得社会的尊重与赞誉。在这种正向激励下，员工会将这种荣誉感内化为提升工作效率与质量的强大动力，形成一个良性循环，为企业的健康可持续发展注入源源不断的活力，进而对整个社会经济的发展产生积极而深远的影响。

尽管当今时代机械化大生产占据主导地位，传统手工业及其所承载的工匠精神在表面上似乎逐渐淡出人们的视野，但实际上，对工作一丝不苟、对产品精雕细琢、追求完美与极致的工匠精神，在现代中小企业的发展中依然具有不可替代的重要价值。它是企业提升产品品质、树立品牌形象、增强市场竞争力的关键。为了更好地培育和传承工匠精神，企业应积极打造一支高素质的人才队伍，这支队伍不仅要精通专业技术，具备扎实的业务能力，还要掌握先进的管理理念与方法，能够有效地组织和推动员工技能培训以及工匠精神的培育工作。

在激励机制方面，企业可以创新激励方式，例如设立"工匠"荣誉称号，对在工作中表现突出、充分体现工匠精神的员工给予物质与精神的双重奖励。物质奖励可以包括丰厚的奖金、福利待遇的提升等，以满足员工的物质需求；精神奖励则可以通过公开表彰、授予荣誉勋章等方式，给予员工极高的精神荣誉，激发员工内心深处的荣誉感与使命感。这种双管齐下的激励机制，能够充分调动员工的积极性与创造性，让更多的员工投身到工匠精神的践行中来。

此外，企业还应积极拓展与教育机构的合作空间，与教育机构携手，共同开展市场调研，深入了解行业发展趋势与人才需求，在此基础上，联合研发出紧密契合行业实际需求的课程体系。同时，为学生提供丰富多样的实习与实训机会，让他们走进企业的生产一线，在真实的工作场景中亲身体验工匠精神的魅力，学习到最实用的专业技能与职业素养。通过这种校企合作的模式，不仅能够为企业培养和储备大量优秀人才，还能让工匠精神在更广泛的范围内得到传承与弘扬。

（四）社会层面

1. 弘扬社会主义核心价值观与传承工匠精神融合

社会主义核心价值观凝练了当代中国的时代精神，不仅凝聚了中华民族的共同理想，更承载着人民对美好生活的憧憬。在这一背景下，工匠精神所蕴含的创新思维，为国家层面的价值观培育提供了重要助力。这种追求卓越的职业操守与社会主义核心价值观深度契合，已成为我国精神文明建设中不可或缺的重要元素。

坚守工匠精神的匠人们始终保持开拓创新的姿态，不断吸纳先进技术，探索全新工艺。他们通过自我超越与持续进步，实现着个人价值与社会贡献的统一。这种精益求精的工作态度，既是工匠安身立命的根本，更是其坚守职业操守的基石。工匠精神在社会主义核心价值观的培育过程中发挥着显著的推动作用，有力地促进了良好社会风气的形成。为了确保工匠精神的价值取向与社会主义核心价值观始终保持一致，我们需要借助创造性思维，以精益求精的态度，在日常工作实践中不断对工匠精神进行提炼与升华。

在中华文明漫长的历史长河中，历经数千年的沉淀与演进，历代工匠精心雕琢的各类艺术品，宛如璀璨星辰，成为我国辉煌灿烂文化的生动写照。这些艺术瑰宝闪耀着工匠独特的精神光芒，其中蕴含的精益求精的工匠精神，与中华优秀传统文化深度交融，逐渐融入中华民族的精神血脉，成为中华民族精神文化的重要组成部分，彰显出其不可忽视的强大力量。古代工匠们对制作工艺那种执着追求、精益求精的态度与精神，跨越时空，激励着一代又一代的建设者。时至今日，无论是热火朝天的基础设施建设，还是充满挑战的高科技领域攻坚，当代工匠们都挥洒着汗水、倾注着心血，持续传承着中华民族自古以来对工匠精神的不懈追求与实践。

古往今来，人们对工匠们精湛绝伦的技艺一直赞不绝口。诸如"炉火纯青"描绘技艺达到成熟完美的境界；"庖丁解牛"体现对技艺的熟练掌握与运用自如；"出神入化"形容技艺高超到了神奇的地步；"匠心独具"突出工匠独特的创造性构思，这些成语无一不是对工匠技艺的高度赞誉。对于工匠来说，精益求精的工作态度不仅能够让作品日臻完美，更是他们对自身职业的尊重与认同。当工匠凭借精湛技艺为他人提供优质服务时，内心也能收获满满的成就感与满足感。只有真正尊重并热爱自己的职业，才能够以工匠精神为指引，不断追求品质的极致境界。

中国能够取得如今的飞速发展，离不开广大劳动者辛勤创造的工作价值。因此，大力弘扬工匠精神成为全社会的当务之急。我们要积极倡导人们崇尚新科技、新技术，尊重劳动价值。若想让工匠精神在全社会得到广泛认可与践行，一方面，劳动者自身需要严格自律，将工匠精神内化为个人的职业追求；另一方面，还需要构建健全、规范的外部制度环境。倘若缺乏这样的环境与制度保障，工匠精神的传承与发展便会面临重重阻碍，难以获得进一步提升的空间。

2. 建立健全公正的制度环境和制度体系

要进一步推动工匠精神的弘扬与传承，构建公正的制度环境与完善体系是关键之举。为实现科学管理，达成人力资源的最优化配置，务必对各行业的职称评审制度以及考评认证体系加以健全。完善后的制度体系，不仅能够切实保障劳动者的合法权益，还能有效稳定人才队伍，让从业者无后顾之忧。

合理的制度设计需充分考量劳动者的需求，只有这样，才能让他们全身心投入工作，做到敬业且乐业，进而激发出工匠们潜藏的潜能与创造力。工匠精神集中体现了劳动者对专业技能的专注执着、对职业操守的坚守不渝，以及对高尚人格和完美事物的不懈追求。

基于此，应当从制度保障的源头发力，在全社会大力弘扬工匠精神，营造积极向上的社会氛围。同时，借助优秀文化的滋养，不断丰富工匠精神的内涵，促使其逐步成为社会的主流风尚，引领更多人投身到追求卓越、精益求精的工作实践中。

3. 加大宣传的力度营造尊重工匠的社会氛围

要充分发挥高技能人才的积极作用，首先需要完善各级党委政府与技术专才的沟通联系机制。在重大决策和活动中，应邀请优秀技艺代表参与其中，使其有机会直接表达对行业发展的真知灼见。通过提升技术精英的政治地位，让他们深切感受到自身贡献的重要价值，从而在全社会形成关注技能人才成长、支持技术创新发展的良性生态。

舆论引导在弘扬精工品质方面发挥着关键作用。相关部门和主流传播平台应当通力合作，深入挖掘和报道技术人才的先进事迹，通过融媒体传播、立体化呈现等多元化手段，全面展示精工制造的时代价值，在社会各界营造敬重技艺、学习专长、追求卓越的价值共识。

在教育领域，应将工匠精神深度融入职业院校和中小学的思政教育与德育教育，形成贯穿教育全过程的长效机制。例如，定期举办工匠校园宣讲讲座，为学生带来鲜活的职业体验与精神鼓舞；积极搭建学生社会实践平台，让他们在实践中感受工匠精神的力量。此外，在职业院校探索建立工匠培育基地，打造集教学、实践、研究为一体的培育模式，致力于传递匠心、培育匠魂，为社会培养更多具备工匠精神的优秀人才。

4. 建立健全工匠共育机制

为适应现代产业发展需求，我们应将高技能人才培养战略纳入国民经济和社会发展"十四五"规划的整体布局。这需要各行业主管部门加强协同配合，调整完善相关支持政策，充分调动市场主体参与人才培养的积极性。通过这些举措，我们致力于构建一个多方协同的人才发展体系：由政府部门进行政策引导，工会组织发挥主导作用，各职能部门密切配合，企业积极投入资源，使一线技术人员真正成为技能提升的主体。这种多层次、全方位的培养机制，将为推动产业升级提供坚实的人才保障。培育和弘扬工匠精神，要充分利用和发挥行业协会作用，积极开展如"质量万企行""质量建设发展年"等系列活动。要营造培育工匠精神的社会氛围，各级政府要定期不定期开展培育工匠精神动员会、年度质量发展总结表彰大会、能工巧匠先进事迹报告会等，要细心呵护热爱发明、崇尚技术的工匠精神，牢固树立"品质"和"精品"意识，大力营造"人人讲质量、处处比质量"的良好社会环境。

各方支持搭建培育工匠精神的市场化平台，建立诸如企业质量标准化建设孵化器、质量标准化建设企业融资公司等平台体系。支持鼓励有经济实力的公司企业创建、主办、资助培育工匠精神民办组织，健全完善让工匠专心于技术的组织，大力开展民间质量标准发展建设的评选奖励、资助扶持、宣传推广等相关活动。加快建设地方各级质量标准化相关研究机构、协会、学会等有关民营社团组织，加强对工匠精神的相关发展战略、政策措施、国际形势、前沿动态等的研究，为企业和地方党政部门相关决策提供服务。

在新时代，培育工匠的意义不止于选树典型，更在于充分发挥他们的价值。可设立由工匠领军的高技能人才（劳模工匠）创新工作室以及技能大师工作室。在这些平台中，工匠带领团队投身于课题研究，探寻技术革新的方向，总结先进操作方法，全力攻克技术难题。通过这些活动，不但能汇聚技术力量，形成强大的技术集群效应，还能产生良好的辐射带动作用，激发更多人投身技术创新。

在全社会层面，大力倡导"精益求精、止于至善、勇于创新"的精神理念，将工匠精神的培育视为现代产业发展的重要思想根基。凭借工匠精神的感染力，引导各行各业的从业者热爱本职工作，专注投入，用心钻研，力求达到技能与精神境界相融合的"道技合一"境界。

从企业文化建设角度出发，将工匠精神的塑造纳入重要内容。把培育工匠精神与思想政治教育相结合，提升从业者的思想高度；与创业教育相融合，激发创新思维；与专业教育相贯通，夯实技能基础；与职业教育相衔接，强化职业素养；与创新激励相配套，增强创新动力。通过这种多维度的融合，加深各界对工匠精神的理解与认同，为新时代产业发展注入源源不断的精神动力。

5. 提高工匠的社会地位和待遇，消除对技术和劳动的歧视

在社会层面，工匠精神的培育亟须社会消除对技术与劳动的偏见，并

219

提升工匠的社会地位与待遇，同时从制度层面保障工匠精神的传承。当前，工匠精神的培育面临若干亟须克服的障碍。例如，社会对工匠精神的理解尚不充分，存在"从事技术工作不如从事办公室工作"的错误观念，一线工人收入相对较低；企业内部培育工匠精神的机制尚不健全；工匠发展的空间与平台尚需拓展。培育工匠精神，首先，应构建有利于工匠成长的良好环境，将工匠精神融入社会与企业文化建设；其次，应建立工匠成长的平台，通过完善培训晋升体系、价值激励与保障机制，依靠科学的制度激发动力；最后，应引导员工追求成为工匠，鼓励员工提升个人素质与业务技术学习。通过这些措施，可为企业培养出一支专业、专注、专心的工匠团队，使其在基层与专业领域深耕细作、追求卓越，有效提升企业质量与效益，激发积极向上的正能量。此外，通过媒体与公共宣传手段，提高社会对工匠精神的认知与重视，营造尊重技能、尊重工匠的良好社会氛围。同时，通过分享成功案例，增强社会对工匠精神培养成果的认可与支持。

参考文献

［1］马克思，恩格斯. 马克思恩格斯文集：第一卷［M］. 中共中央编译局，译. 北京：人民出版社，2009.

［2］韩玉德，安维复. 工匠精神研究：中心议题、学术特点及启示与反思［J］. 社会科学动态，2022（9）：74-81.

［3］肖群忠，刘永春. 工匠精神及其当代价值［J］. 湖南社会科学，2015（6）：6-10.

［4］李宏伟，别应龙. 工匠精神的历史传承与当代培育［J］. 自然辩证法研究，2015（8）：54-59.

［5］张培培. 互联网时代工匠精神回归的内在逻辑［J］. 浙江社会科学，2017（1）75-81，113，157.

［6］黄昊明、蔡国华、姬伟. 工匠精神：成就"互联网+时代"的标杆企业［M］. 北京：北京工业大学出版社，2017.

［7］万长松、孙启鸣. 论新时代中国特色工匠精神及其哲学基础［J］. 东北大学学报（社会科学版），2019（5）：456-461.

［8］张迪. 中国的工匠精神及其历史演变［J］. 思想教育研究，2016（10）：45-48.

［9］庄西真. 多维视角下的工匠精神：内涵剖析与解读［J］. 中国高教研究，2017（5）：92-97.

［10］杨子舟，杨凯. 工匠精神的当代意蕴与培育策略［J］. 教育探索，2017（3）：40-44.

［11］刘志彪，王建国. 工业化与创新驱动：工匠精神与企业家精神的指向［J］. 新疆师范大学学报（哲学社会科学版），2018，39（3）：34-40，2.

[12] 徐耀强. 论"工匠精神"[J]. 红旗文稿, 2017 (10): 25-27.

[13] 钱闻明. 基于行业标准的新时代工匠精神培育路径研究 [J]. 江苏高教, 2018 (11): 101-104.

[14] 苏勇, 王茂祥. 工匠精神的培育模型及创新驱动路径分析 [J]. 当代经济管理, 2018, 40 (11): 65-69.

[15] 唐国平, 万仁新. "工匠精神"提升了企业环境绩效吗 [J]. 山西财经大学学报, 2019, 41 (5): 81-93.

[16] 王英伟, 陈凡. 新时代工匠精神的审视与重构 [J]. 自然辩证法研究, 2019, 35 (11): 52-56.

[17] 桑内特. 匠人 [M]. 李继宏, 译. 上海: 上海译文出版社, 2018.

[18] 周菲菲. 试论日本工匠精神的中国起源门 [J]. 北京: 自然辩证法研究, 2016 (9): 80-84.

[19] 何伟, 李丽. 新常态下职业教育中"工匠精神"培育研究 [J]. 职业技术教育, 2017 (4): 24-29.

[20] 王晓漪. "工匠精神"视域下的高职院校职业素质教育 [J]. 职教论坛, 2016 (32): 14-17.

[21] 梁军. 工程伦理的微观向度分析: 兼论"工匠精神"及其相关问题 [J]. 自然辩证法通讯, 2016 (4): 9-16.

[22] 薛茂云. 用"工匠精神"引领高职教师创新发展 [J]. 中国高等教育, 2017 (8): 55-57.

[23] 郭会斌, 郑展, 单秋朵, 等. 工匠精神的资本化机制 [J]. 南开管理评论, 2018 (2): 95-106.

[24] 张宇, 郭卉. 工匠精神: 应用型人才职业道德培养的价值支撑 [J]. 教育与职业, 2017 (19): 70-74.

[25] 齐善鸿. 创新时代呼唤工匠精神 [J]. 道德与文明, 2016 (5): 5-9.

[26] 叶方兴. 思想政治教育学的"精神"概念 [J]. 教学与研究, 2024 (8): 82-91.

[27] 胡冰, 李小鲁. 论高职院校思想政治教育的新使命: 对理性缺失下培育"工匠精神"的反思 [J]. 职教论坛, 2016 (22): 85-89.

[28] 张敏, 张一力. 从创业学习者到网络主宰者: 基于工匠精神的探索式研究 [J]. 中国科技论坛, 2017 (10): 153-159.

［29］祁占勇，任雪园.扎根理论视域下工匠核心素养的理论模型与实践逻辑［J］.教育研究，2018（3）：70-76.

［30］李淑玲.智能化背景下工匠精神的新结构体系构建：基于杰出技工的质性研究［J］.中国人力资源开发，2019（8）：114-127.

［31］方阳春，陈超颖.包容型人才开发模式对员工工匠精神的影响［J］.科研管理，2018（3）：154-160.

［32］贺正楚，彭花.新生代技术工人工匠精神现状及影响因素［J］.湖南社会科学，2018（2）：85-92.

［33］曾颢，赵宜萱，赵曙明.构建工匠精神对话过程体系模型：基于德胜洋楼公司的案例研究［J］.中国人力资源开发，2018（10）：124-135.

［34］叶龙，刘园园，郭名.包容型领导对技能人才工匠精神的影响［J］.技术经济，2018（10）：36-44.

［35］曾亚纯.职业院校毕业生工匠精神行为表现的影响因素分析［J］.中国职业技术教育，2017（20）：10-16.

［36］乔娇，高超.大学生志愿精神、创业精神、工匠精神与感知创业行为控制的关系研究［J］.教育理论与实践，2018（30）：20-22.

［37］洪子又，朱伟明.服装定制工匠精神价值的评价指标体系构建［J］.浙江理工大学学报（社会科学版），2019（4）：344-351.

［38］崔学良，何仁平.工匠精神：员工核心价值的锻造与升华［M］.北京：中华工商联合出版社，2016.

［39］李朋波."工匠精神"究竟是什么：一个整合性框架［J］.吉首大学学报（社会科学版），2020，41（4）：107-115.

［40］刘志彪.工匠精神、工匠制度和工匠文化［J］.青年记者，2016（16）：9-10.

［41］刘军，周华珍.基于扎根理论的技能人才工匠特征构念开发研究［J］.中国人力资源开发，2018（11）：105-112.

［42］种青.工匠精神是怎样炼成的［M］.北京：人民邮电出版社，2016.

［43］孟源北，陈小娟.工匠精神的内涵与协同培育机制构建［J］.职教论坛，2016（27）：16-20.

［44］冯天瑜.中华文化史［M］.上海：上海人民出版社，2002.

［45］易国杰，姜宝琦.古代汉语：下册［M］.北京：高等教育出版

社，2009.

[46] 朱东润. 中国历代文学作品选 [M]. 上海：上海古籍出版社，1979.

[47] 胡祎赟，槐艳鑫. 中国传统工匠精神的内涵及现代转化 [J]. 渤海大学学报（哲学社会科学版），2020，42（5）：151-155.

[48] 石琳. 中华工匠精神的渊源与流变 [J]. 文化遗产，2019（2）：17-24.

[49] 朱春艳，赖诗奇. 工匠精神的历史流变与当代价值 [J]. 长白学刊，2020（3）：143-148.

[50] 赵柏林. 班墨文化中工匠精神融入高校思政教育的研究 [D]. 沈阳：沈阳建筑大学，2019.

[51] 王文涛. 刍议"工匠精神"培育与高职教育改革 [J]. 高等工程教育研究，2017（1）：189.

[52] 盛开勇. 古代景德镇陶工"工匠精神"研究 [D]. 景德镇：景德镇陶瓷大学，2018.

[53] 周爱平. 景德镇陶瓷工匠精神研究 [J]. 陶瓷学报，2022，43（1）：153-157.

[54] 潘建红，杨利利. 德国工匠精神的历史形成与传承 [J]. 自然辩证法通讯，2018，40（12）：101-107.

[55] 张宇，邓宏宝. 德国工匠精神的发端、意蕴及其培育研究 [J]. 成人教育，2022，42（6）：88-93.

[56] 陈春敏. "工匠精神"的当代价值及其培育路径研究 [D]. 武汉：华中师范大学，2018.

[57] 李进."工匠精神"的当代价值及其培育路径研究山 [J]. 中国职业技术教育，2016（27）：29.

[58] 刘建军. "工匠精神"及其当代价值围 [J]. 思想教育研究，2016（10）：85.

[59] 朱凤荣. 社会主义核心价值观视域下"工匠精神"培育的思考 [J]. 毛泽东思想研究，2017（1）：97.

[60] 王国领，吴戈. 试论"丁匠精神"在当代中国的构建 [J]. 中州学刊，2016（10）：87.

[61] 马永伟. 工匠精神促进制造业高质量发展的实证研究：基于中

国省域制造业工匠精神指数测度的数据检验［J］. 河南师范大学学报（哲学社会科学版），2022，49（4）：75-82.

［62］黄君录. "工匠精神"的现代性转换［J］. 中国职业技术教育，2016（28）：94.

［63］张苗苗. 思想政治教育视野下"工匠精神"的培育与弘扬［J］. 思想教育研究，2016（10）：49-50.

［64］谭继和. "西川供客眼"：论西蜀文化的内涵、特征及其现代应用［J］. 地方文化研究辑刊，2013（4）：3-22.

［65］陈显丹，陈德安. 试析三星堆遗址商代一号坑的性质及有关问题［J］. 四川文物，1987（4）：27-29，82.

［66］段渝. 四川通史：第一册［M］. 成都：四川大学出版社，1993.

［67］何堂坤. 部分四川青铜器的科学分析［J］. 四川文物，1987（4）：46-50.

［68］曾中懋. 磷：巴蜀式青铜兵器中特有的合金成分［J］. 四川文物，1987（4）：51.

［69］段渝. 玉垒浮云变古今：古代的蜀国［M］. 成都：四川人民出版社，2001.

［70］孙星衍. 尚书今古文注疏［M］. 北京：中华书局，1986.

［71］班固. 汉书·地理志［M］. 北京：中华书局，1962.

［72］司马彪. 续汉书·郡国志［M］. 北京：中华书局，1965.

［73］班固. 汉书·贡禹传［M］. 北京：中华书局，1962.

［74］李显群. 蜀锦织造技艺的传承与发展研究［M］. 成都：四川大学出版社，2019.

［75］王明珂. 巴蜀文化研究新探［M］. 成都：四川民族出版社，2020.

［76］张光直. 巴蜀漆器工艺与美学研究［M］. 北京：中华书局，2021.

［77］陈德安. 巴蜀青铜器冶金技术研究文集［M］. 北京：科学出版社，2022.

［78］李伯谦. 中国古代工艺发展史［M］. 北京：高等教育出版社，2020.

［79］邓少平. 三星堆青铜艺术的文化内涵研究［M］. 成都：四川文

物出版社, 2021.

　　[80] 王大业. 金沙文明: 艺术与信仰 [M]. 北京: 中华书局, 2020.

　　[81] 刘学敏. 都江堰水利工程的生态美学研究 [M]. 成都: 四川大学出版社, 2023.

　　[82] 孙机. 中国古代丝绸艺术史 [M]. 北京: 文物出版社, 2019.

　　[83] 李永平. 巴蜀漆器艺术研究 [M]. 成都: 四川美术出版社, 2022.

　　[84] 张光直. 中国古代工艺美学思想研究 [M]. 北京: 中国社会科学出版社, 2021.

　　[85] 陈显丹. 巴蜀青铜器造型艺术研究 [M]. 成都: 四川大学出版社, 2023.

　　[86] 钱存训. 中国科学技术史·水利卷 [M]. 北京: 科学出版社, 2020.

　　[87] 谢伯钧. 都江堰水利系统考古研究 [J]. 考古学报, 2021 (3): 78-92.

　　[88] 刘昭瑞. 巴蜀古代盐业考古研究 [J]. 四川文物, 2022 (2): 45-58.

　　[89] 郑学檬. 中国盐业技术史 [M]. 北京: 商务印书馆, 2023.

　　[90] 李剑平. 巴蜀农业文明研究 [M]. 成都: 四川人民出版社, 2022.

　　[91] 吴淑生. 蜀锦织造技术与社会发展研究 [J]. 丝绸, 2023 (1): 23-35.

　　[92] 张光直. 巴蜀手工业发展史 [M]. 北京: 中华书局, 2021.

　　[93] 孙继民. 巴蜀青铜兵器研究 [J]. 军事历史研究, 2022 (5): 67-82.